阿波罗瑞索托煨饭米

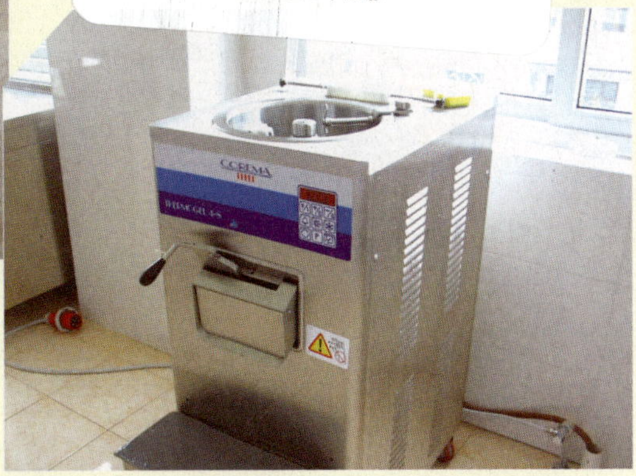

冰激凌机器

草莓慕斯

多功能粉碎机

各钟橄榄油

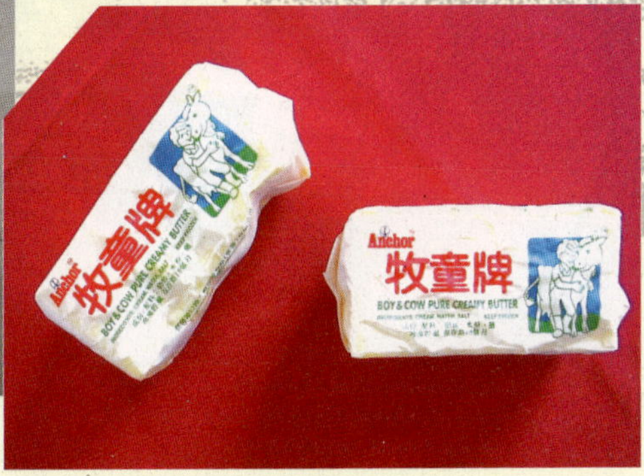

黄油

乳酪香煎鱼扒拌南瓜意粉

咖啡豆

烤羊排

蓝莓蛋糕

蓝莓慕斯杯

巧克力慕斯蛋糕

新烹饪系列规划精品教材

西餐烹调技术与工艺

XICAN PENGTIAO JISHU YU GONGYI

主编 倪华 李杰
副主编 刘寿华 施忠贤

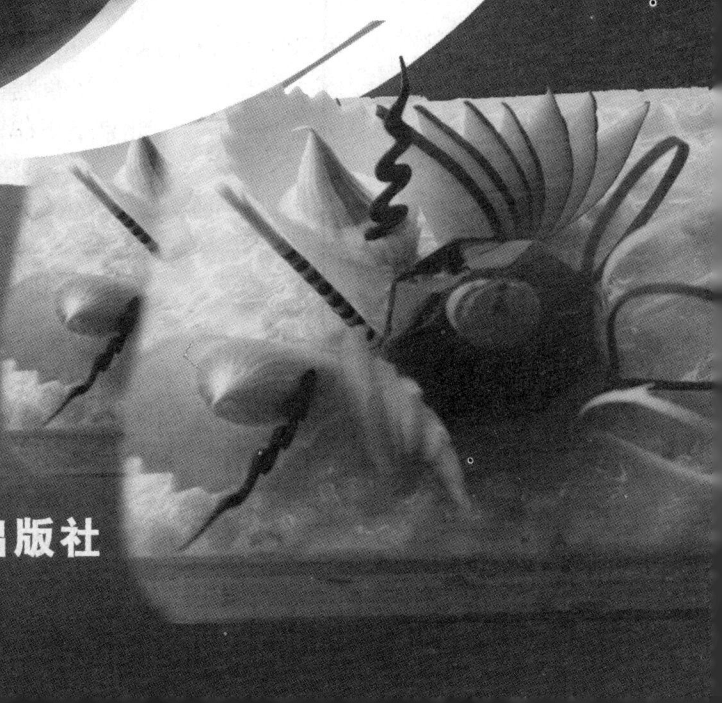

中国商业出版社

图书在版编目(CIP)数据

西餐烹调技术与工艺/倪华,李杰主编．—北京：中国商业出版社,2006.9(2020.2 重印)

ISBN 978-7-5044-5756-1

Ⅰ.西…　Ⅱ.①倪…②李…　Ⅲ.西餐-烹饪　Ⅳ.TS972.118

中国版本图书馆 CIP 数据核字(2006)第 112546 号

责任编辑:陈李岑

中国商业出版社出版发行

010-63180647　www.c-cbook.com

(100053　北京广安门内报国寺 1 号)

新华书店经销

北京京丰印刷厂印刷

*　*　*　*　*

787 毫米×1092 毫米　16 开　20 印张　300 千字　附彩插 2 页

2006 年 9 月 第 1 版　2020 年 2 月第 3 次印刷

定价:48.00 元

*　*　*　*

(如有印装质量问题可更换)

编 写 说 明

“民以食为天”，中华美食文化源远流长。近年来我国各地餐饮服务市场尤为繁荣，据《中国职业技术教育》杂志报道：目前我国有400多万家餐饮企业，2200万从业人员，收入连续多年增长，烹饪行业教育市场很大。针对目前烹饪餐饮人才需求特点，全国职业培训教学工作指导委员会商贸专业委员会邀请了全国烹饪餐饮专业较突出的职业院校，在江西省井冈山召开了教学研讨会，编写了这套烹饪系列教材以应急需。

在本系列教材的编写过程中，喜逢国务院在北京召开全国职业教育工作会议。根据会议精神指示：大力发展中国特色的职业教育，以服务社会主义现代化建设为宗旨，培养数以亿计的高素质劳动者和数以千万计的高技能专业人才，努力实现我国职业教育发展新跨越。为此，我们又对该系列教材加以完善和充实。本着“够教、够学、够用”的原则，以专业基础课和专业实训课为主而编写的。

本系列教材主要具有以下几个特点：(1)严格按照“双纲”制的新模式编写，即教育部职业教育教学大纲及人力资源和社会保障部专业职业资格技能考试大纲；(2)学科设置采用专业理论和实训并举，突出烹饪专业人才培训的特点，部分学科理论与实操课程比达到1 ∶ 2；(3)整套教材是由多年在一线教学的教师精心编写，并采取“互动式”教学方法的新模式，突出教材活泼性和实用性的特点；(4)引进与创新并重，积极引进新内容和新方法，具有一定的创新和改进，突出教材前瞻性特点。

随着社会的发展和对外交流的不断加强，西方的饮食文化、餐饮形式和内容，为越来越多的中国人所接受。西餐行业在我国的发展较快，但是西餐从业人员的培训却跟不上西餐业的发展，特别是西餐教材方面存在一定的不足。《西餐烹调技术与工艺》教材根据国家职业标准和职业技能规范，参照高职学校西餐烹任教学基本要求，参照西餐烹任行业的职业技能鉴定和工人等级考核标准，针对培养中高级西餐烹任人才（高级技工、中专、高职在校学生）的实际状况，以培养中高级西餐烹任人才为主导，系统介绍了西餐基础知识、西餐烹调理论和西餐操作技能，突出反映了西餐烹饪的新知识、新成果、新应用和新趋势的“四新”内容，做到兼收并蓄，不拘一格，旨在体现烹饪知识的前瞻性、创见性、科学性和实践性及学科间的交叉与渗透。

《西餐烹调技术与工艺》是烹饪系列教材之一，可作为中、高等职业院校烹饪、旅游、餐饮管理等专业教材，也可作为烹饪技师培训和餐饮行业职工培训教材。

本教材由西安商贸旅游学院倪华和广西桂林商业技师学院李杰担任主编，山东济南技师学院刘寿华和西安商贸旅游学院施忠贤担任副主编。具体编写分工：西安商贸旅游学院倪华第一章、第七章、第八章、第十二章、第十五章，广西桂林商业技师学院李杰第二章、第九章、第十一章、第十三章，山东济南技师学院刘寿华第三章、第四章、第五章、第十四章，西安商贸旅游学院施忠贤第六章、第十章、第十六章，全书由西安商贸旅游学院倪华总纂定稿。

本书在编写过程中，得到编者所在院校的领导及同事的热情帮助和大力支持，以及人力资源和社会保障部全国职业培训教学工作指导委员会商贸专业委员会主任、教育部商业职业教育教学指导委员会副主任康书民同志的指导和帮助，在此一并致谢。

由于编写时间仓促，本书疏漏之处在所难免。我们企盼在今后的教学实践中，能有所改进和提高，恳请读者不吝赐教，以便进一步修订，使之日臻完善。

烹饪系列教材编委会

2020 年 2 月

目　　录

第一章 西餐概述

● **学习重点:**

西餐的发展概况及风味特点。

● **教学目的:**

通过本章的学习了解西餐的概念和发展概况,理解西餐在我国的发展概况,掌握西餐的主要菜式和风味特点。

第一节 西餐的概念和发展概况

一、关于西餐的概念

西餐(western foods)是我国人民和其他东方国家人民对欧美各国菜肴的统称。它常指以法国、意大利、俄罗斯、英国、美国等国家为代表的菜肴。同时,德国、希腊、荷兰、葡萄牙、西班牙、奥地利、丹麦等欧洲其他国家的菜肴也非常有名。

关于西餐的概念问题一直颇有争议,有些人认为,西餐就是中餐以外的所有菜肴。另有一些人认为,西餐是西方人习惯食用的菜肴。其实,就西方人而言,他们本没有明确的西餐的概念,法国人认为自己做的菜就是法国菜,美国人认为自己做的菜就是美国菜,所谓西餐只是东方人的概念。由于欧洲各国的地理位置比较接近,加之历史上多次出现的民族迁徙,餐饮文化、习惯早已相互渗透融和。再有,就是大部分的西方国家都信奉基督教,其餐饮禁忌和进餐习惯有许多共同之处。另外,在美洲和大洋洲由于欧洲移民在人数上占大多数且占有统治地位,因此其餐饮文化也与欧洲基本相同。这样,中国人和其他东方国家的人就对这部分看起来大体相同,而又与东方菜肴有很大差异的西方菜肴统称为西餐。

二、西餐的发展概况

据史料记载,西餐发展至今已有数千年的历史。古代巴比伦人在象形文字中就记录了当时西餐菜肴的种类和烹调方法。

古代埃及人的发展史在人类社会占有重要的地位,公元前2500年,埃及是由法老统治的王国。当时,尼罗河流域土地肥沃,物产丰富。其中烹饪技术的发展达到了一定的水平。许多出土的烹调用具都证明了西餐在这一时期有过较大的发展。那个时期富人的食谱上已经出现了烤牛肉、烤羊肉和水果等菜肴。

公元前2000年左右，古希腊的克里特岛和爱琴海诸岛的古希腊人吸取了古埃及、西亚的先进文化，创造了欧洲最古老的爱琴文化，成为欧洲文明的中心。高速发展的社会，雄厚的经济实力给古希腊带来了丰富的物质，如:农产品、纺织品、陶器、酒和油等。牛羊肉、鱼类、奶酪、各种面包已是希腊人日常的食物，贵族非常讲究食物的质量，这也就极大地推动了西餐的发展。在当时古希腊属地的西西里岛上就出现了具有一定水平的烹饪文化，也有了多种烹调方法，技术高超的厨师也得到了社会的尊敬。

公元200年前后，在逐渐吸收了当时先进的古希腊文化后，随着疆土的不断扩大，古罗马很快发展到了一定的水平。在绘画、戏剧、诗歌、雕刻和西餐烹调诸方面都体现出了新的风格。罗马人吸取了希腊烹调的精华，在举行宴会时既丰富多彩又有较高的水平，他们比较擅长制作主食。今天，意大利的面食仍然世界闻名。在当时的罗马，厨师不再是奴隶，而是具有一定社会地位的人。厨房的结构随着分工的深入而趋于合理实用。美味佳肴成为人们富有的体现。在哈德良统治时期，罗马帝国在帕兰丁山建立了厨师学校，以发展西餐烹调技术，这些高水平的餐饮文化和烹饪技术后来影响了大半个欧洲，被誉为“欧洲大陆烹饪的始祖”。当罗马帝国逐渐衰落，慢慢灭亡时，罗马半岛贵族的厨师却依然推动着西餐烹调技术的发展。

罗马帝国灭亡以后，整个欧洲进入所谓“黑暗的中世纪”时期，在相当长的一段时间里，社会发展比较缓慢。1006年，诺曼底人侵占了大英帝国，使人们的生活习惯、语言和烹调方法等诸方面都受到了法国人的影响，英国人打破了单调、传统的烹调习惯。1183年，伦敦街头出现了一家餐馆，出售以鱼、肉、禽等为原料的西式菜肴。到了15世纪欧洲文艺复兴时期，餐饮文化才和其他文化一样，以意大利为中心发展起来。在贵族举办的各式宴会中不断出现各种甜点和名菜。16~17世纪，意大利的烹饪文化、技术传到了法国，法国的烹饪技术经历了一次大的飞跃。烹调技术在法国广泛得到传播，厨师们利用法国丰富的物产不断尝试创新菜肴的制作，当时，创造出新式菜肴的厨师会得到人们的尊敬。供个人使用的刀、叉、勺等餐具这时出现在餐桌上了，而在此之前人们食用食物的时候，用的是厨房使用的刀、叉切割食物，然后直接用手抓食。1710年，德国出现了欧洲最早的瓷窑，欧洲开始使用瓷器。到18~19世纪，在近代自然科学和工业革命的影响下，餐饮的发展也非常快，发明了许多先进的炊具和精美餐具，社会上有了大量的饭店和餐馆，特别是在法国也涌现出许多著名的西餐烹调艺术大师。如玛丽·安东尼·卡路米(marie antonin careme)、奥古斯特·埃斯考菲尔(auguste escoffier)、费侬·博安(fernand point)等这些著名的烹饪大师设计、制作了许多的优秀菜肴，至今，有些品种还是非常地受广大食用者的欢迎。他们还编写了许多的烹饪论著，对食物的烹制方法、注意事项、如何设计餐食、专业厨师的基本规范、原料的认识、厨房的组织分工等进行了精辟的阐述。此外，在法国还出现了一位饮食鉴赏家让·安塞尔姆·布里亚·萨瓦里(jean anthelme brillat savarin)，在他所著的《品尝解说》里对菜肴进行了评价，并以百科全书的形式讲述了菜肴与饮料。西方社会形成了较高度的餐饮文明。

西餐发展的鼎盛时期是在20世纪。一方面，原来的宫廷大菜、宫廷厨师逐渐在民间普及；另一方面，西餐也向着多元化、个性化发展，科技的不断进步，原料的不断增加，使菜肴品种变得更加丰富多彩。1894年，一部著名的美国烹调书籍《美食家》，由厨师查里斯·瑞奥弗(charles ranhofer)编著出版。1920 年，在美国出现了汽车窗口饮食服务。50 年代，由于战后经济的迅速发展，女性就业人数大量增加以及人们生活方式的改变，西式快餐率先在美国发展起来。由于快餐适应快节奏的现代生活方式，很快波及全世界。同时，由于工业化的快速发展，食品工业也随之产生，西餐逐步形成完整的体系。

当今的西餐向着多元化、创新化的方面发展，更加讲究营养、卫生、绿色、新鲜、科技、高效和实用。

三、西餐在我国的发展

西式烹调是由西方国家逐渐传入我国的。我国人民和世界各国人民的友好交往由来已久，早在公元前 139 年张骞出使西域时，就打开了通往西方国家的道路。到了盛唐时期，以古长安为起点通往西方国家的“丝绸之路”使东西方的交流发展到了鼎盛时期，同时也有了一定的文化和物质交流，如:我国的茶叶、瓷器、丝绸等传入西方，欧亚大陆的葡萄酒、芹菜、胡萝卜、胡瓜、胡椒等也陆续传入我国。到了 13 世纪，意大利旅行家马克·波罗将一些欧洲菜点的烹饪原料、烹制方法、饮食习惯传到中国。一些欧洲国家的生活习惯和餐饮习俗也在某种程度上影响了中国，但当时西餐作为一个行业尚未形成。

到了 17 世纪中叶我国明朝后期，西方资本主义国家的一些资本家为了寻求、开发市场陆续来到我国广州等沿海城市与我国通商，一些政府官员和传教士也先后来到我国沿海及内地进行外交、传教等活动。这些人在我国逗留时间较长，由于生活习惯的需要，他们带来不少本国食品，有的还带来本国厨师，还有的雇用中国的当地人为他们服务。这样西方的某些生活方式和餐饮习惯在我国就有了较大的影响。据资料记载，1662 年德国传教士汤若望在北京居住期间，曾用“蜜面和以鸡蛋”制作“西洋饼”来款待中国人，这证明当时西餐在我国的一定阶层已有流传。

到了清朝，特别是鸦片战争以后，到中国来的外国人越来越多。他们带来的本国厨师和雇用的中国厨师同灶操作，中、西烹调技艺开始交流，这样西式烹调技艺就逐渐被中国人所掌握。一般在各公使馆、教堂等外国人集中生活的地方制作西餐，主要是为了自己食用和招待客人。西式烹调技艺只在当时的上层社会之间传播，并未广泛传播于民间。到了清光绪年间，在北京、上海等大城市相继出现了由中国人自己开设的以营利为目的的西餐馆(被当时的中国人称为“番菜馆”)以及咖啡厅、面包房等。中国从此有了西餐行业。据史料记载，在北京开设的西餐厅主要是醉琼林、裕珍园，在上海的福州路相继有一品香、海天春、一家春、江南春、万家春、吉祥春西餐馆开业。1900 年又有两个法国人在北京开办了专营西餐的北京饭店，1903 年又创建了得利面包房，专门制作英、美、法、俄式面包。在天津利顺得大饭店、起士林饭店也开始接待客人，另外，当时的宫廷、王府也设有西菜房。进入 30 年代上海又相继建起了国际饭店、华懋饭店、都成饭店、上海大厦等。这些饭店除接待住宿外，都以经营西餐为主。此外，广州的哥伦布餐厅、天津的维多利亚餐厅、哈尔滨的马地尔餐厅等也很有名气。总之，20 年代和 30 年代是西餐在中国传播和发展最快的时期。由于当时中国处于半殖民地半封建社会，军阀连年混战、民不聊生，各饭店、酒楼包括西餐馆都成了军政头目、洋人买办、豪门富贾交际享乐的主要场所。餐饮业(包括西餐馆)就在这种形势的刺激下畸形地发展起来。由于各个帝国主义在中国不同的地区都有自己的势力范围，也就造就了我国西式烹调不同地区具有不同的风味特点。在我国的南方地区如上海、广州等地流行法式、英式菜肴，东北则以哈尔滨为代表擅长俄式菜肴，京津地区则各式西菜兼而有之。

1949年新中国成立以后，随着我国与世界各国的友好交往的增多，各地陆续兴建了一些饭店、招待所。由于当时的国际局势和政治原因，我国和以原苏联为代表的原东欧社会主义国家交往密切，所以那时我国的西餐业主要经营俄式和其他东欧国家的一些菜肴，以俄式菜发展较快。

20世纪60年代，“文化大革命”开始以后，受当时极“左”路线的影响，西餐行业不但没有发展，相反已经到了崩溃的边缘。

1978年，党的十一届三中全会召开以后，以邓小平为首的党中央带领全国人民进行改革，坚持“对外开放，对内搞活”的大政方针政策。通过改革开放，使我国和其他国家政治、经济、外交的友好往来日益频繁，我国旅游事业也日益兴旺。全国各地或国家投资或自己集资或引进外资兴建了不少的高级旅游饭店，如在北京、上海、广州、西安、南京等地相继建设了一批设备齐全的现代化的饭店，世界著名的希尔顿、喜来登、假日饭店等饭店集团也先后在中国设立了连锁店。国外著名的饭店管理集团也随之介入参与经营管理。他们进入中国后，为我们带来了国外先进的经营理念、管理经验、设备、技术，还聘用了大量的外国厨师在中国事厨。同时，我国派出大量厨师出国学习、进修，进一步加强交流。这样在短短的20多年中我国的西餐业就有了全面地、极大地发展。近几年在北京、上海、广州、西安、深圳、武汉、天津、大连、哈尔滨等大中城市的西餐厅，经营着带有世界文化和口味的现代西餐，使西餐越来越多样化和国际化，从而满足了不同消费者的需要。

目前，我国的经济在持续、高速地发展，我国西餐的经营规模、经营档次、经营品种在不断地发展和完善。中国改革开放将越来越深入，前进的步伐会越来越快。西餐在我国得到了更加迅速的发展，菜系也出现了以法式菜为主，英、美、意、俄等菜式全面发展的格局。特别是2001年中国加入WTO以后，与世界全面接轨，2008奥运会在北京的举行，我们相信，西餐行业和全国其他行业一样又将迎来一个大发展的春天。

第二节　西餐主要风味简介

一、法式菜肴

法国位于西欧大陆，三面临海，地理位置优越，经济、文化发达。在公元481年，法兰克人克洛维征服高卢，建立法兰克王国。在此之前高卢人即在此居住，叫“山外高卢”。当时就有一些雅典和罗马的有名的厨师来到这里，奠定了法国烹饪的基础。

到16世纪欧洲文艺复兴时期，意大利盛行的一些名菜和一些调味汁的制作方法都传到了法国，使法国菜更加丰富。1533年意大利佛罗伦萨城美第西斯家族的凯瑟琳嫁给了亨利二世，其陪嫁的人员中有整班的厨师，这些厨师给法国带来了当时最好的烹饪技术。古典的法国菜，深受意大利菜的影响。到了1600年，法国厨师的手艺已经发展到能和意大利厨师相媲美的地步，甚至可以说是有过之而无不及。到了路易十四、十五、十六时期，这些皇帝都成了美食家，厨师们费尽心机制作风味各异、品种繁多的菜品，以讨其欢心，满足他们的穷奢极欲。当时宫廷里面经常举行烹饪大赛，优胜者由皇后授予授带，此奖就是流传至今的蓝带奖(cordon blue)。在这种环境下，厨师成了一个令人心仪的职业，并且名厨辈出，烹饪论著也非常多，从而奠定了法国菜在西餐中的地位。法国革命推翻了帝王，一批高水平的厨师流落于民间，他们的烹饪技艺也随之在民间流传开来。这些厨师相互竞争、共同进步，极大地促进了法国菜的发展。法国菜以繁多的品种、讲究的用料、艳丽的色泽、高雅的环境而享誉世界，确立了法国烹饪在世界烹饪中的地位。在法国，烹饪一直被公认为一门高尚的艺术，高级厨师受到社会的广泛尊重。法国拥有最大的餐室、最上等的厨师和精湛的烹调技艺。可以说，法国烹饪是西方的饮食文化的代表，是世界上公认的著名风味流派之一。

1. 法式菜肴的特点

(1)选料广泛 。一般说西方国家的烹饪在选料上有很大的局限性，只有法国菜无论是稀有名贵或是普通寻常的原料皆可入馔。除去其他国家常用的原料外，还经常选用蜗牛、蚯蚓、大鹅肝、鲜蘑菇、黑蘑菇、马兰、洋百合、椰树芯、青蛙以及各种其他原料等作为日常用料。此外，法国菜中还经常使用各种野味，如:野猪、野兔、獐、鹿、野鸡、斑鸠、鸽子、鹌鹑、鹧鸪,等等。

(2)用料新鲜 。法国人一般都选择活生新鲜、水分充足的原料制作菜肴，法国人在进食的时候习惯牛排一般只要求三四成熟，烤牛肉、烤羊腿只要七八分熟，海鲜烹调不可过熟，而牡蛎则大都吃生的。因此，对原料的新鲜度要求比较高。

(3)用酒讲究且量大。法国是白兰地、香槟酒的故乡。酒的品种、产量、质量、消费量都处于世界前列，用酒的学问也是举世闻名。首先，法式菜肴的调味就很讲究用酒，用酒要求非常严格，烹制不同的菜用不同的酒。如烹制清汤用葡萄酒;烹制海鲜用白兰地、白葡萄酒;烹制家禽、肉类用玛德拉酒、哈利酒;烹制火腿用香槟酒;制作水果、甜点用甜酒、郎姆酒。并且酒的用量特别大，使菜肴带有浓郁的酒香味。其次，吃什么菜，要喝相应的酒。如吃冷菜、海鲜喝白葡萄酒;吃肉类、奶酪喝红葡萄酒。

(4)烹调精细。法式菜肴的制作工艺非常讲究，制作一个菜常常需要多道工序，甚至十几个小时才能完成。特别是对调味汁(sauce)的制作十分讲究，由专门的厨师加工完成，并且对做不同菜、不同的汁子用什么汤，都有严格的规定，不能随意而为之。

(5)口味丰富。在制作各种菜肴时讲究口味的变化，在调味时经常加入洋葱、大蒜、胡萝卜、芹菜、香叶、迷迭香、百里香、塔拉根、胡椒、桂皮、赛杰、阿里根努、牛膝草等香料，使菜肴形成独特的口味。据说收入菜谱的调味汁有700多种。另外，法国人偏食生嫩，因而在调味时多用杀菌消毒、助消化、去异味的调料，如芥末酱、白醋、柠檬汁等。

2. 常用的烹调技法

法式菜经常使用的烹调技法有煎、炒、烤、煮、焖、炸、炖、烩、扒、冻、焗，等等。

3. 常见的著名菜肴

洋葱汤、法式焗蜗牛、沙尔玛生菜、鸡肝扒黑蘑菇、海鲜汤、马赛鱼羹、土豆烤桂鱼、沙福鸡、鹅肝酱、巴黎龙虾、清煎小牛扒、烤牛外脊、红酒山鸡、煎鸭脯、奶汁梭鱼、奶油千层酥、奶油圆蛋糕等。

二、意大利菜肴

意大利位于南欧的亚平宁半岛，历史悠久、文化灿烂、物产富饶。意大利烹饪堪称欧洲大陆之始祖，其古典宫廷菜肴曾对后来在西方名气最大的法国菜有过巨大的影响。罗马帝国在吸收了古希腊文明的基础上发展了古罗马文明，成为当时欧洲政治、经济、文化的中心，餐饮文化也发展到了一个很高的水平。当时古罗马宫廷里厨师的地位很高，御膳房人数众多、分工精细，已经形成一定的规模。在意大利众多的都城中，以佛罗伦萨城的烹饪最为有名。在当时，佛罗伦萨城王公贵族们来展示自己实力、权力的方法之一就是对烹饪技术的研究和拥有大量高超厨艺的烹饪大师。他们还成立了一个由12位烹饪名士组成的烹饪研究会，专门研究烹饪文化、技艺和创新菜品。每次集会他们都必须展示自己别出心裁的菜式，促进意大利烹饪的发展。加之东方烹饪原料、技术、菜品的传入，使意大利的烹饪技术更趋全面。到后来新鲜葡萄酒引入菜单之中，橄榄油的发明、调味汁的制作，更使意大利烹饪进入了鼎盛时期。

1. 意大利菜肴的特点

(1)面食举世闻名 。意大利面食消费量之大、花色品种之多，在欧洲是首屈一指的。意大利式的面条、馄饨、饺子、面疙瘩、饼都能当菜肴食用。意大利式的面条的形状有线状、有颗粒状(如大米粒、小米粒)、有几何状(小齿轮、小方片、螺丝形等)、有动物状(如蝴蝶形)、有空心的(如通心粉)、有实心的等等。在制作时时常加入鸡蛋或番茄、菠菜汁等，呈现出黄、红、绿等颜色，不但改善了颜色，还增加了营养。在食用时，煮好的面条往往加上浓汁调味，以番茄、蒜蓉为多。这些面条中名气较大的有“茄汁肉酱意粉”“龙虾汁面丝”等。另外，在意大利的面食中还有一个闻名世界的品种——比萨饼，这种馅饼是用面粉、鸡蛋、黄油等制成圆饼状略烤，再在表面加上各种蔬菜、肉类、调料，最后撒上奶酪放入烤炉中烘烤，制成后口味浓郁、香脆可口，食后齿颊留香。他们的馄饨外观精巧，造型美观。

(2)口味浓香、原汁原味，质地软烂 。意大利烹调十分注重食物的本质，讲究直接利用原料自身的鲜美味道，对配料要求很严格。调味擅用番茄、番茄酱、橄榄油、香草、红花等，有时一种酱汁、一个菜往往要加多种调味料，长时间精心烹制，食后回味无穷。

(3)注重传统菜肴的烹制。意大利菜中传统的红焖、红烩的菜较多，而现今流行的烧烤、铁扒的菜肴就较少了。

2. 常用的烹调技法

意大利烹饪常用的烹调方法有炒、煎、炸、红焖、红烩等。

3. 常见的著名菜肴

开胃小菜、青豆蓉汤、意大利式杂菜汤、奶酪比萨、米兰牛扒、罗马式鸡、魔鬼鸡、红焖牛肚子、烤龙虾、意大利式比萨、通心粉肉酱、烩罗马意大利面条、肉酱焗玉米面布丁、意大利馄饨面、肉酱意粉、鱼汁面丝、菠萝面条等。

三、俄式菜肴

俄罗斯幅员辽阔,横跨欧亚大陆,人口、民族众多,各民族共同创造了品种繁多的俄式菜肴,俄式菜肴在世界上久负盛名。虽因民族习惯的问题在饮食上有较大的差异,但总地来说,俄式菜肴以做工讲究而闻名于世,号称“俄式大菜”。其饮食文化在东欧具有一定的代表性。公元9世纪,俄式烹饪还比较简单,到了15世纪,以莫斯科为中心的俄罗斯统一以后,俄罗斯的餐饮文化才得以较快地发展,特别是沙皇彼得大帝时期,俄罗斯全面接受西欧文化,在饮食方面受外界影响很大,许多菜肴是由法国、意大利、德国、奥地利和匈牙利等国传入的。16世纪,意大利人将香肠、通心粉和各式面点带入俄罗斯。17世纪,德国人将德式香肠、水果汤带入俄罗斯。18世纪,法国人将法式调味汁、奶油汤、法式面点带入俄罗斯。其中,俄罗斯最崇尚法国,所以受法国烹饪影响最大。此外,俄罗斯菜肴在形成的过程中还非常注意结合本国的气候、物产和饮食文化,逐渐形成了颇具特色的俄式菜。

1. 俄罗斯菜肴的特点

(1)讲究汤的制作。俄式汤的特点是肥腻而浓郁,营养价值高。一般用酸菜、蔬菜、肉类等做成酸菜汤;用洋白菜、红菜头、牛肉、马铃薯做成红菜汤;用各种蔬菜加上牛舌、牛肉等做成罗宋汤;用优质奶油、牛奶、香菜末做成高蛋白、高热量的高加索汤;用腌黄瓜、鸡鸭等做成俄罗斯黄瓜汤。这些汤可以驱寒增热、增进食欲、增加营养、帮助消化,在俄罗斯的日常饮食中是非常常见的。

(2)小吃有名。俄式菜讲究冷小吃的制作,且品种繁多,口味酸咸爽口。其冷酸鱼、鱼籽酱、酸白菜、酸奶、鱼沫子等都是闻名世界的小吃。

(3)调味独特,口味浓重。俄式菜肴在调味上注重酸、咸、甜、辣俱全且味浓,常选用酸奶油、洋葱、小茴香、香叶、辣椒、酸黄瓜、柠檬、奶渣等作为调料。

(4)菜肴油量大。由于俄罗斯大部分地区气候比较寒冷,在烹调时用油量较大,食用后能给人们提供一定的热量来抵御寒冷。传统的俄罗斯菜油性就较大,较油腻,黄油、奶油是必不可少的,许多菜在菜肴做完之后还要淋上一定量的黄油,部分汤菜也是如此。现在,随着社会的进步,人们生活观念的改变,生活质量的提高,俄式菜肴慢慢趋于清淡。

2. 常用的烹调技法

俄罗斯烹饪常用的烹调方法有炸、烙、煮、烤、烧、烩、煎等。

3. 常见的著名菜肴

罗宋汤、烧牛肉、鞑靼牛扒、巴巴加奴肉卷、基辅炸鸡卷、烤羊腿、烤肉串、莫斯科红菜汤、莫斯科烤鱼、黄油鸡卷、鱼肉包子、奶粥、冷水果汤、鱼籽酱、高加索焗鸡盅、俄罗斯炸猪肉丸子,番茄少司、煎牛肉条、酸奶鲜蘑汁、冷酸鱼、熏三文鱼等。

四、英式菜肴

英国位于欧洲大陆西北方，由一群岛屿组成。英国是在古罗马帝国灭亡以后由属于日耳曼民族的盎格鲁、撒克逊、朱特三个部落迁徙到英伦三岛后逐渐建立起来的国家。古罗马帝国占领时期影响了英国早期的文化，但是大部分都已经失传。1066 年，法国的诺曼底公爵继承了王位，带来了法国和意大利的餐饮文化，为英国烹饪的发展打下了良好的基础。英国属温带海洋性气候，比较潮湿、阴冷。畜牧业、乳制品业发达，粮食依靠进口。由于物产有限，因此英国菜相对来说比较简单。但英式的早餐非常具有特点，品种很丰盛，素有“丰盛早餐”的美称。

1. 英式菜肴的特点

(1)丰盛的早餐(big breakfast)。英式早餐内容非常丰富，主要品种有燕麦片牛奶粥、面包片、果酱、威夫饼、煎蛋、水煮蛋、培根、火腿、早餐肠、红茶、果汁、咖啡，等等。现在世界各大酒店均流行供应英式早餐。

(2)酷爱喝茶。英国人传统习惯早晨起床喝一杯红茶——被窝茶，另外，时下流行的下午茶也来源于英国，下午 4 点左右吃茶点，一杯茶再配一些点心，茶里可以加一些奶、糖、柠檬等。

(3)选料单一、烹调简单。英国虽然是岛国，但是渔场较少，不太讲究吃海鲜，而且在饮食上有许多禁忌，在选料上就有了很大的局限性。英国菜的制作大多比较简单，肉类、禽类、野味、蔬菜基本上是整只或大块烹制的。

(4)调味简单、口味清淡、追求食物本味。英国菜少油腻、调味比较清淡，主要以盐、胡椒、黄油等调料为主。习惯把盐、胡椒、色拉油、芥末酱、番茄酱等放在餐桌上，随个人喜好自己选用。调味时较少用酒和香料，直到印度成为其殖民地后才有了一定改变。这些香料能去除肉类的异味，在不影响肉类质量和特点的前提下，适量使用，既能提高食物的味感、质感，又保持了传统的原汁原味的饮食习惯。

2. 常用的烹调技法

英国烹饪常用的烹调方法有烩、烧烤、煎、炸、清煮、蒸、铁扒等。

3. 常见的著名菜肴

煎牛扒、烟熏三文鱼、烤羊肉、烤牛肉、羊肉汤、烤猪扒、苹果少司、伦敦杂扒、爱尔兰焖羊肉、英式烙鱼、蘑菇少司、牛扒腰子布丁、圣诞布丁、鸡肉原汤、牛尾浓汤、爱尔兰土豆泥、面包黄油布丁等。

五、美式菜肴

美国地处北美洲大陆的中部，东西濒临大西洋、太平洋，属温带和亚热带气候。自哥伦布发现了美洲大陆后，欧洲人就不断向这里移民，是典型的移民国家，1776 年 7 月 4 日正式独立建国。由于英国移民较多，所以，美国菜基本是在英国菜的基础上发展起来的。在融合了印第安人、英、德、法、意、西班牙等众多国家的烹饪精华，并结合当地的物产加以发展后，逐渐形成了自己特有的美式风格。高度发达的食品科技极大地促进了与之相关产业的发展。美国烹饪代表队在世界最高级别的比赛——奥林匹克烹饪大奖赛中屡获金牌，现代的美国烹饪总是处于世界烹饪的领先地位。

1. 美国菜式的特点

(1)菜肴风味多种多样。美国是一个多民族的国家，有很强的兼容性。由于美国的历史较短，美国人传统、保守的思想比较少，在生活习惯上极少墨守陈规，能广泛地吸收不同文化的长处，善于利用丰富的农牧产品，结合其他移民和当地印第安人的饮食习惯，形成了多种风味并存的美式菜肴特色。

(2)习惯用水果做菜。美国盛产水果，美国人的水果食用量很大。在许多菜肴的制作中也加入了一定量的水果，用水果做的色拉，清爽可口。热菜中加入水果，如蜜桃烩鸭、菠萝焗火腿等，口味咸中带甜，别具风味。

(3)重大节日必吃火鸡。火鸡本是北美洲南部的特产，美国人开创了火鸡菜肴，把火鸡作为在感恩节、圣诞节等重大节日上必须食用的菜肴，影响了整个西方，逐渐波及全世界。

(4)注重营养，合理搭配。美国人的饮食非常重视菜肴的营养成分、营养搭配，并注重菜肴的色、味、形等其他方面。讲究不同人群的不同营养配餐。美式菜肴现今特别流行低脂肪、低胆固醇，肉类和其他高脂肪的菜肴相对减少。素菜、海鲜的消费量增长很快，甚至还出现了素食主义者。

(5)快餐业发达。由于现代化生活节奏加快，时间越来越宝贵，快餐食品在20世纪30年代在美国率先发展起来，美国的快餐食品已经占到食物总量的1/3以上，美国是新型快餐店的故乡，在美国到处可以见到形形色色的快餐店，如肯德基、乔治鸡、麦当劳、必胜客等。售有汉堡包、热狗、比萨饼、炸鸡块、薯条、炸鱼块、饮料、面包、三明治等食品。顾客自己选用，方便、省时，价格也比较便宜，美国快餐食品世界流行。

2. 常用的烹调技法

美国烹饪常用的烹调方法有拌、炸、铁扒、煎、烤、烧烤等。

3. 常见的著名菜肴

苹果烤鸭、原汁烤火鸡、加州汉堡包、马里兰炸鸡排、华道夫色拉、烤火鸡配苹果、菠萝火腿扒、苹果排、西冷肉扒、炸香蕉、炸苹果等。

六、德式菜肴

德国位于欧洲的中部，是古罗马帝国灭亡以后由日耳曼各部落逐渐建立起来的国家，1871年建立统一的德意志帝国。德国西北部靠近海洋，属海洋性气候，而东部和东南部属大陆性气候。因此，德国的菜肴形成了不同的风格。德国人爱运动，食量较大。十分重视食物的营养结构，喜欢食用肉类和薯类，德国菜不像法国菜那样加工精细，也不像英国菜那样清淡，在西餐中以丰盛实惠、朴实无华见长。

1. 德国菜式的特点

(1)肉制品丰富。德国的肉制品品质优良、品种繁多，陈制火腿、法兰克福肠早已驰名世界。德国菜的不少品种就是用肉制品制作的。

(2)喜食生鲜。一些德国人有食用生牛肉的习惯，著名的“鞑靼牛排”就是嫩生牛肉剁碎之后，加入生洋葱、生蛋黄和酸黄瓜等拌匀，做成一定形状，客人直接生食。

(3)啤酒入馔。德国以盛产啤酒闻名于世，消费量也居世界首位。啤酒不但作为饮料，而且在一些菜肴当中常常以啤酒调味。

(4) 口味以酸、咸为主。酸菜在德国菜中使用得比较普遍，经常用来做配菜，口味酸咸，清爽不腻。

2. 常用的烹调技法

德国烹饪常用的烹调方法有煮、炸、烩、焖、煎等。

3. 常见的著名菜肴

蔬菜色拉、鲜蘑汤、蔬菜烩牛肉、柏林式炸猪排、鱼排、红酒火腿、柏林酸菜煮猪肉、酸菜焖法兰克福肠、汉堡牛排、鞑靼牛排、焖酸泡菜、咸猪脚筒等。

七、其他国家菜肴

除了以上国家的菜品之外，在欧洲还有一些国家的烹饪也具有一定的特色。

匈牙利菜在西餐中有独特的风格，他们常以红辣椒为调味品，菜肴的味道浓，富有乡土味。如著名的匈牙利烩牛肉。

希腊菜肴以清淡、典雅和原汁原味著称，常以橄榄油、柠檬汁作为调料。希腊人的早餐很清淡，午餐和晚餐常食用汤、清葱、面点、奶酪和鸡蛋，以黑鱼籽酱、奶酪、热的小肉丸拌蔬菜、鸡肝等为开胃菜。

奥地利、保加利亚、匈牙利和波兰等国家的菜肴习惯是以酸牛奶、洋葱、酸黄瓜等调味。

芬兰、瑞典、丹麦等国家地处寒带，气候寒冷。其国家的饮食风格是油大味重，习惯用辣椒、柠檬、酸牛奶、酸黄瓜等调味。

西班牙人以善于制作米饭而著称，早餐习惯食用烤面包、咖啡、巧克力牛奶。午、晚餐的菜肴常常是焖烩的肉类、海鲜、面包和点心。

常见的欧洲传统菜肴有匈牙利烩牛肉、匈牙利瓤青椒、希腊式烤瓤茄子、维也纳柠檬鸡蛋、保加利亚冷酸奶汤、布鲁塞尔式红烩牛排、波兰酸菜牛肉、西班牙龙虾色拉、西班牙什锦，等等。

◆ 复习思考题

一、问答题

1. 什么是西餐？
2. 西餐在我国是如何发展起来的？
3. 法式菜具有哪些特点？有什么代表菜？
4. 意大利菜具有哪些特点？有什么代表菜？
5. 英式菜具有哪些特点？有什么代表菜？
6. 美式菜具有哪些特点？有什么代表菜？
7. 俄式菜具有哪些特点？有什么代表菜？
8. 德式菜具有哪些特点？有什么代表菜？

二、选择题

1. (　　) 烹饪是欧洲烹饪的“始祖”。

A. 法国　　B. 英国　　C. 意大利　　D. 德国

2. (　　) 的小吃世界闻名。

A. 英国　　B. 德国　　C. 法国　　D. 俄国

3. 清(　)年间，我国出现了中国人自己经营的，以营利为目的的西餐馆。

A. 光绪　B. 宣统　C. 乾隆　D. 雍正

4. 在下列国家中菜品选料最广泛的国家是(　)。

A. 法国　B. 英国　C. 意大利　D. 德国

5. (　)喜欢用水果来做菜。

A. 英国　B. 法国　C. 美国　D. 意大利

参考答案:1. C　2. D　3. A　4. A　5. C

第二章　西餐厨房设置和岗位职责

● **学习重点：**

西餐厨房各岗位的主要职责。

● **教学目标：**

通过学习，了解西餐厨房的设置，理解各工作岗位的人员配置关系，掌握各岗位的主要职责要求。

第一节　西餐厨房设置

一、厨房的类型、结构和布局

1. 厨房的类型

厨房的类型是根据菜单确定的供应范围以及向顾客提供的服务形式和方法决定的。西餐厨房按餐厅供应特点通常有下列几种类型：零点式、快餐式、预订式、混合式。

2. 厨房的结构和布局

厨房的结构和布局必须按照不同类型厨房的实用要求科学安排。每个加工部门必须有各自的明确分工，使整个厨房生产过程既没有间断又没有重复。一般饭店厨房大体是由原料采购部门、蔬菜加工间、肉类加工间、少司加工间、热菜加工间、冷菜加工间、面点加工间等部门组成的。各部门加工间按照一定的工序关系排列（如图2－1）所示：

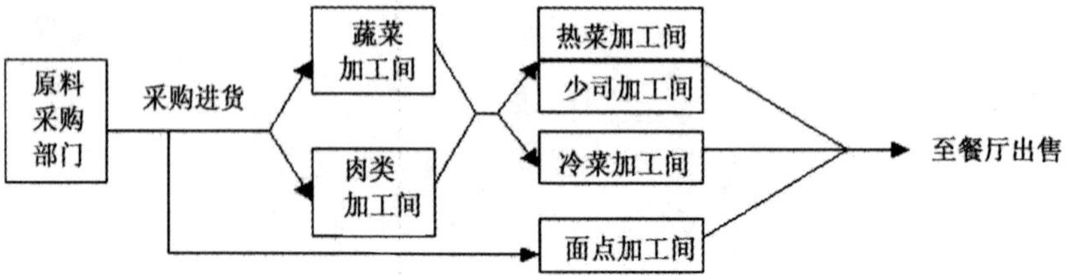

图2－1　各部门加工间工序关系图

二、厨房组织结构

厨房组织结构合理与否应以能够提高厨房的工作效益与工作质量为标准。几乎所有的厨房都是按照专业分工的原则进行组织的。由厨师长将厨房工作按专业要求分配给有相应技术专长的厨师，其负责厨房生产的一个部门或班组的工作。

厨房的分工，岗位的设置，完全取决于厨房的类型、工作量的大小及厨房实际面积的大小。下面以几种不同规格的厨房组织结构进行叙述。

（一）大型传统厨房组织结构

大型厨房组织结构（如图2－2）往往能够利用大规模的优越性，对员工进行较细地专业分工，将各人分配于最有能力完成任务的岗位上，这样能够提高工作效率。厨房组织通常由厨师长、副厨师长、主厨、厨师、厨师助手及其他工作人员组成。

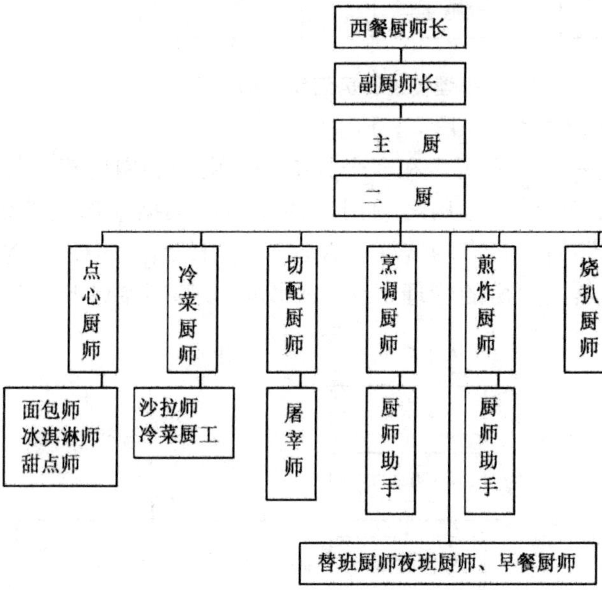

图2－2 大型传统厨房组织结构

（二）中型传统厨房组织结构（如图2－3）

在中型厨房里，由于专业分工粗，岗位就少。烧扒、煎炸、蔬菜和汤菜等岗位合并成一个班组，厨房组织常由厨师长、主厨、二厨、厨师等组成。

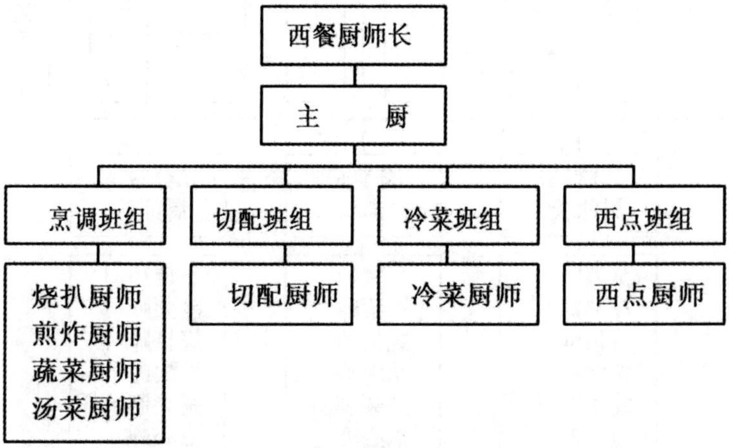

图2－3 中型传统厨房组织结构

（三）小型传统厨房组织结构（如图2－4）

小型厨房的规模很小，一般不细分岗位，通常厨房由一名厨师负责，并配备若干名厨工，从事厨房各种生产加工工作。

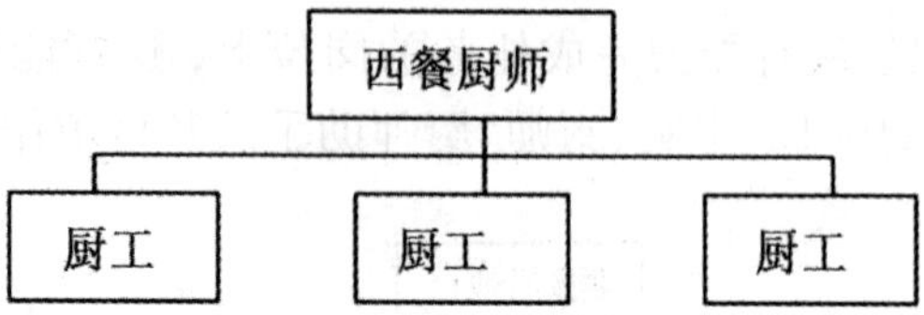

图2－4　小型传统厨房组织结构

（四）现代大型厨房的组织结构（如图2－5）

现代大型厨房往往设有一个中心厨房和多个分厨房。由中心厨房集中加工所有原料，负责菜点原料的配份，随时供各分厨房领用。各分厨房根据本部门的供应菜单，向中心厨房订取半成品，烹调后供各自的餐厅。在这样的组织结构中，通常设一名总厨师长及一名副总厨师长，负责厨房的管理工作，下设若干部门厨师长，分别负责若干分厨房的管理。

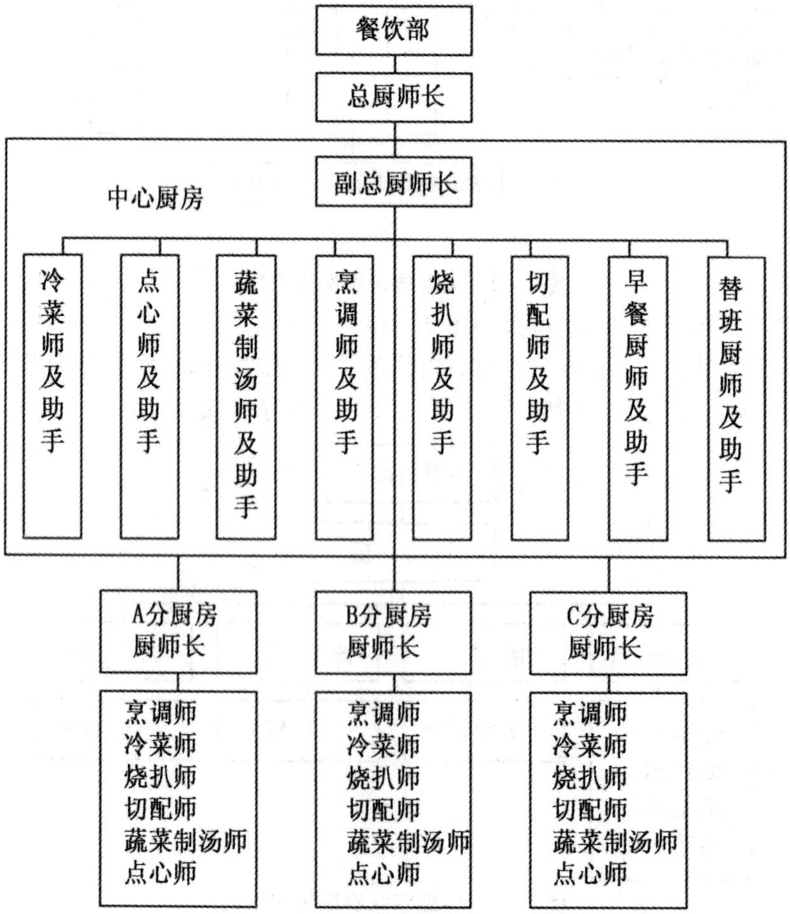

图2－5　现代大型厨房组织结构

从现实来看，只有比较大型的场所才需要传统厨房的操作体系。

现代的厨房操作体系大多规模比较小，一般将两个或更多的职位合并到一起，如现代厨房中设有二厨一位，集传统的少司厨师、鱼菜厨师、汤菜厨师、蔬菜厨师等职位于一身。

一般的中型厨房操作系统中有厨师长一人，二厨一人，炒菜厨师、烧烤厨师一人，杂工若干人。若经营规模不大，厨师长除负责整个后厨事务外，还可负责其中的一个工作区的具体工作。如可负责炒制区，负责装盘或哪个区需要人手时，临时帮一把。

小型后厨只需一个厨师长，一两名厨师，一两名厨工做些简单杂务，如洗菜、削皮等。

在许多小型餐馆中，散点厨师是后厨的顶梁柱，负责烤制、烧烤、油炸、三明治、煎炒等。换句话说，散点厨师负责一切需快速出锅食用的食物。

第二节 岗位职责要求

一、厨师长(chef)的岗位职责

厨师长在餐饮部经理的领导下，负责主持厨房的组织领导、业务管理等工作。厨师长的岗位职责：

1. 制定本厨房的操作规程及岗位责任制。
2. 根据各餐厅的特点和要求，制定菜单及菜谱。
3. 负责指挥大型和重要宴会的烹调与供应工作，把好菜点质量关。
4. 负责指导主厨和领班的日常工作，协调好各班组的工作。
5. 听取顾客意见，了解销售情况，不断改进和提高菜点质量。
6. 负责厨师的培训、考核工作，组织厨师学习新技术、新工艺和新菜肴。
7. 负责厨房的卫生工作，抓好食品卫生和个人卫生。贯彻执行食品卫生法和厨房卫生制度。
8. 熟悉和掌握货源、制订采购计划，控制原料的进货、领取。检查原料的库存情况，防止变质和短缺。
9. 根据不同的季节和重大节日，推出时令新菜式，增加花色品种，以促进销售。
10. 掌握本厨房设备、用具及财物的使用情况，制订年度预算计划。

二、主厨(executive chef)的岗位职责

主厨是厨房中一个重要的职位，它要求担任者具有丰富的专业知识和精湛的烹调技术。必要时，该职位可由厨师长兼任。主厨的岗位工作职责：

1. 协助厨师长负责主持厨房的日常事务工作，当厨师长不在时履行其职责。
2. 制订或参与制订菜单，使之符合顾客的需要。
3. 安排厨房员工的工作时间表，合理分配人力，检查各班组的考勤。

4. 辅助处理厨房设备和硬件的保养问题。

5. 做好厨房的财产管理，减少浪费。

6. 负责对菜点质量的全面检查。对不符合规格、质量要求的成品及半成品有权督促重做或补足，并对制作者给予相应处罚。

7. 参与各班组的业务操作检查和理论学习。

8. 熟悉食品卫生法及操作安全知识。

9. 协调各班组及员工工作，检查任务完成情况。

10. 每天各班组的原料请购单，由厨师长审定交采购人员。

三、二厨(second cook)的岗位职责

二厨主要协助主厨工作，在主厨上班前或下班后以及主厨休假期间，代理主厨工作。二厨职位由诸领班中威信较高、能力较强者担任。

四、各班组领班(cook on duty)的岗位职责

1. 负责本班组每天的工作安排。

2. 负责签发领料单，每月做好库存盘点，成品核算。

3. 负责本班组的出勤考核。

4. 控制菜点的质量。

5. 搞好班组的协调与团结。

6. 带领班组人员定期搞好卫生清洁工作。

7. 严格食品卫生要求，所用原料应保持高度新鲜，所用工具、盛器必须严格消毒，派专人负责督促检查。

五、烹调师(cook)的岗位职责

烹调师的工作量大，专业技术要求高。其岗位职责是：

1. 调制各种少司。

2. 煮、烩、炖等各种肉类主菜。

3. 负责当日特色菜。

六、切配师(butcher)的岗位职责

1. 负责所有家禽、肉类、水产品的宰杀、煺毛、洗涤以及切割整理。

2. 负责全部蔬菜的削、刮、剥、刨等洗涤加工，以及切割整理。

3. 严格按照操作程序加工原料，符合卫生要求与烹调要求。

4. 掌握锯骨机等机械设备的使用、清洁与维护。并掌握一定刀工技术和食品保管方法。

5. 经常检查冰箱内库存情况，做到先进先出，并根据性能保管。做好清洁卫生工作。

七、冷菜师(cold dish cook)的岗位职责

1. 加工并配制冷盘。
2. 制作各种沙拉及冷少司。
3. 负责鸡尾酒会、自助餐的菜品及装饰。
4. 加工奶酪块并准备水果篮。

八、点心师(pasty cook)的岗位职责

点心班组是一个单独的部门，常分为饼房、面包房、冰淇淋房等，其岗位职责是:
1. 加工冷热甜品。
2. 负责制作各色蛋糕、饼干、排、布丁以及点心谱上的全部点心。
3. 蛋糕裱花、制作糕点装饰工艺品。

九、煎炸厨师(fry cook)的岗位职责

1. 负责油炸、煎蛋、酥炸、糖煎饼、甜酒煎饼及各色炸土豆。
2. 负责各式焗菜、焗面。

十、烧扒厨师(broiler cook)的岗位职责

1. 烧扒各种菜品如牛排、猪排、羊排、各式铁扒、串烧等。
2. 调制烧扒等菜肴的少司。

十一、蔬菜厨师(vegetable cook)的岗位职责

1. 加工菜单上要求的各种土豆和蔬菜配菜。
2. 加工装饰主菜用的菜饰。

十二、制汤师(soup cook)的岗位职责

1. 烹煮各种清汤及鸡、鱼等基础汤。
2. 熬制各种基础少司供其他部门使用。

十三、替班厨师(swing cook – roundsman – relief cook)的岗位职责

替班厨师的岗位职责是:当每一个厨师每周休息一天时作他们的替班，因此他必须技术全面，善于履行各个厨房岗位的职责。

十四、夜班厨师(night cook)的岗位职责

在日班厨师还未下班时可以交替工作，他也需要懂得厨房各岗位的工作，技术要全面。主要负责夜间客房点餐和为第二天的早餐做准备工作。

十五、早餐厨师(breakfast cook)的岗位职责

早餐厨师的工作内容相对固定，因为早餐的菜单很少变动，而且早点大部分是现

做的，所以要求早餐厨师组织能力要好，速度要快，质量要高。

十六、厨师助手(cook's helper)的岗位职责

厨师助手往往由新分配进厨房的小厨师及实习生充当，根据其掌握的技能可分为第一助手和第二助手等。岗位职责是协助各岗位厨师做好工作。

厨师不但要学好各项技能，了解各岗位的职责，还要了解厨师的职业标准，只有这样才能成为一名优秀的厨师。

怎样才能成为一名合格的餐饮工作人员呢？

通常职业学校将教育的重点放在技术的培训上。但实际上，态度比技术更为重要，因为态度端正，不仅可以帮助您更好地学习技术，而且可以帮助您持之以恒，克服前进道路上遇到的重重阻碍。

每一个餐饮业的成功人士都尊奉着一套未成文的行为准则和态度，这就是我们所说的职业标准。

作为一名职业厨师，您应具备的标准如下：

积极进取的工作态度

要成为一名合格的职业厨师，您必须拥有自信的工作信念。对工作严谨认真并不等于无法从中获得乐趣，而是说真正的乐趣来自令人满意的工作成果。

每一个经验丰富的主厨都有从紧张刺激的工作中获得乐趣的经验：每当夜幕降临之时，就是最繁忙的工作到来之时，点菜单雪片般飞来，分秒必争也未必赶得上它们的步伐；厨师们个个都在埋头苦干，团结协作，刀叉锅勺乒乓作响，空气中弥漫着令人兴奋紧张的气氛。可见您若不投入其中，又怎会感受到那份激情呢？

积极乐观的厨师干起活来效率也会提高，而且动作干净、利落、安全。职业厨师为自己的工作自豪，且努力做出令人自豪的工作成绩来。

充沛的体力

从事餐饮业要求有耐力和毅力，身体健康、勤奋工作。因为餐饮服务是一项艰苦的工作。别人娱乐时您却在工作，工作内容单调乏味。工作压力极大，工作时间长，劳动强度大。

协作的能力

没有人会在只有一个人的后厨内工作，所以您总是要与人合作。餐饮业需要的是团队整体的力量，您必须有与他人合作的精神和能力。若是您任由自我意识膨胀，猜忌他人，总想胜过别人，个人意识严重，或个人感情用事，那么损失是您所无法担当得起的。过去许多主厨都以脾气大而扬名，而在如今则更推崇自我控制力。

勤学好问的学习精神

在烹饪领城内总是有学不完的知识，即使是花费一生的精力也未必得其真果。世上最著名的主厨们首先都承认自己还需继续学习，因此他们不断努力、实验、探索和学习。

餐饮业发展变化极快，勇于接受新观点新思想是至关重要的，不管您技术多么精湛，您还应该做得更好些。

全面的知识技巧

许多人成为职业厨师是因为他们喜欢烹饪，这是非常重要的。但是他们还必须具备其他方面的知识和技巧。一个优秀的厨师必须掌握如何进行成本核算及其他经济手段，需懂得如何与供应商打交道及如何进行人力管理。

经受磨练的经验

美国有一位最受人尊敬的烹饪大师，曾经说过这样的话“只有当您把一道菜做过1000遍以后，您才能真正懂得如何做好这道菜。”

任何东西都不能代替年复一年、日复一日的实践经验。通过书本和学校学会的烹调原理只是为您提供了一个好的开端。您可能会从指导教师那里学到更多的基本烹调理论，但是要想成为一名卓有成就的厨师，您就必须要实践实践再实践。文凭无法帮您成为真正的厨师。

精益求精的质量意识

目前似乎极为流行一种叫作“美食”的食品，很难说清它到底指的是什么，但有一点就是所有所谓的“美食”食品都价格昂贵。

好坏食品的区别只有一点：制作质量的差别。有做得好吃的烤鸭，有做得不好吃的烤鸭；有好吃的汉堡和薯片，也有不好吃的汉堡和薯片。

不管您在哪工作，在豪华的法式餐馆也好，快餐厅也好，大学自助餐厅也好，您都可以好好做，也可以不好好做，要怎样做取决于您自己。

但要做出质量上乘的食品，首先您头脑中必须有这个意识，仅仅知道怎么做是远远不够的。

扎实的基本功

实践与创新是当今时代的要求。出色的厨师都敢于打破旧的条条框框的束缚，创造出前所未有的菜肴。创新的路途是无界的。

然而，即使那些被称为厨艺界的革命家也严格遵守着埃斯科菲耶传承下来的那些最基本的技巧和制作方法。要创新必须先知道由何处开始着手。对于初学者，学会基本的技巧会帮助您更好地实践。当您观摩一位有经验的厨师操作时，您才会将看到的一切更好地消化理解，您才能懂得该问什么样的问题。正如要奏出美妙的乐曲，首先要从音阶开始一样。

这才是本书的宗旨。本书讲授的不是法式菜、美式菜、咖啡厅菜品的制作，而是讲授最基本的方法和技巧。学完本书，并不能使您掌握所有的知识，但却会使您在今后的实践中更好地抓住机遇。

小知识：人物介绍

乔治·奥思特·埃斯科菲耶是20世纪的一位伟大厨师，被同行和美食家们尊崇为20世纪的烹饪之父。他最主要的贡献有两项：一是简化了传统的烹调和菜单，二是对厨房进行了重新设计和安排。

现在要把埃斯科菲耶由多道菜构成的宴会称为是一种简化，实在是令人难以置信的。不过要是您看到18世纪宴会的菜单，就不会感到惊讶了。当时的一道菜就是由20盘甚至更多的菜肴组成的，其中大部分是各式的肉禽类菜肴，而且是所有的菜都一起端上来，摆放在餐桌上，客人们只能享用到自己眼前够得着的几个菜。因此，凯艾米曾对它进行了改革，埃斯科菲耶则把它进一步简化，并沿用到现代宴会上。

埃斯科菲耶认为只将数量的多寡作为评判宴会好坏的标准是不恰当的，井然有序和花色品种才是重要的。每道只精心挑选一两样菜，将它们和谐有序地端上来，这样才能使宾客充分享受到每道菜的美味。简练精致才是餐宴的真谛。

埃斯科菲耶撰写的专著和食谱至今仍为厨艺界的专业人士奉为典范，当作样板。我们即将学习的基本烹饪技巧和餐宴的准备，就是以他的著作作为蓝本的。

埃斯科菲耶的第二大贡献是对厨房的重新设计和安排，以他简练的风格理念为出发点，发展形成了当今厨房中一条龙似的流水作业模式。他的这一思想至今仍在许多宾馆和餐厅中应用。

◆ 复习思考题

一、思考题

1. 西餐厨房人员的组织机构是怎样设置的？

2. 厨房各岗位的主要职责有哪些？

3. 如果一名在专业学校学习烹饪专业的学生努力学习并成绩优秀，毕业后他会成为一名合格的厨师吗？请阐述您的观点。

4. 学习西餐烹调技术，除了向书本学习、向老师学习以外，更主要的是向谁学习？

二、案例分析题

某烹调专业学生在学习西餐烹调技术课程中，不重视学习英语，认为英语学了没有什么用处，不学英语照样可以做好西餐，你认为学好西餐烹调技术和学习英语有怎样的关系呢？

第三章 西餐常见的设备和工具

● **学习重点：**

西餐常用的设备、工具，了解其名称、规格以及使用等方面的知识。

● **教学目的：**

了解西餐设备的种类和特点，熟悉常用设备的用途，掌握常用设备的中文和英文名称。

西餐设备主要指各种炉灶、保温设备和切割设备等。现代西餐设备经过多年改进，已经具有经济实用、生产效率高、操作方便等特点。现在很多西餐设备形成组合式，自动化程度进一步提高，还带有温度控制和时间控制装置。

第一节 大型厨房设备

一、西餐灶台(gas cookers)

西餐灶是带有数个热源(也称为燃烧器或灶眼)的炉灶。这种炉灶常用于西餐厅或咖啡厅零点(单个制作的菜肴)使用的单一的热源，它类似我们日常家庭煤气灶的灶眼。西餐灶是由数个灶眼组成的，每个灶眼的温度可以单独控制，通常各灶眼可以单独烹调不同的菜肴。根据厨房实际需求，西餐灶的灶眼可以有两个、四个或六个等。灶眼有开放式和覆盖式两种，开放式的灶眼中的燃烧器可以直接看到，而覆盖式灶眼的燃烧器被圆形金属盘覆盖。通常西餐灶还指一个组合型的烹调设备。由灶眼、扒炉、平板炉、炸炉、烤炉和烤箱等组成。西餐灶有煤气灶和电灶两种常用的类型。它的用途很广泛，适用于许多烹调方法，如煎、焖、煮、炸、扒、烤等。根据用户的需求或厂方的设计，它的组合方式多种多样。

二、铁扒炉(grill)

铁扒炉又叫烧烤炉，其表面架有一层槽型铁条，铁条宽有1.5cm，条间间隔约2cm。热能来源于电、燃气和木炭等，通过不同的辐射热和铁条的传导，使原料受热并使原料表面有明显的网纹，使用前应提前预热。

平板炉与扒炉相似，热源在炉面下方，热源上是一块方形板。食物可在铁板上煎熟，使用这种炉工作效率较高，且卫生条件好，如采用这种炉加热菜肴，受热会更加均匀，火的大小也易控制。

三、开放式烤炉

热源在炉的顶端，也有人称为面火炉。其内部有不锈钢架，可通过升降架的高度来控制菜肴的受热程度。用这种炉烹制的食品不仅成熟快，而且颜色容易控制。

四、烤箱(ovens)

烤箱是西厨房的主要设备。它的用途广泛，可生产西点、面包，可烹制各式菜肴。它常以煤气、电为热源。烤箱的种类繁多，根据烤箱的用途分类，它有面点烤箱和菜肴烤箱。面点烤箱与菜肴烤箱高度不同，菜肴烤箱内的每层高度常为30～78厘米，而面点烤箱的高度为11.6～23.2厘米。按照烤箱的工作方式，我们又可以把烤箱分为常规式、对流式、旋转式和微波式等四种。

(1)常规式烤箱(conventional oven)。常规式烤箱的热源通常来自烤箱底部或四周，通过热辐射将食品烤熟。这类烤箱可以有数个层次。有的烤箱位于灶具下部。

(2)对流式烤箱(convection oven)。对流式烤箱也称为对流式烤炉。它的内部装有风扇，通过风扇运动，使烤箱内的空气不断流动，从而使食品受热均匀。对流式烤箱的工作速度比常规式提高了1/3。其工作温度也比常规式温度约高24度。但是，使用对流式烤箱，应当特别留心炉内菜肴的变化及炉内温度、烘烤时间，否则容易将菜肴风干。

(3)旋转式烤箱(revolving oven)。旋转烤箱是带有旋转烤架的常规式烤箱。通常在烤箱的外部有门，当烤架旋转时，打开门，工作人员可接触炉中的烤架，输送被烹调的食物，取出烤熟的菜肴，方便操作。旋转式烤炉有多种设计，它适用于不同的生产量和生产目的。

(4)微波烤箱(mircowave oven)。但是，新型微波炉已经安装了烧烤装置，这样菜肴可以通过微波烹调的同时也通过热辐射烤制菜肴。因此使用微波炉加快了菜肴的烹调时间，还可使菜肴表面出现理想的颜色和酥脆的质地，同时，新兴的微波炉还具有磁控管保护装置。使用微波炉时只要参照说明书并按照自己的需要的时间和火候，给出指令，它就会工作。工作结束时，会发出信号，自动停止。

五、转式烹调炉

这是一种非常实用、方便的设备，由两部分组成，上半部分为方形锅，下半部分为加热炉，上面的锅可向外倾斜，使用较为方便。

六、油炸灶(frying cookers)

炸炉是用于油炸食品的烹调设备，它仅适用于单一的烹调方法。由于厨房每日需要大量的油炸食品，因此，炸炉也是厨房的主要烹调设备。炸炉主要有三种类型：常规型、压力型和自动型。

(1)常规型炸炉。常规型炸炉的上部为方型炸锅，下部是加热器，炉顶部为开放型，炸炉配有时间和温度控制器。

(2)压力型炸炉(pressure fryer)。压力型炸炉的顶部有锅盖，当油炸食品时，炉上部的锅盖密封，使炸锅内产生水蒸汽，锅内的气压增高，从而使锅内食品成熟。压力炸炉制作的食品外部香脆、内部酥烂。它的工作效率非常高。

(3)自动型炸炉。自动型炸炉上的炸锅底部有个金属网，金属网与时间控制器连接，当食品炸至规定的时间，炸锅中的金屑网会自动抬起，脱离热油。

七、蒸汽汤炉(steaming)

蒸汽汤炉。呈球罐状，内容积大，可容汤水几十千克，以管道蒸汽加热，不易搬动。

八、平面煎板(griddle)

其表面是一块约 1.5cm 厚的平面铁板，不锈钢炉身，宽大炉面设计，高效发热线，6 级温控选择开关，配有能抽接的盛油渣盘。

九、微波炉(micro wave oven)

1946 年，斯潘瑟还是美国雷声公司的研究员。一个偶然的机会，他发现微波熔化了糖果。事实证明，微波辐射能引起食物内部的分子振动，从而产生热量。1947 年，第一台微波炉问世。

顾名思义，微波炉就是用微波来煮饭烧菜的。微波是一种电磁波。这种电磁波的能量不仅比通常的无线电波大得多，而且还很有"个性"：微波一碰到金属就发生反射，金属根本没有办法吸收或传导它；微波可以穿过玻璃、陶瓷、塑料等绝缘材料，但不会消耗能量；而含有水分的食物，微波不但不能透过，其能量反而会被吸收。

微波炉正是利用微波的这些特性制作的。微波炉的外壳用不锈钢等金属材料制成，可以阻挡微波从炉内逃出，以至影响人们的身体健康。装食物的容器则用绝缘材料制成。微波炉的心脏是磁控管。这个叫磁控管的电子管是个微波发生器，它能产生每秒钟振动频率为 24.5 亿次的微波。这种肉眼看不见的微波，能穿透食物达 5cm 深，并使食物中的水分子也随之运动，剧烈的运动产生了大量的热能，于是食物"煮"熟了。这就是微波炉加热的原理。用普通炉灶煮食物时，热量总是从食物外部逐渐进入食物内部的。而用微波炉烹饪，热量则是直接深入食物内部，所以烹饪速度比其他炉灶快 4 至 10 倍，热效率高达 80% 以上。目前，其他各种炉灶的热效率无法与它相比。

而微波炉由于烹饪的时间很短，能很好地保持食物中的维生素和天然风味。比如，用微波炉煮青豌豆，几乎可以使维生素 C 一点都不损失。另外，微波还可以消毒杀菌。

使用微波炉时，应注意不要空“烧”，因为空“烧”时，微波的能量无法被吸收，这样很容易损坏磁控管。另外，人体组织是含有大量水分的，一定要在磁控管停止工作后，再打开炉门，提取食物。

十、多士炉

西餐厨房必备的设备之一，主要用于加热面包片，按下升降键接通电路，发热丝开始加热工作，待到预设时间多士炉则自动切断电路终止加热工作，面包承座弹起。也可通过“程序取消键”来强制切断电路。

正确使用指南：

1. 开机前先设定烘烤调整旋钮以预设烤面包要达到的焦黄程度。（在大多数情况下，是根据自己的使用经验和口味习惯，固定使用某一种烘烤时间，也即电子时间掣处于同一位置。）
2. 放入一片或两片面包。
3. 接通电源，按下升降键，烤好后，机体将自动关闭电源，面包承座将弹起。
4. 您可中途视烘烤程度用手操作机体上的“程序取消键”以终止烤面包。

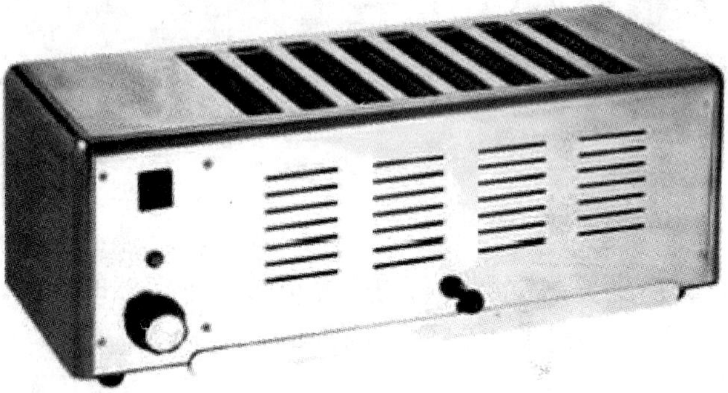

5. 清洁面包屑：

——先切断电源，并保证机体完全冷却；

——再将机器翻转过来并轻拍；

——如仍未彻底清洁，可自底部抽出面包屑底盘加以清洁，然后将面包屑底盘安装好。

6. 使用结束后，可将电源线绕在机身底部，以便收藏。

注意事项：

1. 首次使用在没有面包的情况下可能会有微烟冒出，这是正常现象！
2. 请不要在未安装面包屑收集底盘的情况下使用本系列产品！
3. 使用前请先打开防尘盖；切勿覆盖正在使用中的多士炉！
4. 确保产品远离火焰或高温的地方！确保产品远离儿童！
5. 不可烘烤有可能有滴液的食物，如涂抹奶油的面包等！

6. 机体工作时严禁将易燃物放在多士炉上！

十一、制冰机（icemaking appliances）

是西餐厨房的必备设备，随着生活水平的日益提高，人们在日常生活中对冰块的需求越来越多，以前的冰箱虽然大多有制冰盒，但均为人工制冰，即注水、离冰等操作需人工完成，无法满足人们随时用冰的需求，自动制冰机的应用则完全解决了这个问题。整个制冰过程由制冰机自动完成，无需人工干预，储冰盒装满冰块时会自动停止制冰机的工作，彻底解除了人工操作的烦琐，极大地方便了人们对冰块的使用。

目前用于电冰箱的家用自动制冰机大体可分为两类，一类是日本冰箱中普遍采用的单片机控制型。该类型制冰机外形较小，主要由控制盒、探冰杆、温度传感器以及制冰容器组成。制冰过程由一套控制程序来完成，离冰时控制盒内的电机带动制冰容器转动，旋转到一定位置后，制冰容器扭曲变形将冰块排出，该类型制冰机由于采用了单片机控制，需要有专门的控制程序，因而只能应用在电脑温控冰箱中，通用性较差。控制盒内除了直流电机外，还有减速齿轮、接近开关、限位装置以及控制电路板，结构较复杂，目前国内采用这种自动制冰机的几款冰箱其控制盒部分均为日本原装进口。

另一类自动制冰机则在美国冰箱中普遍应用，为机械控制型制冰机，它主要由控制盒、温控器、加热器、探冰杆、离冰杆以及制冰容器等部件组成。由于制冰的全过程均由控制盒内电机的开停以及电机带动不同铜片的通断来控制，故这种自动制冰机不需要单片机控制，在通常的冰箱中均能应用，通用性很强。其外部连线只有四根，接线十分简单，易于使用和维修，且所有构件多为机械结构，较容易进行国产化。

美式自动制冰机的构造大体可分为三部分：控制盒、中间连接盒以及制冰盒。其中控制盒为核心部件，它由电机、减速齿轮、转轴以及铜片等组成。铜片遍布在控制盒壳体上的沟槽里，类似电路。当制冰机通电工作时，电机通过减速齿轮带动转轴旋转，转轴在不同的位置时会触发不同的铜片接通和断开，形成不同的电路连接，从而实现制冰过程中各阶段的动作；中间连接盒主要用于连接控制盒和制冰盒，在其壳体上固定有双金属片温控器，该温控器在制冰机组装好后会紧贴在制冰容器上，起到控制制冰时间和加热器加热时间的作用；制冰盒主要由探冰杆、离冰杆、制冰容器以及加热器组成，当冰箱中储冰盒（通常位于制冰机下方）里的冰块已装满时，冰块将探冰杆向上顶起，从而切断制冰机工作。

通常一个完整的制冰过程可分为四个步骤即注水、制冰、加热、离冰，而控制盒内的铜片随转轴的旋转会产生不同的电路连接，从而对应相应的制冰步骤。

注水温控器处于断开状态，开关接通，电机、加热器和水阀工作。

制冰。水阀注水结束后，电机转动至某位置接通，电机停止工作，开始制冰。当温控器达到接通温度时，冰块制好，接通，加热器和电机接通工作。

加热和离冰时电机带动离冰杆旋转至冰块处，由于加热器的加热，冰块底部与制冰容器脱离，最终被离冰杆推出并翻落至下方的储冰盒内，在离冰过程中，温控器达到断开温度，开关断开，加热器停止工作，电机则继续转动直至注水开始。

十二、冰淇淋机(ice cream making appliances)

冰淇淋机由制冷系统和搅拌系统组成。制作时把液状的冰淇淋浆体装入一个桶形的容器，容器内有搅拌器，外壁是蒸发器，操作时一边冷冻，一边搅拌，直至浆体冷冻成糊状，然后装入硬化箱中冻硬。用于制作各色冰淇淋。

十三、粉碎机(smashing appliances)

粉碎机由电机、原料容器和不锈钢叶片刀组成，适宜打碎蔬菜、水果，也可混合搅打浓汤、调味汁等。

十四、面包切片机(appliances for slicing bread)

面包切片机作为土司面包切片之用。刀距为12mm，能迅速将土司切成30片，刀片锋利。一般配备于前店后厂或土司生产线之标准设备。操作简易，一次可堆放多条土司面包。

十五、搅拌机(electronic mixer)

搅拌机由电机、不锈钢桶和搅拌龙头组成，有专用打蛋机和多功能搅拌机两类。前者主要用于搅打蛋液，后者则除搅打蛋液外，还可用来打蛋白膏、奶油酱，调制各种点心、面包的面团等，但使用多功能搅拌机时，要注意根据制品的不同要求选择搅拌速度和搅拌桨叶。

十六、饧发箱

饧发箱是发酵类面团发酵、饧发的设备。目前在国内常见的有两种，一种是结构较为简单，采用铁皮或不锈钢板制成的饧发箱。这种饧发箱靠箱底内水槽中的电热棒将水加热后蒸发出的蒸汽，使面团发酵。另一种结构较为复杂，以电作能源可自动调节温度、湿度，这种饧发箱使用方便、安全，饧发效果也较好。

十七、和面机

和面机有卧式和立式两大类型。卧式和面机结构简单，运行可靠，使用方便；立式和面机对面团的拉、抻、揉的作用大，面团中面筋质的形成充分，有利于面包内部形成良好的组织结构。

十八、倾斜式煮锅

倾斜式煮锅常以电或水蒸汽为热能，适用于煮、烧、炖等方法制作的菜肴。由于它可以倾斜，因此使用方便。倾斜式煮锅通常以水蒸汽为能源，厨师可以通过调节气体的流动和温度计控制锅内的温度。

十九、蒸箱(steam cooker)

蒸箱是西餐厨房常用的烹调设备。通过蒸的方法制作的菜肴的味道和营养损失极少。

二十、切片机(slicer)

切片机也是西厨房中常用的机械设备，用途广泛。如切奶酪、蔬菜、水果、香肠和火腿肉等。用切片机切割的食品厚度均匀，形状整齐。常用的切片机有手动式、半自动式和全自动式三种类型。手动式切片机适用于小型厨房；半自动式切片机上的刀片由电机操纵，装食品的托架由手工操作，其工作速度为每分钟 30～50 片；而全自动切片机的刀片和托架全是电动的，操作人员可根据具体需求调节它的切割速度。通常，有些物体需要慢速切割，如温度较高的食品或质地柔软的食品；某些质地结实的固体食品或不易破碎的食品适于快速切割。通过调节装置可控制食品的厚度。

二十一、绞肉机

绞肉机是绞肉的设备，也可以加工其他含有水分的食品。它由机筒、螺旋状推进器、带孔的圆形钢盘和刀具组成。食品进入机筒后，被推进器推入带孔的圆形钢盘处，在这里，经过旋转着的刀具将肉类原料切碎。然后，通过钢盘洞孔的挤压，使原料成为粒状物。被切割的食品的形状与盘孔的大小相同。

二十二、万能去皮机(peeling machine)

万能去皮机是专门切削带皮蔬菜的设备。此外，它也可以洗刷贝类原料。它由两部分组成，上部是桶状容器，下部为支架。桶状容器用于盛装被加工的原料，该机器装有时间控制器和用玻璃制成的观测窗等装置。机器配有六种供洗刷和切割使用的刀具和工具：普通刷盘、马铃薯去皮刀、切割刀、洋葱去皮刀、洗刷贝类食品专用盘、旋转式沥水桶。

二十三、切割机

切割机是用来切割蔬菜、水果、面包屑及肉类的机器。这种机器主要包括两个部分，一个部分是用来盛装原料的较大的容器，另一个部分是可以旋转的刀具。原料切割的大小将依照原料被切割的时间的长短，时间愈长，被切割的原料愈小。

根据需要，该机器可以安装不同的刀具，例如，切片的刀具、切块的刀具、切丝的刀具和切末的刀具。

二十四、擀面机

擀面机用于面包房。它由托架、传送带和压面装置组成。它可将面团压成面片。面片的厚度由调节器控制。

二十五、保温设备

保温设备是现代厨房必备的设备。它的种类很多，不同型号和式样的保温设备具有不同的功能。如面包房使用的发面箱、烹调部门常用的热汤池、保温灯、保温车等。

(1)发面箱。发面箱是供面团发酵的装置。利用电源将水槽内的水加温，使箱中的面团在一定的温度和湿度下充分发酵。

(2)热汤池。热汤池的工作原理与发面箱相似，也是利用电、煤气或水蒸汽将水加温。热水池中存放着数个装有食品的容器，通过水温传导达到保温食品的作用。在咖啡厅，厨师利用这一装置为各种汤、热菜调味汁、炖菜和烩菜等保温。

(3)保温灯。保温灯是用热辐射方法保持餐碟或烤肉温度的装置,它的外观像普通的灯,只是它产生较高的温度，菜肴在这种灯的照耀下能保持一定的温度。

(4)保温车。保温车是通过电加热为食品保温的橱柜。通常橱柜下面有脚轮，可以移动，故称为保温车，橱柜内存有被保温的菜肴。

第二节 西餐各式工具

用于西餐烹调的工具品种繁多、形式多样，常按其用途分为灶具、刀具及其他用具等三类。

一、煎锅(frying pan)

煎锅亦称煎盘、法兰盘(译音)，是西餐烹调中的主要工具。用于煎制牛扒、土豆、蛋卷等。直径有20cm、30cm、40cm等不同规格。

二、汤桶(stock pot)

汤桶桶身较深、较大，旁有耳环，上面有盖，以不锈钢或铝合金制成，规格不等，常作烩煮肉类和烧汤等用。

三、平底锅(sauce pan)

平底锅有长柄及盖，大小不等，深度规格为7cm~15cm，常用来调制少司或焖制少量菜肴。

四、罐(casserole)

罐一般为深底、圆形，以耐烧的搪瓷罐或瓦罐居多，用于做焖、炖、烩的菜肴。可连罐上席。

五、烤盘(roast pan)

烧盘长方形，以薄钢板制，尺寸大小可根据需要决定，用于烤制食品。

六、糖酱锅(brazier)

糖酱锅是用铜板轧制成的深底、带耳的圆锅，用于熬制各种糖浆。

七、铁板盘(sheet pan)

铁板盘为长方形，深及2.5cm，用于烘制甜点、曲奇饼、薄面包片等。

八、滤器笊篱(strainer)

滤器笊篱是用不锈钢丝制成的网筛，作沥干面条等用，大小与锅相符。

九、帽形滤器(capstrainer)

帽形滤器形似帽子，有长柄，用于过滤少司。

十、蔬菜滤器(colander)

蔬菜滤器用于沥干洗净后的蔬菜或水果。

十一、漏勺(skimmer)

漏勺是用不锈钢制成的，浅底连柄、圆形广口，中有许多小孔用于食品油炸后，沥去余油。

十二、打蛋器(whip)

打蛋器又称打蛋帚，用环形不锈钢丝扎缚成帚把，分大、小两种规格，用于打蛋及奶油等。

十三、搅棍(woodenstir)

搅棍一般为木制，形如船桨，用于搅拌稠状的食物。

十四、勺子(ladle)

勺子有长柄，用于舀调味汁及汤菜。

十五、汤酱筛(pureesieve)

汤酱筛一般用于滤清蔬菜、水果的浓汤。

十六、模具(mould)

模具一般以铜、不锈钢等制成，用于扣制各式蛋糕小饼、饺子、面皮、冻糕和布丁等。

十七、蛋铲

蛋铲以不锈钢制成，铲面有小孔或长方形孔槽，以便沥去油与水分。

十八、法式刀(french knife)

法式刀刀刃呈弧形，背厚、颈尖，长度为30cm左右，常用于切、剁食物。

十九、厨师刀(chefs slicer)

厨师刀刀长约25cm，刀头尖或圆，刀刃锋利，用于切割各种肉类食物。

二十、屠刀(butcher knife)

屠刀刀身重，背厚，刀刃锋利且呈弧形，用于分解大块生肉。

二十一、出骨刀(boning knife)

出骨刀长约15cm，又薄又尖，用于生肉出骨。

二十二、沙拉刀(salad knife)

沙拉刀长约15cm，尖头短刃，用于切蔬菜、水果等。

二十三、水果刀(paring knife)

水果刀为不锈钢制，头尖刃利，长6~10cm，用于削果皮等。

二十四、刮抹刀(spatulas)

刮抹刀长8~25cm，刀面较宽，用于抹奶油等。

二十五、煎饼刀(hotcake turner)

煎饼刀是一种刀面较阔，用作翻转烘煎糕点。

二十六、砍刀(cleaver)

砍刀，刀方头、刃利、背厚，刀身重，用以砍脊骨和排骨等。

二十七、牡蛎刀(oyster knife)

牡蛎刀刀头尖、刀身短而薄，用以挑开牡蛎外壳。

二十八、蛤蜊刀(clam knife)

蛤蜊刀刀身短而扁平，刀口锋利，易将蛤蜊壳剖开。

二十九、钢锉(steel scraper)

钢锉是经过磁化处理的，用以磨刀。

三十、肉板(meat board)

肉板以木制或塑料、尼龙制，有厚、薄、方、圆等几种规格用于刀工处理时作衬垫工具。

三十一、筛子(sieve)

筛子用于筛面粉等。

三十二、食品夹(food tong)

食品夹有金属制的有弹性的“U”字形夹钳，用于夹取食物。

三十三、擦板(grater)

擦板是多用途加工工具，可以将肉豆蔻、奶酪等擦成较粗的末，也可以将土豆擦成片，擦成丝等。

三十四、量水杯(measuring cup)

量水杯是以塑料或不锈钢制成的，有柄，内壁有刻度，一般用以量液体食物。

三十五、冰淇淋球勺(ice cream scoop)

冰淇淋球勺是由球勺(半球形)与手柄两部分组成的，勺底有一半圆形薄片，捏动手柄，细薄片可以转动，使冰淇淋呈球形造型。

三十六、花饰管(cream straw)

花饰管亦称裱花龙头，多数用不锈钢、铜或塑料制成，龙头嘴部有多种形状，如齿形、扁形、圆口形、月牙形，原料通过后可变成各种不同的花纹。

三十七、花饰袋(cream sack)

花饰袋是用布、尼龙或油纸制成的圆锥形袋子，无锥尖，在锥部开口处可插进花饰管，装进原料后，可以裱花。

三十八、拍刀(clapping knife)

拍刀名为刀，实际是一块带握柄的铁板(或不锈钢板)，长 15cm，宽 10cm，厚 1.5cm，用以拍打肉排。有些拍刀如锤形，用来加工各种肉类原料。

三十九、天平(scales)

天平用于准确称量各种原料。

四十、温度计(thermometer)

温度计由测杆和温度表两部分组成，用以测油温及糖浆温度。

◆ 复习思考题

一、问答题

1. 简述平扒炉的特点及用途。
2. 说明西餐常用刀具的种类和规格。
3. 说明烤箱的种类及特点。
4. 多士炉的作用是什?

二、填空题

1. 厨师刀刃长约________，刀头尖或圆，刀刃锋利，用于切割各种肉类食物。
2. 冰淇淋机由__________和搅拌系统组成。制作时把液状的冰淇淋浆体装入一个桶形的容器，容器内有搅拌器，外壁是蒸发器，操作时一边冷冻，一边搅拌，直至浆体冷冻成________，然后装入________中冻硬。用于制作各色冰淇淋。

3. 西餐厨房必备的设备之一，主要用于加热________，按下升降键接通电路，发热丝开始加热工作，待到预设时间，多士炉则自动切断电路终止加热工作，面包承座弹起。

4. 花饰袋是用______、尼龙或______制成的圆锥形袋子，无锥尖，在锥部开口处可插进花饰管，装进原料后，可以裱花。

第四章 西餐原料

●学习重点：

了解西餐常用的原料，了解其名称、特点、产地以及使用等方面的知识。掌握常用原料的使用。

●学习目的：

了解西餐原料种类和特点，熟悉常用原料的中文和英文名称，掌握常用原料的用途。

第一节 禽类原料及其制品

一、家禽

禽类是西餐原料中不可缺少的重要组成部分。常用的品种有鸡、鸭、鹅、火鸡、鸽子、珍珠鸡以及部分野禽。禽类原料营养丰富，水分含量比畜类原料要高，脂肪含量低，口感鲜嫩。在西餐烹饪中还将禽肉分为白色肉类和红色肉类两种。其烹调方法也因原料有所不同。白色肉类包括童鸡、雏鸡、小鸡、母鸡、公鸡、火鸡等。红色肉类包括鸭、鹅、鸽子等。

(一)鸡(chicken)

鸡，按动物学分类，属鸟纲雉科家禽。喙短，有冠与肉髯，翼不发达，但脚矫健。公鸡善啼，羽毛美艳，趾有踞，母鸡 5～8 月龄开始产蛋，年产近百个至二三百个不等。蛋重 50～65 克，壳褐、浅褐或白色。产蛋量逐年递减，孵化期 20～22 天，寿命约 20 年。

鸡又可以分为家鸡和野鸡两种，目前在西餐中使用比较多主要的家鸡。家鸡是的家禽原料，有着较长的饲养历史。

家鸡的种类较多，分类方法也有所不同，有按饲养期分类的；也有根据品种进行分类的。欧洲国家通常根据其饲养期进行分类，不同年龄的鸡其口感、营养以及烹调都有所不同。

根据鸡的饲养期可分为：

1. 雏鸡(cornish)

特殊饲养的小鸡，一般在 500 克以下。其肉质非常的细嫩。一般用于串烤、平底锅烧或铁板烧等。

2. 小公鸡(broiler)

饲养期一般在50天左右，重量在900克左右。由于生长时间短，其肉质异常的嫩，骨头松软，水分含量大，但鲜味不足。

3. 阉鸡(stag)

阉过的公鸡，大约在两个月的时候阉割。其肉质鲜味浓郁，肉质细嫩。生长时间一般为5～8个月。重量在3千克左右。一般是圣诞节的典型食品。

4. 大公鸡(cock)

成年公鸡，皮肤粗，肉质较老，肉深色，饲养时间为10个月以上，重量为3～5千克。

5. 大母鸡(hen)

成年母鸡，肉质老，皮肤粗糙，胸骨较硬。饲养时间10个月以上，重量为2～3千克。

优良品种：

1. 海赛克斯

是由荷兰培育的优良蛋用鸡种。该良种具有成活率高，抗病能力强，产蛋率高，鸡肉质好等特点。

2. 海兰

是由美国培育的蛋用鸡种。海兰商品化生产性能优秀，适应性强，18周育成率95%～98%，80周存活率92%～95%，72周入舍鸡产蛋286枚。

3. 罗曼蛋鸡

是从德国罗曼育种公司引进，具有适应性、抗病力强，成活率、产蛋率高，蛋大，蛋壳质量好，蛋壳色泽深，耗能低，生产稳定，经济效益高等特点。

4. 艾维菌

是由美国艾维国际禽场有限公司培育的优良肉用鸡。该品种具有成活率高、适应性强(成活率可达95%以上)，产蛋期死亡率在7%以下，产蛋多，孵化率高，增重快，饲料转化率高等特点。

5. "科尼什"鸡

"科尼什"鸡原产于英国，是著名的肉用鸡。此鸡腿短、鹰嘴、颈粗、翅小、体型大，毛色有红、白两种。雄性鸡重5～6千克，雌性鸡重3.5～4千克。

6. "白洛克"鸡

"白洛克"鸡原产于美国，也是著名的肉用鸡。此鸡体形大，毛色纯白，生长快，易育肥。雄性鸡重4.5～5千克，雌性鸡重3.5～4千克。

(二)火鸡(turkey)

在西方传统的圣诞餐桌上，烤火鸡是不可缺少的菜肴。在一些亚洲国家，或许每年只有圣诞节这一天才吃火鸡，以庆祝佳节；但在欧美，尤其是美洲大陆，火鸡却是很普通的一种肉食。

火鸡又称"吐绶鸡"，原产于美洲，在欧洲人到美洲之前，已经被印地安人驯化。火鸡的名字在英文中叫"土耳其"。因为欧洲人觉得它的样子像土耳其的服装：身黑头红。火鸡生长发育快、体型大、肉嫩味美、口感好；抗病适应性强、耐粗饲、遗传性稳定、行动迟缓易管理;食草性强,被誉为“草食野味珍禽之冠”。火鸡与其他家禽最突出的区别是其头部及其上颈部无毛,颈皮有许多明显皱褶,发情时头部及颈皱褶皮变得火红,故称为“火鸡”。

一般情况下,从小鸡出壳到140天,重型公火鸡可长到16千克,母火鸡9千克;中型公火鸡重13千克,母火鸡可达8千克;小型公火鸡可长到10千克,母火鸡重达5公斤。火鸡四季孵化,繁殖力强。火鸡一般6~7个月龄就开始产蛋,每产蛋15~25枚时,就自行孵抱1次,孵化期26~28天,带领小鸡10天左右,又进入产蛋期,尔后又孵化,终而复始,四季不分。火鸡一般年产蛋80~120枚,孵抱4~5次,若采取人工孵化,年产蛋可以达到150~190枚。

火鸡肉蛋白质含量比其他畜禽含量高20%,而脂肪含量则低21%,且低胆固醇,是滋补营养和美食兼备的佳品。

火鸡的种类很多,大致有两种分类方法,一种是根据其生长期分类;另一种是根据其品种进行分类。

根据饲养期分为:

1. 雏火鸡(fryer - roaster):年龄最小的公火鸡或母火鸡,肉细嫩,皮肤光滑,骨软。饲养时间仅有16周,重量常在1.8~4千克。

2. 童子鸡(young hen):饲养时间较短的小母火鸡或小公火鸡,5~7个月。肉嫩,骨头略硬,重量为3.6~10千克。

3. 嫩火鸡(yearling):饲养时间15个月内,肉质相当嫩。重量为4.5~14千克。

4. 成年火鸡(mature turkey):肉质老,皮肤粗糙。饲养时间15个月以上,重量为4.5~16千克。

常见的品种有:

1. 宽胸火鸡

所谓宽胸火鸡是近二三十年西方国家培育出的优良品种,这种火鸡胸部肌肉非常发达,腿部肉也很丰富,有生长快、出肉率高、肉瘦、味美、饲养期短的特点。代表品种有加拿大的海布里德火鸡、美国的尼古拉火鸡、法国的贝蒂纳火鸡等。目前,国内许多饭店却都用美国的尼古拉宽胸白羽火鸡。

2. 黑色火鸡

黑色火鸡是传统鸡种,与野生火鸡较接近,毛色全黑或有灰白色,胸部肉色浅白,腿部肉色灰白。这种火鸡我国引进较早,但生长慢,出肉率低,个体较小,雄性火鸡体重6~8千克,雌性火鸡体重3~4千克。

3. 古铜色火鸡

古铜色火鸡也是传统鸡种,但经过人工饲养后已有较大变异,毛色大体为古铜色,略带黑白斑纹,体形大,雄性火鸡重达9千克。

(三)珍珠鸡(guinea)

珍珠鸡又名珠鸡,原产于非洲。近来才由野生鸟类驯化而来。其羽毛非常漂亮,全身灰黑色,羽毛上有规则地散布着点点白色圆斑,形状似珍珠,故名珍珠鸡。过去,珍珠鸡仅在动物园内供观赏用,后来经过人们选择驯化,开始了人工饲养,逐渐成为家禽中的一个肉用型品种,目前在不少国家中已普遍饲养。在欧美各国,特别是法国，珍珠鸡的饲养数量特别大，无论是家庭菜肴还是餐馆的菜单上，珍珠鸡是一种常见的烹饪原料。

1. 肉质特点

珍珠鸡虽然隶属家禽，但与野禽更相近，其肉质比家鸡鲜美。珍珠鸡肉色深红，肉质柔软且富有野味的鲜味，但没有野味的异味。

2. 挑选方法

饲养了6~10个月的珍珠鸡味道最好，特别是雌性珍珠鸡的肉质更为柔软。挑选时，应选择没有外伤，毛孔隆起的珍珠鸡。

3. 烹调方法

珍珠鸡的烹调方法和鸡相同，既可制作整个的烤鸡，又可将其分解成8块再烤，除了用烤炉烤，也可制作铁板烤鸡，当然也可焖或煮。一般而言，无论采取何种烹调方法，都应注意不应使加热火候过大，以免损及珍珠鸡肉柔软而适中的口感。

(四)鸽(pigeon)

西餐中主要使用肉鸽和乳鸽。肉用鸽体形较大，一般重500~700克，成长快，繁殖力强，特别是乳鸽，饲养4个星期就可成熟，胸部饱满，肉质细嫩、味美，适宜整用也可分卸使用。

根据生长期分为：

1. 雏鸽(squab)：饲养时间短，肉嫩，色浅。饲养时间在3~4周，重量为0.45千克。

2. 成年鸽(pigeon)：肉呈深色，肉质老。饲养时间为4周以上，重量为0.45~0.9千克。

鸽子是宴会餐桌上常用的原料，是上等烹饪原料之一。

1. 肉质特点

鸽肉色深红，和鸭肉相似，肉质较硬而缺少脂肪。在欧美各国，盛行食用饲养的肉鸽，其中以法国普列斯肉鸽十分有名。这种肉鸽是放养的鸽种，其肉质较紧，和野生的鸽肉十分相似。

2. 挑选方法

鸽子屠宰之后，2~3天之内味道最好。鸽肉大都不切块，整只进行烹调。挑选时，应选用胸肉大而厚的肉鸽。

3. 烹调方法

嫩鸽大都用于烧烤或煎炒。此外，也可烩或焖，其中黄汁烩野味十分有名，这是一道古老的菜肴，食用时，需要添加用鸽骨煮汁制作的调味汁。

(五)鸭(duck)

鸭在我国各地均有饲养，尤其是北京填鸭闻名全世界。一般肉用鸭，公鸭体形较长，肉粗糙而肉腥，油脂较少。母鸭体形较短，肉细嫩，油脂丰满，鲜腥味少。在西餐菜肴中多使用瘦形鸭，现主要使用原产于英国的“樱桃谷鸭”。

根据生长期分为：

1. 雏鸭(broiler)：小嫩鸭，嘴部和气管柔软。饲养时间8周内，重量为0.9~1.8千克。

2. 童子鸭(roaster):小嫩鸭，嘴部和气管刚开始发硬。饲养时间16周内，重量为1.8～2.7千克。

3. 成年鸭(mature):成年鸭，肉质老，嘴和气管质地硬。饲养时间6个月以上，重量为1.8～4.5千克。

(六)鹅(goose)

鹅在世界范围内饲养很普遍，也有不少优良品种，一般肉用鹅大都饲养1年左右，若时间再长，肉质就会变得粗老。

根据生长期分为：

1. 幼鹅(young goose):肉质嫩，饲养时间6个月以内，重量2.7～4.5千克。

2. 鹅(mature goose):成年，肉质老，6个月以上，重量4.5～7.3千克。

二、野禽

野禽是西餐烹调中季节性很强的特殊原料，常见的有山鸡、松鸡、鹧鸪、岩鸡、榛鸡、大雁和野鸭等。随着人们环保意识的加强，此种资源日趋减少，其用量远不及家禽多。

三、禽制品

鹅在西餐中的用途不如鸡广泛，但肥鹅肝却是西餐烹饪中的上等原料。经特殊育肥的鹅，其肝脏重达1千克左右，脂肪含量高，味道鲜美、丰润。为了得到质量上乘的肥鹅肝，必须预先选择小雄鹅，在3～4个月之内添喂普通饲料，然后用特制的玉米饲料，强制育肥1个月。鹅肝可用来制作鹅肝酱、苹果煎鹅肝等名贵菜肴，以法国生产的品质为最佳。烹调方法有烤、煎等。

生产肥鹅肝的鹅都是专门挑选饲养的。这些鹅春天出生，到了秋天被人工添喂。肥鹅肝的生产工艺一般有四个环节：

1. 育肥鹅的选择

一般选择健康好动、长势快、颈粗短、觅食强的幼鹅。

2. 幼鹅的预料期

选择3公斤以上的鹅作为育肥鹅，预料期采用圈养的方法，每平方米4～5只，用高营养的饲料。喂到4～6千克时，即进入填料期。

3. 填料期

一般为30天，用高营养的饲料(玉米、油脂等混合饲料)进行添喂，有人工添喂的，也有用专门的填料机器添喂的。

4. 宰鹅取肝

肥鹅肝中含有大量脂肪，因此在烹调时不要用急火，以免脂肪流失，使鹅肝的质地变干。

优质的鹅肝有以下特点：

1. 颜色:上等的肥鹅肝呈乳白色或白色，其中的筋呈淡粉红色。

2. 硬度:上等的肥鹅肝肉质紧，用手指触压后能恢复原来的形状。

3. 质感:上等肥鹅肝肉质细嫩光滑，手触后有一种黏糊糊的感觉。反之手触不光滑并发干，是质量较差的肥鹅肝。

肥鹅肝既可以冷吃，制作各种色拉，也可以制作各种热菜。制作色拉时一般将其血筋挑出后压成酱状，即通常所说的鹅肝酱。热吃，一般用整只鹅肝进行烹调，以煎烤的烹调方法为主。

第二节　畜类原料及其制品

畜类原料是西餐菜肴的主要原料，在菜肴制作中应用较多。

一、家畜

（一）牛肉（beef）

牛肉是西餐菜肴中使用最广泛的原料，牛肉几乎可以制作出西餐的各式菜肴，是西餐烹饪不可或缺的重要原料。根据功能在欧美国家可以将牛分为两大类，乳牛和肉牛。在烹饪中使用的主要是肉牛，西方肉牛的饲养业比较发达，也培养出许多优良的品种，如英国的海福特牛、瑞士的西门达尔牛、法国的夏洛莱牛、苏格兰安古士牛等。

另外西餐对牛肉的生产也有严格的要求，有着较细的等级划分制度，我国已成为牛肉生产大国，但从国际竞争力和影响力来说，却算不上强国。我国在世界牛肉市场上的竞争能力较低，牛肉价格大大低于世界牛肉平均价格，出口市场仅在中东少数几个国家，出口份额也非常小。2001 年，我国牛肉出口仅 6 万吨，远不及美国、澳大利亚、巴西、日本等国家。影响我国优质牛肉生产的因素较多，其中最重要的是我国尚没有全面推行牛肉分级制度。世界上凡是肉牛业发达的国家均施行牛肉质量分级制度，对本国牛肉生产起到了极大的导向和推动作用。我国已加入世界贸易组织，这就意味着我国牛肉市场的对外开放程度加大，国际市场政策和规则的变化对我国牛肉进出口贸易影响会明显增加，也进一步要求我们在规范牛肉生产上和国际接轨。因此，牛肉分级技术的应用，对引导牛肉生产的规范化、标准化、有序化及产业化有着重要意义。

牛肉分级主要具有下列作用：

1. 实现优质优价，促进牛肉市场良性运转；

2. 规范和统一国内牛肉产品的质量，促进牛肉生产水平的提高，延长肉牛产业链；

3. 对牛肉生产的发展起到导向和推动作用，促进肉牛繁育、屠宰加工、牛肉制品加工协调发展；

4. 使国内整个肉牛产业纳入一个科学、有序的发展轨道，增强国际竞争力。

根据年龄分：

1. 成年牛

成年肉用牛一般以 3 岁左右的肉质量最好，其肌肉坚实细嫩，皮下及肌间都夹杂少量脂肪。由于牛肉的部位不同，其肉质也有很大区别，因此，在原料的选用上，一定要根据其肉质特点，恰当使用。

牛的各部位肉，各国并无统一名称。通常将牛肉划分为以下部位：

(1)里脊。位于牛的脊背后部内侧，一边一条，从头至尾的形状是头大尾尖。因这个部位活动量很小，所以肉的纤维细软，含水分多，是牛肉中最细嫩的部位。

西餐通常称其为菲利，是制作牛扒最好的一块肉，价格也是较贵的。其嫩度、鲜度都很好。

(2)外脊。外脊是牛的脊背部分，肉的细嫩程度仅次于里脊。剔去骨骼及筋膜可做各种肉扒，西餐中通常称其为西冷牛扒，外脊是西餐中制作各种牛扒的主要原料，如带骨使用可做T骨牛扒。国内也有称其为丁骨牛扒的，价格较贵，在丁骨牛扒上可以同时品尝里脊和外脊两种口感的牛肉。

(3)上脑。上脑在外脊的前部，其鲜嫩程度仅次于外脊和里脊。上脑肉肌间脂肪较多，风味香醇，可做上脑肉扒及烩肉。

(4)后臀部。我国习惯上把后臀部分为米龙、和尚头、仔盖等部位。这部分为纯净的肌肉组织，其鲜嫩程度次于外脊，可制作煎、炸、烩、焖类菜肴。

(5)前腿。前腿肉质较粗硬，可制作焖、烩类菜肴。

(6)肋条。肋条肉质较老，但肥瘦相间，味道香醇，适宜制作烩肉和焖肉。

(7)胸口。胸口肉质与肋条相似，但筋皮比肋条少，可制作煮牛胸、炸牛胸等菜肴。

(8)肚脯、牛颈。这两部分肉结缔组织较多，可选其中瘦肉制作肉馅。

(9)牛尾。牛尾结缔组织较多，但有肥有瘦，风味香醇，可用来做汤，也可做烩牛尾等菜肴。

(10)牛腱子。牛腱子结缔组织多，不易软烂，但口感较好，宜用长时间的烹调方法如焖或煮汤。

2. 小牛

小牛肉是指出生后2个半月到10个月之间屠宰的牛肉。其肉脂肪少而肉质柔软，在欧美各国，尤其是法国、意大利，市场的需求量大。和普通牛肉相比，牛仔肉颜色略淡，呈微白色或桃红色。牛仔肉中极少脂肪，味道清淡。

牛出生后2~3个月的叫乳牛，英文称为white veal，这时的牛仔还没有断乳，富含牛奶风味，肉质细嫩而柔软，在西餐中是上等原料。

优良的牛品种：

(1)英国的海福特牛(hereford)

原产于英格兰的海福福特州，是典型的肉用牛。头短、额宽、颈粗、肌肉发达，毛色暗红柔软，在头部、颈部、腹部、腿踝，尾尖均有白斑。成年公牛重达900~1100千克，母牛体重为500~720千克，其肉厚，肉质肥美多汁。

(2)瑞士的西门塔尔牛(simmentai)

原产于瑞士，现已广泛分布于法国、德国、捷克、匈牙利等国。毛色为黄白或红白，成年公牛体重为1050~1150千克，母牛体重为650~780千克。肌肉发达，肉质均匀，肉纤维细。

(3)法国的夏洛莱牛(charotais)

原产于法国夏洛莱以西地区，躯体高大，毛色为白色或乳白色，公牛和母牛均有角。成年公牛体重为1100～1200千克，母牛体重为700～800千克。胴体脂肪少，瘦肉多，肉质细嫩。

(4)苏格兰安古斯牛(angas)

原产于英格兰的安古斯。毛色除腹下有少量白色外，均为黑色，无角。成年公牛体重为900～1100千克，母牛体重为500～800千克。

除了牛肉之外，牛的内脏使用范围也十分广泛。例如牛仔核、肾脏、牛舌、肝脏等，都是十分珍贵的制菜原料。

(1)牛舌

牛舌的肉质较硬并含有少量脂肪，其最大的优点是不像其他内脏那样有强烈的异味。其中，牛仔舌质地柔软口味鲜美，比成牛舌质量好，舌的根部比舌的尖部质量好。

(2)牛仔核

牛仔核是小牛的胰脏，该器官位于颈胸之间。只有牛仔的核才可入菜，随着牛仔的生长，该器官逐渐萎缩，到了成牛阶段，牛仔核完全消失了。牛仔核呈扁圆形，浅褐色肉质非常柔软。

在我国，由于牛仔肉的饲养数量有限，自产的牛仔核很少，绝大部分依靠进口，主要货源是美国和新西兰，而且大都是冷冻品。

(3)牛仔腰子

牛、牛仔、羊和猪的腰子都能入菜，其中以牛仔腰子质量最好，没有异味。

牛仔腰子外面有一层很厚的脂肪，重量约为1千克。牛仔腰子由几大块独立的隔腔组成，肉质中几乎不含纤维质，非常柔软而适口。

(4)牛尾

制作菜肴只使用成年牛尾，牛仔的牛尾上没有多少肉，不宜用于制作菜肴。牛尾重约1.5千克，长60～80cm，牛尾中间是单节长5 cm左右的尾骨，贯通牛尾全长。牛尾中的皮和骨节间的筋富含胶质，最适宜长时间煮炖，而且煮炖时间越长，汤汁越浓厚。

牛尾上的肉极少，只有牛尾根部肉较多，而且肉质坚硬，筋又很多，必须长时间煮炖才能煮软。

(二)羊肉(mutton)

羊肉在西餐中的应用仅次于牛肉，羊也有成年羊和羊仔之分，羊仔是指不足一年的羊。一年以上的羊统称为成年羊。

1. 肉用羊:羊分绵羊和山羊两种，肉用羊大都是绵羊培育的，西餐主要使用肉用羊。世界上绵羊肉的主要产地有澳大利亚和新西兰，肉质也以两国所产的为最佳。肉用羊较绵羊个体大，肉质细嫩，肌间脂肪多，切面呈大理石花纹，肉用价值高于其他品种。

2. 小羊肉:小羊是指出生后不足一年的羊。小羊肉颜色较成年羊浅，肉质嫩，被西方人视为上品，其中没有吃过草的羊为乳羊，肉质更佳。此外，还有一种生长在海滨的羊，吃的是含有盐分的草，称咸草羊，肉质也很好，且没有膻味。目前，我国市场上供应的小羊羔很少，主要是进口。

部位划分和使用;

(1)马鞍肉:马鞍肉是不带肋骨的背肉，有时将其切成两半出售，其精肉比较多，常常大块地烧烤或切薄片煎烤，制作羊扒。

(2)后腿肉:后腿肉脂肪少，可带骨烧烤，也可煮焖或制馅。

(3)肩肉:肩肉比后腿肉的筋多，主要用于烧烤或煮焖。

(4)背部肉:背肉上带着肋骨，故又名排骨肉。精肉部分比马鞍肉略少，可带骨烧烤或切薄片煎烤。

在西餐中羊排用的较多。

(三)猪肉(pork)

猪是哺乳纲偶蹄目猪科动物。家猪是由野猪驯化而来的，一般认为是由印度野猪驯养而成的。国内对猪肉的消费最大，约占肉类原料总消费量的90 %。而在西餐中猪肉使用相对于牛、羊肉要少，但也是主要的肉类原料。

西餐烹饪中通常根据猪的年龄将其分为成年猪和乳猪。成年猪用的较多，乳猪是指尚未断奶的幼猪，此种猪肉色浅，香味成分不足，但肉质嫩，含水分多，被西方人视为上品。经过多年的养殖，有很多优良的品种，如英国的巴克夏猪和约克夏猪、原苏联的大白猪、丹麦的长白猪等。

(四)兔肉(rabbit meat)

家兔属于哺乳纲兔形目兔科穴,兔属小型食草性动物。家兔是由野兔驯化而来的。兔的种类较多,根据用途可分为肉用的、皮肉兼用的、毛用兔和皮用兔等四种。作为烹饪的主要是肉用兔。

兔肉质地细嫩，肉色一般为淡红色或红色，肌肉纤维细而柔软，脂肪少，兔肉营养丰富，味道鲜美，蛋白质含量高，易消化，是西餐常用的肉类原料之一，也是欧美人们较喜欢的一种食物，西方人将其称为“美容肉”。

西餐中兔有家兔和野兔之分。家兔的肉质和鸡肉相似，肉色呈浅粉色，肉质柔软，味道清淡，家兔肉可整只烤制，也可切成小块烧烤，此外还可煎炒或煮焖。家兔大都在出生后6个月之前被屠宰，其肉质十分柔软。挑选时首先用手压一下兔的前腿，如果前腿能很容易地弯曲，则说明兔肉较柔软，此外应选用颈较短，膝骨较大的家兔，这些都是嫩兔最明显的标志。野兔的肉色暗红，脂肪较少，肉质较硬，但味道浓厚，比家兔香。但野兔肉有一种独特的异味，为缓解其异味，大都先用香辣调料来腌制，然后再制作菜肴。但近年来，随着环保人士的增多，很多人不再愿意食用野生动物了。

(五)鹿(deer)

鹿是典型的野味原料，在传统的西餐中使用很普遍。和其他的野味肉一样，生育期越短，鹿肉越柔软。在欧洲，大都使用獐鹿制作菜肴。鹿肉的背部和脊部使用最广，常用于烧烤或制作鹿扒。鹿的后腿和肩肉比较硬，大都用于煮焖。

二、野畜

野生动物也称作野味，包括野兽类和野禽类，它们也可作为西餐食品原料，但是，野味不是欧美人日常的食品，许多欧美人不食用野味食品。兽类野味包括野猪、野山羊、野兔、红鹿、獐。野味多用于冬季菜肴，因为在冬季它们的肉质才肥嫩。目前一些野味已被人工饲养，因此其他季节也可保证它们的肉质，西餐业一年四季都供应野味类菜肴。野味含有可溶性蛋白，但因有异味，不宜煮汤，适用于多种烹调方法。如烤、焖、烩、煎和炸等。

三、肉制品

西式肉制品是指以欧美为代表生产的肉制品。目前引入我国的主要品种有火腿类（如盐水火腿、熏制火腿）、灌肠类（如蒸煮肠、火腿肠）、发酵肠类（如色拉米肠）等。西式制品的特点是工业化程度高、工艺标准化、产品标准化、可以大规模生产。西式肉制品生产设备有盐水注射机、滚揉机、斩拌机、灌装机、烟熏蒸煮设备以及各种肉品包装设备等，这些设备自动化程度高，操作方便，适合大规模自动化生产。西餐常用的肉制品可分为腌肉制品和灌肠制品两大类。

（一）腌肉制品

1. 火腿（ham）

火腿是一种在世界范围内流传很广的肉制品，目前除少数伊斯兰教国家外，几乎各国都有生产或销售。传统的西式火腿加工与中式火腿相似。原料肉经腌制、烟熏工艺加工的称为培根类，其中以猪后腿肉为原料加工的称为火腿。现在，根据原料肉的部位不同，又分为带骨火腿、去骨火腿、通脊火腿、肩肉火腿、组合火腿、蒸煮火腿等。

去骨火腿是选用猪后腿肉或脊肉，可带皮及少量肥膘，也可用净瘦肉。一般制作工艺是：先把肉用盐水和香料浸泡腌渍入味，然后加水煮制，有的要进行烟熏处理后再煮，这种火腿有圆形的和方形的，使用比较广泛。

带骨火腿一般用整只带骨的猪后腿加工而成，其外形类似于我国的金华火腿。这种火腿的加工方法较复杂，加工时间长。一般制作工艺为：先把整只后腿肉用盐、胡椒粉、硝酸盐等干擦其表面，然后再浸入加有香料的咸水卤中腌渍数日，取出风干，烟熏，再悬挂一段时间使其自熟，就可以形成良好的风味。

传统西式火腿的加工工艺流程如下：

原料修整→盐水注射→腌制→滚揉→装模→蒸煮→冷却包装

（1）原料修整。选用经卫生检验合格的猪后腿或大块肌肉作为原料，去除骨、肥膘、筋腱、结缔组织、血管、伤斑后，将肉放在2～5℃的冷藏库中备用。

（2）盐水注射。注射用的腌制液，主要成分是食盐、亚硝酸盐、糖类、柠檬酸、抗坏血酸钠、尼克酰胺、磷酸盐等。腌制液应根据注射量来调制，调制后采用多针头盐水注射器均匀注入肌肉中，注射量为肉重的20%～25%，盐水温度为8～10℃。

（3）嫩化。注射后的原料肉如果有条件，最好再进行一次嫩化，嫩化在嫩化机内进行。嫩化时会造成一部分盐水损失，可将肉倒入滚揉筒后，直接加入些盐水。

（4）滚揉。经盐水注射的原料肉要进行滚揉（也叫按摩）。滚揉是在滚揉机内进行。

①滚揉的目的。滚揉的目的是：加速腌制液在肌肉中的扩散，缩短腌制时间；使肉通过机械作用（包括肉块自身的翻滚、挤压、摩擦、相互撞击、摔甩），使原料肉软化、肌肉组织松弛；促使肌肉中可溶性蛋白外渗而使肌肉表面发黏，增强肉的黏结性；加速肉的成熟，改善肉的风味。

②滚揉方法。有连续式滚揉和间歇式滚揉。连续式即连续滚揉 4 小时，无休息时间，滚揉筒转速为每分钟 8 ~ 15 转，然后在 5℃以下冷库腌制 12 小时。间歇式滚揉即滚揉 10 分钟，休息 20 分钟，滚揉的总时间根据滚揉筒每分钟的转数计算，一般要求总转数达到 5000 ~ 6000 转。不论何种方式滚揉，滚揉温度要求在 8℃以下。

(5)装模或灌装。滚揉好的原料肉称重后定量装入尼龙塑料袋中，装好后，在袋的下部及四周扎孔，然后装入不锈钢的模具中，加上盖子压紧。也可直接用灌装机将原料肉灌入天然肠衣或人造肠衣(如聚偏二氯乙烯肠衣、纤维素肠衣)中，两端打上铝卡。

(6)蒸煮。可用蒸汽或水浴蒸煮。水浴煮制时，先将装肉的模具装入水温约 55℃水浴锅中，水位稍高于模具，然后用蒸汽加热，使肉的中心温度达到 68 ~ 70℃即可。灌入肠衣的火腿可先在 55℃的蒸汽或水浴中发色 60 分钟，随后将温度升高到 74 ~ 76℃，使火腿中心温度达至 68 ~ 70℃。

(7)冷却。蒸煮结束的西式火腿，用冷水淋浴冷却之后存放在 5℃以下冷库内。生产烟熏火腿时，烟熏温度在 60 ~ 70℃，一般烟熏 2 小时，要求烟熏到火腿表面呈棕红色，再进行蒸煮。蒸煮时，火腿的中心温度要求达到 68 ~ 70℃，蒸煮之后，将火腿表面干燥，冷却后即为成品。

世界上著名的火腿品种有法国烟熏火腿(bayonne)、苏格兰整只火腿(brakenham)、德国陈制火腿(westpnalian)、意大利火腿(prama)、苹果火腿(apple glajed)等。

火腿在西餐烹调中使用非常广泛，既可作主料又可作辅料，也可制作冷盘。

2. 培根(bacon)

培根，即咸猪板肉，是西餐中使用广泛的肉制品。

培根的一般制作工艺是：把猪肉分割成块，用盐、少量亚硝酸钠或硝酸钠、黑胡椒、丁香、香叶、茴香等香料腌渍，然后再经风干、熏制而成。

培根有以五花肉和通脊为原料两种，以五花肉较为常见。

培根在西餐中一般用作多种菜肴的调配原料，起提味配色作用，有时也可煎食。

(二)灌肠制品

西式灌肠源于欧洲，目前在德国和意大利生产较多。西式灌肠的种类繁多，大概有几千种，如小红肠、德式小香肠、米兰色拉米肠、法国香草色拉米肠、西班牙灌肠、维也纳牛肉香肠、莫斯科灌肠和波兰灌肠等都是著名的灌肠制品。

西式灌肠的主要馅料有猪肉、牛肉、羊肉、兔肉和鸡肉等，配料一般有盐、土豆、鸡蛋、奶油、啤酒、葡萄酒、香草、洋葱、胡椒、大蒜等。将各种原料充分搅拌均匀后，灌入口径较大的牛盲肠或牛、猪的大肠制作的肠衣内，经过煮制或烟熏即可。

质量好的西式灌肠肠衣干燥无霉点和条状黑痕，不流油，无黏液，坚挺有弹性，不易与肉馅分离，肉馅均匀，无空洞，无气泡，组织坚实有弹力，无杂质，无异味，香味浓郁。

西式灌肠在西餐中可用于制作沙拉、三明治、开胃小吃和煮制菜肴，也可作热菜的辅料。在中餐中可作为冷盘原料和花式菜点的缀料，制作热菜可炒、烧、烩等。

西式灌肠常规的加工工艺流程为：

原料的选择→腌制→制馅→灌装→烘烤→煮制→熏制→冷却冷藏

1. 原料的选择

灌肠除猪肉肠和牛肉肠外，其他畜禽肉以及畜禽身体的其他部位如头、肝、心等都可作为灌肠的原料。但所有的原料都必须经兽医卫生检验合格方可使用。

2. 腌制

将原料肉修整，除去骨、筋腱、结缔组织、血污后切成小块进行腌制。腌制多采用干腌法，主要腌制料为食盐、硝酸盐、磷酸盐等。食盐的用量为2～3%，亚硝酸盐的用量为0.015%，磷酸盐的用量为0.5%。瘦肉腌制48～72小时，温度4～10℃。脂肪加盐3～4%进行腌制（一般不加硝酸盐），时间3～5天，温度4～10℃。

3. 绞肉或斩拌

腌制好的原料肉用绞肉机绞碎，绞肉机筛板的孔径可根据所生产的产品进行选择。绞碎的肉可在斩拌机中进行进一步的斩拌。腌制好的肉也可不经绞肉机而直接在斩拌机中斩碎。斩拌过程中应加原料肉重20%～30%的冰屑（冰的数量应包含在肉馅加水的总重量中），使斩拌结束的肉馅的温度不高于10℃，时间10～20分钟。斩拌时的投料顺序是：牛肉→猪肉（先瘦后肥）→其他肉类→冰水→调料等。也可先把肉绞碎或斩碎，倒入搅拌机内，然后将辅料和香辛料及切成方丁的脂肪倒入拌匀即可。

4. 灌装

灌装时要掌握松紧程度，不可过紧或过松，灌装的同时应注意扎孔排气。

5. 烘烤

灌装结束后，应用清水冲洗肠体表面，晾干后送入70～90℃的烘房或烟熏炉烘25～60分钟，至肠体表面干燥、肉馅变色即可。

6. 煮制

可采用蒸汽或水浴两种方法进行。煮制时间根据肠体粗细而定，肠体中心温度达到70℃时煮制结束。

7. 熏制

煮制后，送入烟熏室，在50～55℃下熏4小时使肠体表面干燥、肠衣不黏，并产生特有的烟熏味。熏制后应进行冷却。

8. 贮藏

未包装的灌肠吊挂存放，贮藏时间依种类和条件而定。湿肠含水量高，如在8℃条件下，相对湿度75%～78%时可悬挂3昼夜。在20℃条件下只能悬挂1昼夜。水分含量不超过30%的灌肠，当温度在12℃、相对湿度为72%时，可悬挂存放25～30天。

常用的灌肠品种：

1. 小红肠

小红肠是目前世界上消费量最大的一种方便肉制品。也是灌肠制品的代表种类。原产于奥地利首都维也纳，又称热狗。以羊肠作肠衣，肠体细小，形似手指，稍弯曲，长12～14cm。外观红色，肉质呈乳白色，鲜嫩细腻，味香可口。

2. 大红肠

大红肠是用牛肉和猪肉混合制成的灌肠。加工方法与小红肠基本相同，只是在主料中加有猪脂肪丁。其肠体形状粗大如手臂，表面红色，故称“大红肠”。因西欧人常在吃茶点时食用，所以又称“茶肠”。长40～50cm，食之肉质细腻，鲜嫩可口，具有蒜味。

3. 火腿肠

火腿肠是用猪后腿的鲜精肉，剔出肥膘、筋腱，加精盐腌制后绞成肉糜，另加适量的肥肉丁拌匀，拌入肠衣内，经熏烤而成。表面黄褐，香味浓郁。

4. 熏肠

起源于波兰的克拉科夫市。腊肠的肉馅是以70%的瘦肉丁和30%肥膘泥合成，用猪大肠制的肠衣灌成，再经煮制、晾干、熏制而成。所以，制成的灌肠比茶肠硬，味道也咸，切断的纹路与火腿相似，醇香适口，在西餐中主要用于冷菜。

5. 意大利肠(talian sausage)

这种灌肠的酱状肉馅中掺有鲜豌豆粒，一般长50cm左右，直径为13～15cm，是灌肠中最大的一种，切断面除本来颜色外还有点点的绿色豌豆，拼摆后美观。

6. 小泥肠(bratwurst)

小泥肠主要产于德国的法兰克福市。它是以酱状肉馅，用鸡肠制成的肠衣灌的段节肠，肠身较细短，一般长12～13cm，直径2～2.5 cm，是灌肠中最小的一种，味道鲜美，西餐中一般以热食为主，煎、煮、烩均可。

7. 色拉米肠(salami)

色拉米肠又叫干肠。这种灌肠是以瘦肉泥加肥肉丁、黑胡椒末及适量硝、盐和成馅，灌入用猪大肠制的肠衣内，然后置于液体油脂内浸泡较长时间，使肠衣内肉馅自身被硝、盐腌透，待其呈浅褐色时将其取出，挂在阴凉通风上晾干而成。这种灌肠与其他灌肠突出的不同点是，其根本不经加热成熟而完全靠硝和盐腌渍使其成熟。因而其味较咸而浓郁，质地较韧硬，食后回味醇香，风格独特。这种灌肠的另一特点是便于保存，有的存放达几十年也不会腐败，是旅行的上好食品。

附:几种西式灌肠的制作方法

1. 里昂肠的加工方法

里昂肠是属于西式冷切灌装制品的一种，在市场上很受消费者欢迎。它的内容物主要是由基础肉泥(基础肉泥可用来加工大多数冷切灌肠，我们可以适当地加入一些有特点的食品，作为装饰肉馅，比如蘑菇、青椒、奶酪、橄榄、鸡蛋或一些腌制肉等，以制作出不同口味和特色的冷切香肠。)，再加上装饰肉馅组成的。

(1)主料(共100千克)

猪肉(含脂肪8%左右)30千克、牛肉(含脂肪8%左右)20千克、猪颊肉10千克、猪脂肪20千克、冰水20千克。

(2)配料

亚硝酸钠10克、食盐2.2千克、里昂香料0.5千克、磷酸盐200克、异抗坏血酸钠50克。

(3)加工方法

①将新鲜微冻的牛肉和猪肉放入绞肉机中绞成3毫米大小的肉粒。

②将绞好的原料肉倒入斩拌机中慢速斩拌。

③加入磷酸盐。

④低速转3～4圈后加入一半的冰水。

⑤高速斩拌至肉泥把水完全吸收。

⑥加入香辛料、绞好的猪脂肪，斩拌至肉泥中心温度为6℃。

⑦肉泥温度上升到10℃时，加入食盐、亚硝、剩余的冰水。

⑧在斩拌结束前3～4圈时加入异抗坏血酸钠，最后肉泥的温度应达到12℃。

⑨基础肉泥制作完成。

⑩装饰肉馅于生产前一天进行腌制，然后装饰肉馅加入肉泥中搅匀，用低速将肉馅斩细。加入所有用于腌制的辅料，搅匀后放入5℃以下冷库中腌制。

⑪灌制。可灌入纤维带涂层肠衣或尼龙肠衣中。

蒸煮。55℃蒸汽（或水煮）下发色60分钟后将温度升高到74℃～76℃，蒸至中心温度到70℃即可。

⑫冷却。冷水淋浴至肠中心温度10℃以下，之后存放在5℃以下冷库中保存。

2. 小红肠的制作方法

小红肠始创于维也纳，又名热狗。它也是一种灌肠制品。属于乳化型灌肠的一种。

（1）主料

牛肉30千克，猪肉14千克，肥膘20千克，猪颊肉12千克，冰24千克。

（2）配料

精盐3千克，淀粉2.5千克，白胡椒粉0.1千克，豆蔻粉65克，味精、姜粉各50克，磷酸盐0.3千克，亚硝酸钠4.5克，红曲色素适量。

（3）加工方法

①瘦肉加盐和亚硝酸钠在0～6℃腌制12小时，肥肉切成6毫米的丁，加剩余的盐腌制12小时。

②腌制后将牛肉和猪瘦肉绞碎成3毫米大小的肉粒。

③将绞碎的肉粒倒入斩拌机内斩拌数圈（先加牛肉，后加猪肉），使之成为浆糊状，在斩拌中加入1/2的冰水，斩拌至2～4℃。

④加入绞成3毫米的肥膘肉和所有配料继续拌匀，拌馅时加入的顺序为：牛肉、猪肉、淀粉、膘丁、调味品，各种配料可事先用适量的水调和，以液体的形式加入。在配料期间加入剩余的冰水。

⑤在斩拌温度达到12℃时结束斩拌。

⑥肉馅灌入直径1.8～2.0cm的羊肠衣中，12cm打一结。

⑦在65～68℃下烘烤20～40分钟至表皮干燥，然后在70℃锅中煮15～20分钟即可，肠入锅时水温应在90℃左右（水中加入红曲色素）。

3. 熟色拉米肠

色拉米是一种高级灌肠，在西欧各国流行较早。它是以牛肉为主要原料，分生、熟两种，色拉米肠每根长45cm，外表灰白，有皱纹，内部肉质呈棕红色，食之风味浓郁，咸甜适宜，鲜嫩可口，略带辣味。

（1）主料

牛肉基础肉泥20千克，猪颊肉30千克，猪五花肉50千克。

（2）配料

精盐1.25千克，硝酸钠25克，黑胡椒粒65克，色拉米香料500克，磷酸盐400克，鲜蒜100克，味精100克。

(3)加工方法

①提前1天将猪五花肉(瘦7肥3)、猪颊肉切成小块，放入-18℃冷库冷冻起来。

②斩拌牛肉基础肉泥。

③然后将猪颊肉倒入斩拌机，慢速斩拌3~4圈。

④随后加入猪五花肉继续以慢速斩拌，同时加入食盐、硝和其他香辛料。

⑤将猪肉斩至3~4毫米大小，开始搅拌，这时确保温度越低越好。

⑥灌入纤维肠衣(直径45~60毫米)。

⑦将香肠放入温度12℃~14℃、湿度80%~100%的冷库24小时。

⑧55℃干燥30~45分钟，然后在60℃烟熏至金黄色。

⑨在75~78℃，蒸煮至中心温度70℃。

注意:在常温下冷却，假如颜色不够，可再次冷烟熏。

第三节 水产品

水产品通常是指带有鳍的或带有软壳及硬壳的海水和淡水动物，包括各种鱼、蟹、虾和贝类。自古以来，水产品一直是人们重要的食物来源之一。根据美国餐饮业的统计，西餐业全年销售的以水产品为原料制作的菜肴占全国销售各种菜肴总量的50%以上。近几年，欧美人对水产品的需求量有上升趋势。西餐使用中水产品和中餐相似，包括各种海水和淡水的鱼、虾、蟹、贝等，只是品种不同。

一、鱼类原料

在动物性原料中，鱼类不仅产量大，而且蛋白质等营养价值并不比陆生动物的低，按平均数计算，鱼类的蛋白质含量在15%左右。从食用品质来说，鱼类肉质细嫩，味道鲜美，易于消化和吸收。欧美国家对鱼的选用具有一定的局限性，一般讲究吃有鳞鱼，对一些无鳞鱼则很少食用。另外，西餐制作鱼类菜肴时习惯将鱼骨骼去除干净，所以对一些有小刺的鱼很少食用，如鲤鱼、草鱼、鲢鱼等。到了现代，欧美国家的人们认为淡水流域的污染比较严重，相对而言他们更喜食海产鱼。

(一)常见的淡水鱼类

1. 鳟鱼(lake trout)

又称为赤眼鳟、红眼鱼、野草鱼。原产于美国和加拿大，为淡水冷水性鱼类，其品种很多，有金鳟、虹鳟、湖鳟和三文虹鳟等品种，是西方人喜欢食用的鱼类。鳟鱼肉质坚实，味道鲜美，小刺少，较大的可以达到70厘米长，10千克重。鳟鱼通常生活在水温较低的江河湖泊中，世界上温带国家均有出产，以丹麦和日本出产的鳟鱼最为出名，适合于煮、烤、煎、炸等烹调方法。

2. 鳗鱼(eel)

鳗鱼又称鳗鲡，我国又称为河鳗、白鳝、青鳝，为鳗鲡目鳗鲡科。鳗鲡长可达60余厘米。体细长，前部圆筒形，后部稍侧扁。舌长而尖，下颌稍突出，上下颌具细齿。眼很小，鳃孔小。背鳍和臀鳍均延长，与尾鳍相连，无腹鳍。尾鳍短而圆。鳞细小，埋于皮下，背部灰褐色，腹部白色。为洄游性鱼类，平时生活在淡水中，秋后成体鱼洄游入海产卵。亲鱼产卵后死去。卵在海中成为幼鱼后再进入江河生长肥育。鳗鲡肉色洁白，肉质细嫩，入口肥糯。典型做法：捷克奇料理、布拉特里鳗鱼，煎炸。黄鳗（20~30cm）：腌泡，湿煮，铁篦子烧烤。银鳗：烟熏、煎炸，盐渍或用醋加作料浸渍后炸。

3. 鲑鱼（salmon）

又名三文鱼，是世界著名的淡水鱼类之一，主要分布在太平洋北部及欧洲、亚洲、美洲的北部地区。中国黑龙江省是大马哈鱼的著名产地，那里的两江地区——黑龙江和乌苏里江，流域宽广，水深浪阔，是我国北方自然渔业的重要基地。三文鱼是浅海海洋中的洄游性鱼种，每年随着成长和生育迁移生活地点。在秋天到来时，它们一般是从河流的海洋入海口向内陆逆流而上，寻找合适的生育产卵地点。三文鱼鱼体侧扁，背部隆起，齿尖锐，鳞片细小，银灰色，产卵期有橙色条纹。鲑鱼肉质紧实鲜美，肉色为粉红色并具有弹性。三文鱼肉呈半透明的红色，富含脂肪，口感特别细嫩爽滑。每年二三月份是吃三文鱼的最佳时机，因为这个时候的三文鱼刚产完卵，从北海游至挪威海域，极易大量捕捉。而且三文鱼产卵后身上的脂肪耗尽，吃起来不腻。

世界上三文鱼的出产数量大、肉质好、享誉各地的主要是加拿大和挪威。两个国家都是海洋渔业捕捞大国，海产品丰富，三文鱼是这些海产品中最具影响和代表性的。此外，日本，智利和我国台湾省等地也都出产不同数量的三文鱼。

三文鱼是西餐较常用的鱼类原料之一。

传统上，世界各地的三文鱼的吃法多是制作生鱼片。这种吃法最大限度地保留了三文鱼的新鲜味道与丰腴的口感，深为各国人士的喜爱。这里简单介绍一种作法。

材料：芥末沙拉酱30克，生菜适量，三文鱼生鱼片200克，酱油少量，白葡萄酒少许，芝麻油少许。

制作方法：首先将三文鱼切成适当大小的块状，然后将沙拉酱中兑入白葡萄酒、酱油、芝麻油。在食用前，将盘中摆放好生菜做底后，将三文鱼摆上，再倒上配好的调料。也可将三文鱼在调料中沾过后食用。

这种作法可以直接品尝到三文鱼的鲜美，感受到鱼片入口后的柔和。为了使三文鱼成为中国人桌上的美味佳肴，一些著名的厨师也在不断地推陈出新，推出了不同烹调手法制作出来的中式三文鱼美食。

4. 狗鱼（esox reicherti）

又称鸭鱼，狗鱼目狗鱼科。狗鱼体重一般约1kg。体型细长，稍侧扁。鳞细小，侧线不明显。背部青铜色，腹部灰白色，体两侧有许多大黑斑。生活于寒冷地区的河川和湖泊中，游泳迅速，生长较快，性凶猛，因大量捕食鱼类，对养殖渔业有害。在我国主要产于黑龙江水系。

与该种同一属的相似种为白斑狗鱼（e. lucius），体侧具白色斑点，分布于新疆额尔齐斯河。狗鱼肉质细嫩。

5. 鲈鱼（perch）

鲈鱼品种很多，如黄鲈、湖鲈、白鲈等。鲈鱼体长，呈圆形，嘴大、背厚、鳞小，肉丰厚、呈白色、刺少，鱼肉鲜美。鲈鱼的重量从 1 ~ 10 千克不等。世界许多地方均出产。以加拿大和澳大利亚湖产量最高。鲈鱼适用于炸、煮、煎等烹调方法。

(二)常见的海产原料

1. 比目鱼(sol)

比目鱼是世界主要经济海产鱼类，它是鲽形目所有鱼类的总称，包括鲆科、鳎科、舌鳎科以及鲽科等。分布在大西洋、太平洋及许多内海地区，以美国阿拉斯加海域所产质量最好。比目鱼的共同特征是体侧扁，长椭圆形，头小，呈灰白色，鳞片小，有不规则的斑点或斑纹，两眼都长在右侧。左侧常常朝下，卧在沙底。比目鱼的品种较多，常见的有鲆、鳎、鲽三种。

(1)鲆。鲆是鲽形目鲆科鱼类的通称。

鲆是比目鱼的一类。体平扁，两眼均位于头部左侧。鳍无鳍棘;背鳍始于眼上方;背鳍和臀鳍基底均延长，但不与尾鳍相连。眼侧暗灰色或具斑块，无眼侧白色。生活于热带和温带海区的底层，我国沿海均产，有 50 余种，常见的有牙鲆、桂皮斑鲆、花鲆等。

(2)鳎。鳎是鲽形目鳎科鱼类的通称。

鳎是比目鱼的一类。体甚侧扁，两眼均在头部右侧。口小，前位或下位，吻部有时呈钩状下弯。前鳃盖骨被有皮肤和鳞片，边缘不游离。背鳍和臀鳍延长，常和尾鳍相连;胸鳍有或无。有眼侧多呈淡黄褐色，有的具深褐色横带，无眼侧白色。主要分布于热带和亚热带近海层，我国沿海均产。鳎科约有 18 种，常见的有条鳎、日本条鳎等。

(3)鲽。鲽是鲽形目鲽科鱼类的通称。

鲽是比目鱼的一大类。体甚侧扁，两跟均位于头部右侧。鳍无鳍棘，背鳍始于眼上方，背鳍和臀鳍基底均延长，但不与尾鳍相连。有眼侧暗褐色或具斑纹，无眼侧白色。主要分布于温带和寒带海区，常见的品种有高眼鲽、木叶鲽和黄盖鲽等。

2. 金枪鱼(tuna)

金枪鱼又称“青干”，译音为吞拿鱼，是海洋暖水中上层结群洄游性鱼类。金枪鱼体形大，呈纺锤形，背部青褐色，有淡色斑纹，头大而尖，尾细小，有两个背鳍，几乎相连。背鳍和臀鳍后方都有 8 ~ 10 个小鳍，一般长 50cm，有的可达 100cm。金枪鱼肉色暗红，肉质坚实，无小刺，是名贵的西餐烹饪原料。金枪鱼除了制作罐头、鱼干、冷菜外，还可用于煎、炸、炒、烤等方法的菜肴。

3. 鳕鱼(caod fish)

鳕鱼又称大口鱼、大头鱼和石肠鱼，分布于北太平洋，我国产于黄海和东海北部，属凉水性底层鱼类。

鳕鱼体长一般为 25 ~ 70cm，稍侧扁，尾部向后渐细，头大，口大，重 300 ~ 750g。头背及体侧为灰褐色斑纹，腹面为灰白色。品种有黑线鳕鱼、无须鳕鱼、银须鳕鱼等。其肉质较粗，色白，清口不腻，无小刺。

鳕鱼是使用十分广泛的经济鱼类，世界上不少国家把鳕鱼作为主要食用鱼之一。除鲜食外，还可加工成各种水产食品。此外，鳕鱼肝大，而且含油量高，是提取鱼肝油的原料。

4. 沙丁鱼(sardine)

沙丁鱼广泛分布于南北纬度在6～20℃的等温带海洋区域中，是世界上重要的经济鱼类之一。沙丁鱼体形较小，鱼体侧扁，两鳍条扩大，主要有银白色和金黄色等品种。其脂肪含量高，味道鲜美，主要用途是制罐头。

5. 鳀鱼(anchovy)

鳀鱼又称"黑背鳀鱼"，是世界重要的小型经济鱼类之一，分布于世界各大海洋中，在我国的东海、黄海有丰富的鳀鱼资源。鳀鱼体延长，侧扁，长13cm，银灰色，肉质细嫩，味道鲜美。在西餐厨房中常见的多为罐头产品，俗称"银鱼柳"，被广泛使用于西餐烹饪中。属于上等原料。

6. 鲱鱼(herring)

与鳓鱼同属鲱科，是冷水性海洋上层鱼类，食浮游生物。是世界重要经济鱼类之一，分布于北太平洋沿岸、印度洋。我国沿海也有鲱鱼生产，但数量有限。鲱鱼体侧扁，长约20厘米，背青黑色，腹银白色，有眼睑，腹部有细弱棱鳞。含油量较高，小的鲱鱼作为沙丁鱼销售。

二、其他水产品

1. 龙虾(Lobster)

龙虾是龙虾科龙虾属动物的通称。种类很多，如锦绣龙虾、中国龙虾、波纹龙虾、密毛龙虾和日本龙虾等。数量最多的是中国龙虾。

龙虾是虾中体型最粗大的一种，龙虾一般长子30cm左右，体重1～2千克，最大者可重达3～5千克(如锦绣龙虾)。龙虾身体粗壮，色泽鲜艳，常有美丽的斑纹。头胸甲坚硬有棘。两对触角，第2对触角长而发达、坚硬，步足发达似龙爪，所以称龙虾。尾扇平扁，不善游泳善爬行，行动缓慢，昼伏夜出。夏秋季是产销旺季，主要产于东海和南海。

龙虾属高档原料。可将虾头壳拔出，切断虾尾，虾身脱壳后，可取出完整虾肉，切开背部去内脏，洗净即可。

2. 克氏鳌虾

又称克氏蝲蛄、鳌虾、小龙虾、牛头虾、大头虾。是一种大型的淡水虾，体长10～15cm，重60g左右，体形粗壮，头胸部特别粗大，几乎占体长的一半。体表具有坚硬的外骨骼，头胸甲发达，鳌肢特别强大。体表深红色或红黄色。此虾原产于美国南部，1930年被日本人养殖，20世纪40年代引种养殖于我国江苏省，尤其是南京最为多见。

此虾可食部分较少，主要食用其尾部肌肉，在法国、瑞典等欧美国家销量较大。

3. 蟹(crab)

蟹类是甲壳纲十足目爬行亚目的动物。其身体接近于圆形，稍扁。头背部甲壳较为发达，腹部有一层软骨状组织，通过其可以辨认其雌雄。蟹的步足较为发达，头部有一对大鳌。蟹的种类较多，尤其是海蟹品种。海蟹一般产于四到十月份，淡水蟹则产于九到十月份，在西餐菜肴中一般多使用海蟹。常见的品种有：梭子蟹科的三疣梭子蟹（portunus trituberculatus）、锯缘青蟹（scylla serrata）、日本蟳（charybdis japonica）等，蛙形蟹科的蛙形蟹（ranina）等，沙蟹科的招潮蟹（uca spp）等，方蟹科的中华绒螯蟹（eriocheir sinensis）、红螯相手蟹（sesarma haematocheir）等，溪蟹科的毛足溪蟹（potamon hispidum）等，华溪蟹科的华溪蟹（sinopotamon spp.）、锐刺拟溪蟹（parapotamon spinescens）等。

其中梭子蟹、锯缘青蟹、日本蟳等是西餐菜肴中用得较多的原料。

（1）锯缘青蟹。又称青蟹、肉蟹，属梭子蟹科，该蟹的头部甲壳稍短且宽。壳的边缘呈锯齿形状，一对螯并不对称，蟹的第四对步足呈扁形。

（2）日本蟳。蟳的背部甲壳呈椭圆形，背部有横向的凸棱，一对螯较发达，但不对称，步足的根部长有毛，第四对步足呈扁平形。

（3）三疣梭子蟹。该蟹使用量较大，其背壳较宽，两头稍尖呈梭子形状，螯和步足都较长，第四对步足呈扁平形。

（4）中华绒螯蟹。中华绒螯蟹又称河蟹、湖蟹、毛蟹、螃蟹，属方蟹科。中华绒螯蟹是我国著名的淡水蟹。头胸甲呈方圆形或椭圆形，第一对螯足较大，其上有绒毛；背面为黑绿色或褐绿色，腹面灰白色，产于河湖中，南北都有。著名的品种有：湖北霸县的胜芳蟹，江苏常熟阳澄湖的红毛湖蟹、南京江蟹、安徽清水大闸蟹、上海崇明螃蟹等。每年从寒露到立冬为捕获季节，可人工养殖。

4. 牡蛎（oyster）

牡蛎又称为蚝，海蛎子等。分布在温、热带海洋中，以法国沿海所产的最为闻名。

牡蛎的外壳形状因种类的不同而不同。有三角形的、狭长形、卵圆形、扁形等。色彩由青灰到黄褐。有的有彩色条纹，壳体较厚，层层相叠，壳面较为粗糙、坚硬似岩石，左右壳不对称，左壳较大而凹，右壳较小而平，连接两壳的韧带在壳内，闭壳肌位于壳的中央，无足和足丝。

鲜牡蛎可以生食，也可以制作成各式菜肴，其肉质细嫩，鲜味突出，味道独特。

5. 扇贝（scallop）

扇贝属扇贝科部分贝类的通称。

中国沿海均产，已发现有30余种。例如栉孔扇贝（chlamys farreri）、华贵栉孔扇贝（c. nobilis）、异纹栉孔扇贝（c. irregularis）等，最常见的是栉孔扇贝，又称干贝蛤。

扇贝的特点是：壳略呈扇形，壳顶前后有耳，前大后小。右壳较平，有放射肋约十条；左壳稍凸，放射肋多至三十余条；肋上有棘状突起。壳面褐色，有灰白至紫红色纹彩，极美丽。栖息在流速大、水质清的浅海底，以足丝附着于岩礁上。壳开闭时能发出清脆的声响，略能游动。

6. 贻贝（mussel）

贻贝又称壳菜、海红或淡菜，是贻贝科贝类的通称。

生活于我国沿海的贻贝有30多种，经济价值较高的有10种，最常见的是翡翠贻贝（perna viridis）、紫贻贝（mytilus galloprovincialis）、厚壳贻贝（m. coruseus）。我国辽宁、山东、浙江等省出产，产期为春秋两季。

外形特征：身体左右对称，两壳同型，表面光滑，角质层发达；后闭壳肌发达，前闭壳肌退化，以足丝附于其他物体上生活。

将其煮熟去壳，制成的干制品称淡菜，因干制时不加盐而得名。淡菜以体大肉肥、大小均匀、棕红色或浅紫色、有光泽、干燥、无破碎、味鲜美者为上品。

鲜贻贝可氽汤、炒爆、烩制成菜。干制品可用于烧、炖、焖、扒菜肴中作配料使用或制汤使用，都是为增加菜品的鲜美滋味。

7. 蜗牛(snail)

蜗牛的品种较多，现在普遍食用的品种有法国蜗牛、意大利庭院蜗牛和玛瑙蜗牛三种，以法国蜗牛的品质为最佳。其肉质滑嫩，有弹性。

(1)法国蜗牛。法国蜗牛因其多养殖于果园中，故又称为苹果蜗牛、葡萄蜗牛。这种蜗牛壳厚，呈茶褐色，中间有一白带。其肉为白色，且质量好。

(2)意大利庭院蜗牛。此种蜗牛外壳为黄褐色，有斑点。肉有褐色和白色两种，其肉质较好。因其多养殖于庭院和灌木丛里，故称为庭院蜗牛。

(3)玛瑙蜗牛。玛瑙蜗牛原产于非洲，又称为非洲大蜗牛。这种蜗牛外壳较大，壳身有花纹，呈黄褐色。肉为浅褐色，肉质一般。

8. 鱿鱼(loligo spp)

鱿鱼又称枪乌贼，属枪乌贼科。

主要产于泰国、中国、菲律宾和越南。

外形特点：身体细长，呈圆锥状，鳍较长，占身体后半部或更长，左右愈合成箭头状，有10条腕，腕上有2行吸盘，2条触腕呈条状或带状，其上有4行吸盘，比墨鱼的稍粗、短；内壳不发达，如一条细线。

烹饪中所称的鱿鱼还包括来自柔鱼科的部分种类：太平洋柔鱼(todarodes pacificus)，分布于我国黄海南部；夏威夷柔鱼(o. hawaiiensis)，分布于我国南海。柔鱼胴体呈长筒形，末端尖细。肉鳍短，在胴体后端左右相接近似心形。腕和触腕有2行吸盘。内壳角质，细条状。

鱿鱼肉细嫩，味道鲜美，质量上远超墨鱼，鱿鱼的可食部分高达98%。鱿鱼除鲜食外，常加工成干制品——鱿鱼干。

9. 鱼子和鱼子酱

鱼子是新鲜鱼子经盐水腌制而成，浆汁较少，呈颗粒状。鱼子酱是在鱼子的基础上又经发酵制成的，其浆汁较多，呈半流质胶状。鱼子有红鱼子和黑鱼子两种。红鱼子(red caviar)是用大马哈鱼的卵制成的，方法是在鱼卵中加4%的盐水，用木棍搅动，使衣膜与卵脱离，盐分便渗入卵中，腌透后滤出卵衣膜即是红鱼子，如再发酵可制成红鱼子酱。优质的红鱼子应是颗粒饱满无破料，色红晶亮，无汤汁，颗粒松散但附有少量黏液，味咸鲜，含盐率在4%以下。红鱼子酱可以制作名贵冷吃，常作开胃小吃或装饰冷盘用；黑鱼子(black caviar)是用鲟鱼的子制成的，因鲟鱼的产量很少，所以黑鱼子比红鱼子更名贵。黑鱼子的加工方法同红鱼子。优质的黑鱼子颗粒饱满，松散但有少量黏液，黑褐色有光泽，味清香鲜美，略有咸味。同样常作开胃小吃或装饰冷盘用。

第四节 乳和乳制品

(一)乳的概念

乳又称奶，是哺乳动物产仔后由乳腺中分泌出的一种白色或淡黄色的不透明液体。

人类食用的乳按照动物种类划分，主要有牛乳、水牛乳、牦牛乳、山羊乳、绵羊乳、马乳、鹿乳等，其中以牛乳产量最大，商品价值最高，利用得最为普遍。欧洲南部以山羊和绵羊乳为主，北欧以驯鹿乳为主，印度以水牛乳为主。中国藏族以饮牦牛乳为主，而哈萨克族和蒙古族喜饮马乳。

(二)乳制品的概念

乳制品(milk product)是将鲜乳经过一定的加工工艺(如分离、浓缩、干燥、调香、强化等)进行改制所得到的产品。

牛乳制品品种较多，有消毒奶、炼乳、酸凝奶、奶粉、稀奶油、奶油、黄油、干酪、冰淇淋等。

(三)西餐烹饪中常见的乳制品

1. 奶油(cream)

是从消毒鲜乳中分离出来的密度较小的脂肪和其他成分的混合物。奶油脂肪含量相对较低，为20%~40%，其他成分主要是水分、蛋白质、乳糖等。应指出的是，这种纯度较低的混合物在食品工业中称为“稀奶油”，在烹饪行业中常称为“奶油”，而食品工业中的“奶油”指纯度较高的黄油。

稀奶油为乳色，略带浅黄，呈半淤质状态，在低温下较稠，经加热可熔为液态。

稀奶油可直接食用或进一步加工成酸稀奶油、冰淇淋、分离制得奶油等。酸稀奶油经乳酸菌发酵制成。呈乳黄色，比鲜奶油黏稠，味浓郁。

稀奶油以气味芳香纯正、口味稍甜、细腻无杂物、无结块者为佳。

保管奶油一般采用冷藏法，保存的温度为4~6℃。为防止污染，对无包装的奶油应放在干净的容器内，并加上盖。由于奶油营养丰富，水分充足，很易变质，所以要注意及时冷藏，其制品在常温下放置超过24小时不应再使用。

2. 黄油(butter)

黄油在烹饪行业中常称为“白脱油”“牛油”等，在食品工业中称为“奶油”“乳酪”。

黄油是把牛奶经过分离后所得的稀奶油再经成熟、搅拌、压炼而成的乳制品。

黄油中脂肪的含量约为80%，含水量为16%或更低。其主要成分为脂肪和水，此外还含少量的蛋白质、乳糖、磷脂、灰分、维生素等。其物理结构为水在油中的乳浊液，即在游离脂肪中分散有脂肪球与微细水滴。

黄油按其制造方法不同或原料不同而分成许多种类。按原料不同可分为甜性黄油、酸性黄油、乳清黄油3类。甜性黄油(又称鲜制黄油)，未经发酵制成;酸性黄油(又称发酵黄油)，经发酵制成，含乳酸;乳清黄油，以乳清为原料制成，按制造方法不同可分为鲜制黄油、酸制黄油、重制黄油及连续式机制黄油4类。

黄油具有良好的可塑性，是大型食品雕刻的良好原料，也可制作花、鸟、禽、兽及建筑造型。黄油是中西式糕点的重要原料，特别是西点，在面点中也常作为起酥油使用，如黄油面包等。

黄油含脂肪率高，较奶油容易保存。如长期贮存应放在－10℃的冰箱中，短期保存可放在5℃左右的冰箱中冷藏。因黄油易氧化，所以在存放时应注意避免光线直接照射，且应密封保存。

3. 炼乳（condensed milk）

炼乳又称浓缩牛奶，是将牛奶浓缩至原体积40%左右而制成的。

炼乳根据是否脱脂可分为全脂炼乳、脱脂炼乳和半脱脂炼乳，根据是否加糖可以分为淡炼乳和甜炼乳两种。

（1）淡炼乳。是将消毒乳浓缩到原体积的40%～50%后装罐密封，再加热灭菌一次制得的具有保存性的制品。其装罐灭菌的热处理过程可使淡炼乳有浓郁的乳香味。淡炼乳呈均匀有光泽的淡奶油色或乳白色，黏度适中，在20摄氏度时呈均匀的稀奶油状，无脂肪上浮，无凝块，无异味。其营养价值几乎与新鲜乳相同。在烹饪中可用于制作布丁和牛奶蛋糊。

（2）甜炼乳。是将消毒乳加入15%～16%的蔗糖并浓缩到原体积的40%左右制得的具有保存性的制品，也可由消毒乳先浓缩然后补充蔗糖制成。甜炼乳有良好的保存性。甜炼乳呈匀质的淡黄色，黏度适中，在24℃左右倾倒时可成线状或带状流下，无凝块，无乳糖结晶沉淀，无霉斑，无脂肪上浮，无异味。甜炼乳在烹饪中可用于制作甜食、布丁、奶油馅饼等。

炼乳用铁罐或塑料罐包装，一般采用低温保存。

4. 奶酪（cheese）

奶酪又称为干酪，国内有的地方也称为计司、芝士或吉士。奶酪主要是用动物奶为原料制作而成的。大部分奶酪都是用牛奶制成的，少量的奶酪是用山羊和绵羊奶制成的。有些国家也用其他牧畜，如骆驼、驴、马、水牛以及驯鹿的奶制作奶酪。奶酪是利用牛奶、羊奶或其他动物的鲜奶经过杀菌，在凝乳酶的作用下使乳中的蛋白质凝固成凝乳，将凝固的蛋白分离出后再经过加热、加压成形，在微生物和酶的作用下发酵熟化后而得的一种乳制品。

奶酪的起源，最普遍的说法认为它是由游牧民族发明的。他们早先将鲜牛奶存放在牛皮背囊中，但往往几天后牛奶就发酵变酸。后来他们发现，变酸的牛奶在凉爽湿润的气候下经过数日，会结成块状，变成极好吃的奶酪。于是这种保存牛奶的方法得以流传。

优质的奶酪，切面均匀致密，呈白色或淡黄色，表面均匀、细腻，无损伤，无裂缝和干裂现象，具有奶酪特殊的香味。

奶酪的种类很多，全世界有1000多种奶酪，因其加工方法的不同，制成的奶酪有干奶酪、软奶酪、半软奶酪、多孔奶酪、大孔奶酪等。生产奶酪较为著名的国家有法国、荷兰、意大利等，以荷兰生产的圆形干酪最为著名。

＊常用奶酪的名称、特点和用途

奶酪品种	特点	用途
Cottage	为凝乳状颗粒,质地软，未熟化，白色,气味温和，带有酸味,产于美国	主要用于沙拉、开胃菜的调味酱、奶酪点心等
Cream	是表面光滑，白色的，气味温和，带有酸味的奶酪。它产于美国，质地软，未经过熟化	主要用于沙拉、小食品、甜菜及开胃菜的调味酱
Ricotta	产于意大利，白色，略有甜味，质地软，未经过熟化	主要用于开胃菜、色拉、甜菜和小食品
Mozzarella	产于意大利，质地坚固，有韧性，奶油色，未熟化,气味温和	主要用于开胃菜、沙拉、甜菜和小食品
Brie	产于法国，表面光滑，奶油色，质地软，熟化期4~8周，辣味	用于开胃菜、饼干及以水果为原料制作的甜菜
Camembert	产于法国，表面光滑，奶油色，质地软，熟化期4~8周，辣味	用于开胃菜、水果类甜品
Brick	产于美国，有韧性，体内有小孔，熟化期2~4个月，质地半软，味浓	主要用于三明治、开胃菜
Muenster	产于德国，半固体，体内有小孔，熟化期1~8周，气味芳醇	主要用于开胃菜、三明治、甜菜
Chedder	产于英国，表面光滑，质地坚硬，颜色有白色和橘黄色，熟化期1~12个月。熟化期短的，味香醇，熟化期长则味浓郁	主要用于三明治、热菜、少司、甜菜
Colby	产于美国，熟化期1~3个月，质地坚硬，味温和，香	用于三明治、小食品
Edam	产于荷兰，半固体，有奶油色和橘黄色两种，外部用红蜡包装。熟化期2~3个月，味香醇	用于开胃菜、小食品、沙拉、甜菜
Gouda	产于荷兰，半固体或固体。黄色或橘黄色，体内有小孔，熟化期2~6个月，味香醇	主要用于开胃菜、小食品、沙拉、海鲜菜肴的调味酱
Provolone	产于意大利，固体，坚实，表面光滑。外部呈浅棕色，内部呈浅黄色。熟化期2~12个月。有烟熏味和咸味。香醇，味浓郁	主要用于三明治、开胃菜
Swiss	产于美国，质地坚硬，表面光滑，黄色，体内有较大圆孔	主要用于三明治、小食品和沙拉
Parmesan	产于意大利，质地坚硬，奶油色或浅棕色颗粒状。熟化期14~24个月，味道非常浓郁，带有辛辣味	主要用于意大利面条、意大利馅饼和蔬菜

如今，奶酪的种类和食用方法越来越丰富。奶酪除了作为人们最通常的食物之外，还可以作为餐前小吃以单独吃；也可作为提味的食物与三明治或普通的通心粉等

淡味食品一起食用。奶酪可以加在蔬菜和肉中，加在营养沙拉、奶酪糕、新鲜水果或餐前小吃的松脆饼干、调味剂或冷食店的开胃奶酪盘中。它更是意大利皮萨的主要原料。

单独吃的时候，一般将其切成小块，配上红酒直接食用。红葡萄酒及口味浓重的白葡萄酒适应于硬质风味浓郁的奶酪；尤其在法国，乳酪更是一道专门的菜式。

奶酪的使用很有讲究。首先，奶酪应当保鲜并冷藏储存。通常，硬度较大的各种奶酪比硬度小的品种容易储存。质地柔软的各类奶酪容易变质，另外在国外还有不少收藏奶酪的收藏家。在外行眼中，奶酪的气味都差不多，但对于专业了解奶酪的收藏家们而言，奶酪的本质是由气候、地理环境、牧草、牛羊的不同来决定的；而奶酪质地、风味，则微妙地受到酵母、容器、制作方式、熟化的时间等条件的影响。至于品味奶酪，可以观其形，审其色，闻其香，品其味。可见奶酪在欧美国家已经不单单是一种重要的食物，更成了一种奶酪文化。

5. 奶粉(dry milk)

奶粉是将鲜乳经喷雾干燥、真空干燥或冷冻干燥等方法脱水处理后制成的呈极淡黄色的粉末。

奶粉根据加工方法和原料处理等不同有全脂奶粉、脱脂奶粉、加糖奶粉、调制奶粉、酪奶粉、乳清粉、速溶奶粉等。

(1)全脂奶粉。以全脂鲜乳为原料直接脱水加工制成。

(2)脱脂奶粉。以脱脂乳为原料脱水加工制成。

(3)加糖奶粉。在鲜乳中添加一部分蔗糖或乳糖经脱水加工制成。

(4)调制奶粉。添加一部分维生素、矿物质等制成。

(5)酪乳粉。利用制造奶油的副产品加工而成，其中含有较多的酪蛋白。

(6)乳清粉。利用制作干酪的副产品加工而成，其中已去掉了大部分的酪蛋白。

(7)速溶奶粉。以特殊工艺制成，有良好的速溶性、分散性，保藏中不易吸湿结块。

奶粉具有体积小、质量轻、易于携带运输、便于贮存、食用方便等优点。

奶粉除冲饮外，还可制造糖果、冷饮、糕点等，在烹饪中可代替鲜乳制作汤羹、调味汁、牛奶蛋糊、巧克力布丁、牛奶沙司等，也可用于烘、烤食品中。

6. 酸奶(sour milk)

酸奶是将鲜牛奶利用乳酸菌发酵后的乳品。一般将新鲜的全脂或脱脂牛奶加5%的糖(或不加糖)，经巴氏消毒法杀菌，冷却后，加入适量的乳酸菌，置于恒温箱中进行乳酸发酵，至牛奶形成均匀的凝块时取出冷藏即成。

酸牛奶的品质可用感官鉴定法鉴别，正常的酸牛奶凝结细腻，无气泡，色白或略带浅黄色，味酸微甜，带醇香气味。酸牛奶易消化吸收，营养价值较高。

第五节 蔬菜和果品

一、蔬菜

蔬菜在西餐菜肴中得到广泛的应用。也是欧美人非常喜食的一大类原料。现代欧美人对肉类的消耗要比以前减少，而对蔬菜的使用却越来越多。无论是开胃菜，还是主菜中都大量地使用蔬菜原料。蔬菜的用途很广，可生吃，也可熟食。

蔬菜的种类很多，如叶菜类、花菜类、果菜类、茎菜类、根菜类等。不同种类的蔬菜又可分为许多种类。西餐常用的蔬菜如下：

类别	品种
叶菜类(leaf)	生菜(lettuce)、菠菜(spinach)、卷心菜(cabbage)及其他各种青菜(greens)
花菜(flower)	菜花(cauliflower)、西兰菜(broccoli)
果菜类(fruit)	西红柿(tomato)、茄子(egg - plant)、辣椒(pepper)、小南瓜(squash)
茎菜类(stem)	西芹(celery)、鲜芦笋(asparagus)、洋葱(onion)、大蒜(garlic)
根菜类(root)	红菜(beet)、胡萝卜(carrot)、小圆水萝卜(radish)
种子类(seed)	扁豆(bean)、豌豆(pea)、嫩玉米(corn)

1. 生菜(lettuce)

生菜是叶用莴苣的俗称，属菊科莴苣属。为一年生或二年生草本作物，也是欧、美国家的大宗蔬菜，深受人们喜爱。生菜原产欧洲地中海沿岸，由野生种驯化而来。古希腊人、罗马人最早食用。生菜传入我国的历史较悠久，东南沿海，特别是大城市近郊、两广地区栽培较多，特别是台湾种植尤为普遍。近年来，栽培面积迅速扩大，生菜也由宾馆、饭店进入寻常百姓的餐桌。

生菜按叶片的色泽区分有绿生菜、紫生菜两种。如按叶的生长状态区分，则有散叶生菜、结球生菜两种。前者叶片散生，后者叶片抱合成球状。如再细分则结球生菜还有三个类型，一是叶片呈倒卵形，叶面平滑，质地柔软、叶缘稍呈波纹的奶油生菜；另有一种叶片呈倒卵圆形，叶面皱缩，质地脆嫩，叶缘呈锯齿状的脆叶生菜。以后者栽培较为普遍；再有一种就是叶片厚实、长椭圆形，叶全缘，半结球型的苦叶生菜，这种生菜很少栽培。

生菜富含水分，每100克食用部分含水分高达94% ~96% ,故生食清脆爽口,特别鲜嫩。每100克食用部分还含蛋白质1 ~1.4克、碳水化合物1.8 ~3.2克、维生素C 10 ~5毫克及一些矿物质。生菜还含有莴苣素，具清热、消炎、催眠作用。生菜含热量低，在崇尚形体苗条的当今世界，倍受人们喜爱。生菜的主要食用方法是生食，为西餐蔬菜色拉的当家菜。洗净的生菜叶片置于冷盘里，再配以色彩鲜艳的其他蔬菜或肉类、海鲜，即是一盘色、香、味俱佳的色拉。用叶片包裹牛排、猪排或猪油炒饭，也是一种广为应用的食用法。另外，肉、家禽等荤性浓汤里，待上餐桌前放入生菜，沸滚后迅即出锅，也不失为上等汤菜。总之，生菜有各种各样的食用法，尽可按照自己的口味烹调。

2. 西芹(celery)

西芹略有微香，叶翠绿，可制作沙拉凉拌菜生吃，也可煮炖。在法国菜中，西芹常和熏肉一起煮，或一起蒸，然后拌牛髓调味汁熟食。一般而言，西芹和动物性材料搭配能相得益彰。西芹各部分的使用大不一样，外侧粗大的茎较硬，适于蒸、煮或用烤炉烤;内侧较细的茎十分柔嫩，可制作沙拉凉拌菜，带叶使用效果更好。当绿西芹长约30cm时，趁其没有成熟，收获下来，称其为小西芹，主要用于生食。

3. 欧芹(parsley)

欧芹又称为荷兰芹，是一种栽种于全世界,做为烹调用的二年生植物，也称作“香菜”“洋芫荽”。是一种原产欧洲的蔬菜，也称作荷兰芹。古希腊人视欧芹为荣耀的象征，运动会上的获胜者都戴上欧芹编织的“桂冠”，也用它来追悼死者。

欧芹在西餐的用途非常广泛，经常切成碎碎的，撒在食物上面装饰餐点。

4. 莳萝(dill)

莳萝学名:aenthum graveolens L. 属伞形科。别名:洋茴香、野小茴、上茴香、小茴香、野茴香等。原产地中海地区和俄罗斯南方。分布于西班牙、葡萄牙、意大利沿海地区、巴尔干半岛、印度、北欧及美国。中国大陆东北、甘肃、浙江、广东、广西等地均有栽培。印度为主要生产国。莳萝适合在早春及秋末栽培。一般花期是6~7月，果实7~9月。特征:其为伞型花科木质草本一年生植物。生长快速，栽培容易。莳萝的植株高约60至75公分。茎杆直立、平滑，且为中空。叶互生，具长柄，基部具鞘状苞叶。叶片具3~4回羽状分裂，裂叶线型。复伞状花 序，直径约5公分，花朵单独长在一根茎上。其叶片、茎、花、果实均有温和的辛香味，开花时于茎顶绽放伞状黄色的花朵，姿态摇曳，果实成熟时则转成黄褐色，散发浓浓的香味。

莳萝可治疗头痛、健胃整肠、促进消化、消除口臭。因莳萝的植株富含矿物质钾、钠等成分，因而其种子具安神作用。因此在欧美传统民俗疗法中莳萝被应用于治疗失眠、头痛、预防口臭及动脉硬化，另有用于促进乳汁分泌及治疗打嗝等用途。种子的浸剂可强化指甲。

莳萝特别适合与鱼类料理作搭配，可使鱼肉更为顺口、美味，故有人称为“鱼之香草”。在希腊料理中，莳萝是重要的配料。在北欧、德国和俄罗斯的料理中也可见到莳萝的踪迹。莳萝草也有干燥的成品，味道较为浓郁且是细碎状的，使用干燥的莳萝草时，要特别注意量的拿捏，因为味道较浓，一不小心就会过量，造成成品产生苦味。莳萝草最适合与与海鲜搭配，也适合撒在焗烤的面包上增加风味。

莳萝的英文名称为dill:语源来自古挪威语的dilla，意指“镇定”“缓和”。因莳萝具缓和疼痛的镇静作用。莳萝之栽培可追溯至公元前400年，旧约圣经中已有记载莳萝的栽培。希腊名称anethon。欧美传统用途包括料理、香精料、药用及驱魔用等。根据五千年前古埃及文献记载，莳萝于当时即被作为药用植物。

常常有人分不清楚莳萝与茴香，这两种植物外型的确非常相似，同属伞形花科草本植物，皆为羽状叶片，因此从外型看难以辨别。最大的不同，在于莳萝有着从根部发展出的单独的茎，茴香则是由根部长出多层的茎叶;此外，两者的植株高度也有不同，莳萝较茴香稍矮:莳萝60~100厘米，茴香可高达200厘米;且莳萝所开的花朵也较小;另外，莳萝属于半日照植物，茴香则为全日照植物。

附:莳萝奶油鲑鱼面

原料:鲑鱼肉50克，莳萝草20克，鲜奶油120毫升，圆葱1/4个，大蒜3瓣，白酒30毫升，意大利面50克。

做法:

(1)用橄榄油将圆葱、大蒜小火爆香，意大利面煮熟备用；

(2)加入鲑鱼肉，淋上白酒拌炒；

(3)加入莳萝草续炒，倒入鲜奶油，加热，浓缩汤汁；

(4)再加入煮熟的意大利面即成。

5. 苦苣(endive)

苦苣是菊科一年生草本植物，鲜嫩绿叶可供食用，味微苦，苦苣嫩叶富含蛋白质、碳水化合物、钙、磷、铁以及多种维生素和氨基酸，对预防和治疗心、脑血管疾病以及肝病等效果显著。苦苣的抗病虫性很强，一般不需进行病虫害的防治，因而受农药污染少，是目前时尚的无公害保健蔬菜。苦苣株高 20 ~ 70 厘米；根系浅，须根发达。茎短缩，叶片互生于短缩茎上，浅绿色，有皱叶和平叶两种。皱叶类叶征为披针形，叶缘有锯齿，深裂或全裂，单株重 0.5 千克 ~1 千克。平叶类叶片呈长倒卵形，叶缘齿少而浅，叶片以裥褶方式向内抱合成松散的花形，苦味稍重，单株重 0.5 左右。苦苣性喜冷凉，忌高温，在低温下通过春化后，高温长日照条件下抽薹、开花、结籽，光照充足有利于植株生长。由于叶片柔嫩，含水量高，加上生长期很短，因此，整个生育期必须保证充足的肥水供给。

可制作沙拉生吃，也可以油炒或蒸煮熟食，味道十分可口。用苦苣制作沙拉生食时，只要把菜叶剥下洗净就能入菜，当然也可切成小片，这时应注意使切口和菜叶纤维垂直。加热之后，苦苣的苦味更强了，或煮或炒时，应当在菜中加些砂糖来缓和苦苣的苦味。苦苣和火腿味道十分相配，例如把苦苣蒸熟之后，用火腿片或咸肉卷起来，再用黄油煎，或用烤炉烤，都十分香甜可口。挑选时以外叶洁白有光泽、菜身紧包在一起的为好。菜叶前端一出现绿色，就说明苦苣不新鲜了。

6. 芦笋(asparagus)

芦笋学名 asparagus officinalis L,俗称石刁柏、龙须菜，为百合科天门冬属多年生宿根草本植物，以抽生的嫩茎为蔬菜食用。原产地中海沿岸，在2000 多年前欧洲已有栽培，后逐渐发展到美洲、大洋洲及亚洲等地区。我国种植芦笋却只有百年历史，芦笋以嫩茎供食用，以往生产加工制罐的芦笋大多是白芦笋，而近些年来，一些研究报道绿芦笋具有更高的营养价值，且风味更佳，所以绿芦笋的生产发展也极为迅速。芦笋的嫩茎既可鲜食也可加工制罐头，芳香鲜美，质嫩可口，是一种低热量高营养的保健蔬菜。芦笋每百克鲜食部分中含有蛋白质 3.1 克，脂肪 0.2 克，糖类 3.7 克，纤维素 0.8 克，维生素 C 33 毫克，维生素 A 897 国际单位，维生素 B 0.17 毫克，钙 22 毫克，磷 52 毫克，铁 1.0 毫克，此外还含有丰富的天门冬氨酸和天门冬酌胺等多种氨基酸，各种氨基酸平均含量为 102.3 毫克。芦笋中的药用成分,如天门冬酌胺、多种甾体甙类化合物、芦丁、甘露聚糖、胆碱、叶酸等在食疗保健中占有非常特殊的地位，可以增进食欲，帮助消化，缓解疲劳、心脏病、高血压、肾炎、肝硬化等病症，并具有利尿、镇静等治疗作用。芦笋在欧美、日本、台湾等国家及地区都是极受欢迎的蔬菜，近些年芦笋在我国也逐渐受到消费者的认可和青睐。

目前，无论是国外市场还是国内市场，芦笋均是供不应求的蔬菜品种，芦笋分为三种，即绿芦笋、白芦笋和紫芦笋，其差别主要是栽培方法不同所造成的。栽培时，使芦笋充分得到日照，当其长成 20cm 长时，予以收割，这就是绿芦笋。栽培时使用遮光物挡住日照，这样长出来就是白芦笋，白芦笋主要用于制造罐头。当绿芦笋长到几厘米时就收割，就是紫芦笋，因为幼小的绿芦笋前端泛着紫色，故而得名。在各种芦笋中，以紫芦笋味道为最佳，质量最好。收获后随着存放时间的加长，芦笋的味道逐渐变差，应尽早食用。一般应剥掉茎部的皮，如茎部的皮很柔软，也可不剥。芦笋常用于配菜，也可以单独成菜。

7. 红菜头(beetroot)

红菜头又名紫菜头，学名叫根用甜菜，原产希腊，约有2000年的栽培历史，清代后期传入我国。目前全国各大城市郊区均有种植。红菜头肉质肥厚、味道芳香、甘甜，颜色深红，果肉较硬。红菜头可制作沙拉，也可用黄油煎炒，烹调方法很多。另外红菜头由于色泽红润、鲜艳、纹路自然，还是雕刻花卉的上乘原料。

红菜头原是寒带植物，在香港天凉季节也可以栽种。北欧地区没有甘蔗，就用它来造糖。

附:莫斯科红菜汤

原料:

熟牛肉400克，牛肉汤2500克，红菜头400克，葱头150克，胡萝卜150克，洋白菜400克，糖75克，醋精20克，盐20克，干辣椒1克，香叶2片，胡椒粒2.5克，油炒面25克，牛油250克，番茄酱200克，奶油150克，小茴香25克，大蒜25克，鲜西红柿15克，小泥肠15克，火腿15克。

做法:

(1) 先将红菜，葱头，胡萝卜全都切成丝，加盐，糖醋精腌1小时左右，放上牛油，香叶，胡椒粒，干辣椒焖到六成熟，放上番茄酱焖至油呈红色，放洗净切丝的洋白菜，加入牛肉汤煮沸。

(2) 用油炒面调剂浓度，加盐，糖，醋精调剂口味放上西红柿块和大蒜末。

(3) 把牛肉切片，火腿切片，小肠半根用牛肉汤煨之。

(4) 起汤时在盘内放牛肉、火腿各1片，半根小肠，盛上汤，浇上奶油，撒上小茴香末(如果色不够红可加一些煮红菜头皮加醋精红滤的红汤即可)。

8. 根芹(celeri - rave)

根芹别名根洋芹、球根塘蒿等，为伞形花科芹属中的一个变种，是能形成肉质根的二年生草本植物。目前，主要分布在欧洲地区。我国仅有少量种植。

根芹是西芹的一个变种，根茎特别肥大。根芹地上部分类似芹菜，地下肉质根黄褐色圆球形，膨大部分主要由短缩茎、下胚轴和真根上部组成。根芹的花序为复伞形，花小、白色，异花授粉，但自交也能结实。果实为双悬果，有2个心皮，其内各含1粒种子。种皮呈褐色，粒小，有香味，千粒重0.4克，种子寿命为3年。根芹的茎和叶不食用，只有根入菜，其味道和西芹味道相近，既可生吃，也可熟食，其外形很像芋头，但淀粉含量很少，主要为纤维质。挑选根芹以紧硬者为新鲜，太大的根芹往往骨肉不够紧密，最好选用10cm左右的根芹为宜。根芹耐保存，在冰箱内保存时，应该用塑料袋包起来，以免太干燥失去过多的水分。

根芹容易变色，切制时应洒些柠檬汁。根芹可制作沙拉生吃，也可焯烫制成熟食。制酱时，应多加些马铃薯，以便弥补根芹菜中淀粉的不足。

9. 西兰花(broccoli)

西兰花又名绿花菜、青花菜。属十字花科芸薹属甘蓝种，一二年生草木植物。原产于地中海东部，现已遍及欧洲。我国近代开始栽培，全年均有应市。西兰花也是卷心菜的一个变种，其主茎顶端形成绿色或紫色的肥大花球，表面小花蕾较松，不密集成球，其主要品种有绿慧星，大叶青花、意大利青等。西兰花的缺点是，随着存放时间的加长外形变坏，鲜度下降，各个小花将开放，最后变成黄色。新鲜的西兰花呈深绿色，结球紧密呈圆形。茎的切口脆嫩，各个花球大小均匀。在寒冷季节，西兰花花球表面变成紫色，这是被霜打过的西兰花，用热水焯烫后即刻变成绿色，味道也不差，而且由于经过了霜打，内部的糖分较高，味道更美。

10. 朝鲜蓟(artichaut)

朝鲜蓟又称洋蓟、洋百合，原产地中海沿岸。目前，以法国栽培为最多，我国上海、云南等地也有栽培。

朝鲜蓟外面包着厚实的花萼，只有菜心和花萼的根部柔软，可以食用，味道清淡、生脆。除此之外，还有一种可供生食的朝鲜蓟，但必须在嫩苗期收获。在烹调时应挑花蕾紧密、较重、花萼没有干枯者。把茎折断后，断面呈深绿色的较新鲜，断面呈黑色的太老了。

11. 黑菌(truffe)

黑菌又名“块菌”“拱菌”，主要产于法国。天然黑菌在烹饪界中有“黑钻石”之美称。而法国天然黑菌的珍贵程度可与黄金等价，即法国人常说的“一克黑菌一克金”，可见其珍贵和稀有。黑菌浑体呈黑色，带有清晰的白色纹路，其气味芬芳，稍带土味。用黑菌烹调出的佳肴，既味鲜又极富营养，是较为稀有的珍品。全世界有30多种类别不同的黑菌，分部在法国、英国、意大利等地，而最好的种类均源自“perigord”(法国西南部地区)的辽阔森林，这里的天然黑菌载有美食精品之美誉，被世人称道。

有关黑菌的最早发现，跟动物有关。据说，最早发现黑菌可以食用并味道鲜美的是古巴比伦人。狩猎者们经常发现野猪爱在橡树下刨挖，然后将一些黑乎乎的东西拖到草丛中吃掉，因为好奇，他们也在橡树下挖掘并将挖出的东西煮熟，惊奇地发现这种黑色的东西味道异常鲜美，并从此开始食用。现在人们用猎犬挖掘黑菌，因为猎犬嗅觉灵敏。

二、果品

果品在西餐中应用很广，不论是大型宴会还是平日便餐都离不开果品。下面介绍几种典型的西餐特有的果品。

1. 柠檬(lemon)

柠檬的果肉脆而汁多，闻之气味芳香，故称为香桃。柠檬味极酸，并带微苦，所以一般不宜当鲜果生食，而是西餐烹调中不可缺少的调味品。以柠檬佐食有腥味的水产品，能起到特殊作用，它能提味、解腻、除腥、利口、开胃、生津。在西餐中不论冷菜、热菜、汤及点心、饮料都离不开柠檬调味。

2. 橄榄(olive)

橄榄又名青果。市场上出售的橄榄大都是盐渍品。一般大都把橄榄分为以下两类:即黑橄榄和绿橄榄。黑橄榄是盐渍的成熟橄榄果实，绿橄榄是盐渍的未成熟的橄榄果实。所以采用盐渍是由于盐渍能消除橄榄的苦味和涩味。橄榄常用于充当开胃菜，做餐前酒的下酒物。橄榄并多用于佐食水产品。

橄榄含香树脂醇、鞣质、脂肪、蛋白质、粗纤维、糖类、胡萝卜素、维生素 B1、尼克酸、维生素 C、钙、磷、钾等 。

3. 油橄榄(oil olive)

油橄榄(oil olive),木犀科齐墩果属常绿果树，又名齐墩果、阿列布。学名 olea europaea L.，乔木。原产小亚细亚，经希腊扩展到地中海沿岸地区栽培已有4000多年的历史。主产国为西班牙、意大利和希腊。树高 8 ~ 10m。幼龄树树皮光滑而色浅，树干基部常有大的瘤状突起，通称树瘤。叶对生，长椭圆形，长 5 ~ 8cm，宽 1 ~ 1.5cm，叶面深绿色，叶背淡绿色或银白色。圆锥花序着生于一年生枝叶腋，有完全花及雌蕊退化花两种，子房 2 室，每室有胚珠 2 个。核果椭圆形，重 3 ~ 7g，最大可达 15g，成熟后呈紫黑色，果肉含油量达 50% ~ 70%(干重)。

“油橄榄”是以“高产、优质、高效益”为特征的世界名贵优质木本油料树种。随着科学研究的深入发展，对橄榄油的营养和医疗价值的认识引起各国对油橄榄的重视。现在世界上已有 40 多个国家在引种栽植油橄榄，全世界油橄榄种植总数约 8 亿株。20 世纪 80 年代以来世界油橄榄产量在 800 万 ~ 900 万吨，橄榄油产量在 150 万吨以上。

目前，全世界年产橄榄果 700 万 ~ 1500 万吨，榨油 140 万 ~ 200 万吨。餐用橄榄果罐头制品年产 90 万吨，但仍供不应求。豆油、花生油与橄榄油 1 : 4 ~ 1 : 8 的比价，长期以来居高不下!

“橄榄油”是以其鲜果为原料采用现代工艺冷榨提取的植物油，是世界上唯一在天然状态下直接被食用的油。在榨取过程中，既不加热，更无任何化学添加剂的存在，贵在天然！它全部保存了油橄榄新鲜果实中的各种营养成分，被誉为“植物油中的皇后”和“健康之友”。

在橄榄油中，油酸等不饱和脂肪酸含量高达 80% 以上。油酸能有效地降低人体“有害”胆固醇 LDL(低密度脂蛋白)含量，增加“有益”胆固醇 HDL(高密度脂蛋白)含量，从而减少各种心脑血管疾病的发生。据调查，以橄榄油为食油的希腊山乡，是心血管疾病发病率低、癌症极为罕见之地。因此，世界卫生组织积极向世人推介以油橄榄系列产品为主体的地中海饮食结构。

此外，橄榄油还有增进胆汁分泌，增强消化系统功能，预防老年人大脑衰老，促进婴幼儿骨骼和神经系统发育等作用，被一部分欧美国家列入了“药典”。

4. 提子

提子原产美国，故国内通常称为美国提子。1987 年引入我国。果穗圆锥形，平均重 880 克，最大穗重达 2000 克左右。平均粒重 12.2 克，最大达 22 克。果皮硬而脆，甜酸适口，品质极佳，极耐贮运。

5. 开心果(pistachio)

开心果是一种干果，看样子有点像白果，但由于它常常是开裂有缝而与白果不同。开心果是漆树科黄连木属的阿月浑子的果实，其拉丁学名应是 Pistacia vera 。这个种是由瑞典植物学家林奈于1753年，在他的《植物志种》一书中发表的。《中国植物志》收入了这个种。据记载该种的形态特征是一种小乔木，高5～7米，奇数羽状复叶，有小叶3～5个，但常为3个。小叶卵形或阔椭圆形，长4～10，宽2.5～6.5，全缘。圆锥花序长4～10。雌雄异株，雄花有花被片3～5，大小不等。雌花花被片3～5，膜质。子房卵圆形，果实较大，长圆形，长约2厘米，宽约1厘米。前端急尖，熟时呈黄绿色或粉红色。

意大利的西西里岛盛产开心果。西餐中开心果主要用于装饰菜肴，在制作馅饼和各种甜点心时大都使用开心果，例如用开心果装饰糕点，制作雪糕，等等。此外，在制作西西里式的糕点和果仁糖时，也必须使用开心果，例如多层雪糕夹蜜饯果子等。在使用前，应把开心果仁投进热水中浸泡烫一下，捞出后用竹签剥掉开心果的表面软皮。

三、淀粉类原料

马铃薯和淀粉类原料常作为西餐中主菜的配菜或单独作为主菜的原料。在西餐菜肴中，最常用的含淀粉原料是马铃薯、米和意大利面条。

1. 马铃薯(potato)

马铃薯是茄科茄属植物，又名“土豆”“山药蛋”“洋芋”等，是目前世界上除了谷物以外，用作人类主食的最重要的粮食作物，主要食用其地下块茎。在全世界广泛种植，并被培养出了数千个品种。对土壤的适应性很强，但对气候要求凉、冷、燥，在湿热地区虽然也能生长，不过一代以后品种就会退化，需要经常从寒冷地区引进新的马铃薯种。

野生马铃薯原产于南美洲安第斯山一带，被当地印第安人培育。16世纪时西班牙殖民者将其带到欧洲，1586年英国人在加勒比海击败西班牙人，从南美搜集烟草等植物种子，把马铃薯带到英国，英国的气候适合马铃薯的生长，比其他谷物产量高且易于管理，1650年马铃薯已经成为爱尔兰的主要粮食作物，并在欧洲开始普及，1719年由爱尔兰移民带回美国，开始在美国种植。17世纪时，马铃薯已经成为欧洲的重要粮食作物。

17世纪时，马铃薯已经传播到中国，由于马铃薯非常适合在原来粮食产量极低，只能生长莜麦的高寒地区生长，很快在内蒙、河北、山西、陕西北部普及，马铃薯和玉米、番薯等从美洲传入的高产作物成为贫苦阶层的主要食品，对维持中国人口的迅速增加起到了重要作用。

马铃薯在原产地就有几百个品种，在世界各地又不断地培养新品种，目前全世界有几千个品种，有含淀粉比例较高，适合作为主食的，也有适合作为蔬菜食用的。人们根据不同的用途培养出很多新品种，花色有白色、红色、紫色等品种，地下块茎有圆形、卵形和椭圆形，其皮色有红色、黄色、白色和紫色的不同品种。

马铃薯含有大量碳水化合物，同时含有蛋白质、矿物质(磷、钙等)、维生素等。可以做主食，也可以作为蔬菜食用，或做辅助食品如薯条、薯片等，也用来制作淀粉、粉丝等，也可以酿造酒或作为牲畜的饲料。

当今，马铃薯在西餐中愈加重要。它适于多种烹调方法，例如烤、炸、制成马铃薯丸子、马铃薯面条和马铃薯饺子等。它在西餐中的作用可与畜肉、家禽和海鲜相比。许多欧美国家和地区经营马铃薯餐厅。根据厨师们的经验，马铃薯菜肴的质量与它的储藏和保管有密切的关系。它的贮藏温度应当在 7 ~ 16℃，否则，它的含糖量和营养成分会下降。

2. 大米(rice)

大米是西餐中常用的原料，它的种类和分类方法有很多。大米常作为肉类、海鲜和禽类菜肴的配菜，也可以制汤，还可用来制作甜点等。在西餐业中，常用的大米有长粒米、短粒米、营养米、半成品米和即食米。一般较黏的品种在西餐中用得较少，意大利米饭喜欢将米煮得稍生。

附:番茄大米色拉

原料:番茄 110 克，大米 75 克，葱头 15 克，青椒 50 克。

调料:色拉油 25 克，香菜末 5 克，精盐、胡椒粉各适量、醋精、食糖各少许。

烹饪方法:将大米淘洗干净后，放入沸水中煮至成饭粒，再焖 15 分钟取出用冷开水过凉后控干;番茄洗净后，用沸水烫后剥皮切丁;葱头洗净切末，青椒洗净切丁备用。

将番茄、米饭、葱头末、青椒丁、香菜末、色拉油、醋精放在一起拌匀，再加入精盐、胡椒粉、食糖调好口味即可食用。

3. 意大利面条(pasta)

意大利面条是意大利美食的重要代表。意大利面的世界就像是千变万化的万花筒，数量种类之多据说至少有 500 种，再配上酱汁的组合变化，便可做出上千种的意大利面料理。

最早的意大利面约成型于公元 13 至 14 世纪，跟现在我们所吃的意大利面最像。到文艺复兴时期后，意大利面的种类和酱汁也随着艺术逐渐丰富起来。

在意大利本地，意大利面条被明文规定须采用 100% 优质小麦面粉及煮过的良质水制作，且不论手工或机器制品，都不可添加色素及防腐剂。除了原味面条外，其他色彩缤纷的面条都是用蔬果混制而成的，如:番红花面、黑墨鱼面及蛋黄面等。

意大利面的形状千奇百怪，细圆型长面条有最平民化的 Spaghetti、细如面线的 Angel Hair;扁平型的如:意大利宽面、意大利扁平细面、波浪宽扁面等。通心粉型的:如水管的葱管面与斜管面;像小猫耳朵的耳型面、像螺丝钉的螺旋面;还有大小蝴蝶结面等。像饺型的则有方形面饺、馄饨般的卡佩拉奇面饺、像飞碟般的贝壳型面饺，开放式的则有千层面……

意大利面条可作为主菜的原料，也常作为主菜的配料。优质意大利面条选用硬粒小麦为原料。意大利面条的特点是烹调时间较长，吸收水分多。

附:意大利常见面条的规格　　　　(单位:mm)

名称	面团	大小(毫米)	剖面形状	产地
bigoli	1 ~ 2	3 ~ 4 × 25 ~ 30	圆形	伦巴苏威尼托
bijgli-mori 2~3	1 ~ 15 1×200 ~ 350	3 ~ 精细圆形 4×25 ~ 30	圆形 扁形	威尼斯 BH‖capellini
ciufolitti	1 ~ 2	2 ~ 3 × 3 × 200 ~ 250	半管状/长形	阿布鲁齐

名称	面团	大小(毫米)	剖面形状	产地
fettucce	2 ~ 3	2 × 8 ~ 10 × 200 ~ 300	长方/平片	拉齐奥
fettuccine	2 ~ 3	2 ~ 4 × 8 × 200 ~ 300	长方/平片	拉齐奥
lasagne	2 ~ 3	2 ~ 3 × 200 × 1502D50	长方/平片	中北部
lasagnette	2 ~ 3	2 ~ 3 × 80 × 150 ~ 250	长方/平片	中北部
maccheroncini	2 ~ 3	1 × 1 × 250 ~ 300	方形/平片	马尔凯
mac. allachitarra	2 ~ 3	2 × 2 × 250 ~ 300	方形/平片	阿布鲁齐
mac. alla molinara	1 ~ 2	3 × 10 × 100 ~ 250	粗管	阿布鲁齐
mac. di Bobbio	3	15.3 × 8 ~ 10 × 200	方形/螺旋形	埃米利亚罗
mac. inferrettati	1 ~ 2	4 ~ 6 × 150 ~ 200	管状	南方
mac. al ritrocllo	1 ~ 2	3 × 10	长方/平片	阿布鲁齐莫利塞
panlia efieno	2 ~ 3	2 × 15 ~ 3 × 250 ~ 300	长方或方形	平片中北部
pappardelle	2 ~ 3	2 × 15 ~ 35 × 150 ~ 250	长方/平片	托斯卡纳
pappicci	1	3 × 8 ~ 10 × 200 ~ 250	长方/平片	阿布鲁齐
piciopinei	1	4 ~ 5 × 300 ~ 400	圆形	翁布里亚托斯卡纳
stingoxxiocerile	1	3 × 5 × 250 ~ 300	管状	翁布利亚
tagliatelle	2 ~ 3	2 × 5 ~ 10 × 200 ~ 350	长方/平片	北方
taglierini tajarin	3 ~ 4	1.5 × 4 ~ 8 × 250 ~ 400	长方/平片	皮埃蒙特
trenette paparelle	1 ~ 2　1	2 ~ 3 × 3 ~ 5 × 250	椭圆/双凹陷	利古里亚托斯卡纳
trenette	1	23 × 3 ~ 5 × 250	随圆/双凹陷	利古里亚
troccoli foggianl –	2	3 × 4 ~ 6 × 50 ~ 200	长方/平片	普利亚
umbrici umbricelli	1	56 × 250 ~ 300	圆形/长方	翁布利亚

第六节　调味品

同中餐一样，调味品也是西餐菜肴中不可或缺的重要一类。西餐的调味品种类相当的繁多，除了我们熟悉的盐、糖、醋、胡椒、番茄酱、咖喱粉、辣酱油等，还有香料和调味用酒。在西餐菜肴制作中，香料和调味用酒，是调味的重要部分。

一般将调味品分为一般调味品、香料和调味用酒三类。

一、一般调味品

1. 醋(vinegar)

醋也是主要的调味品之一，因制作方法不同，可分为发酵醋和人工合成醋两类。价格也有高低，有的发酵醋制作讲究，发酵时间达到几十年，价格可以卖到几百欧元每瓶。在西餐中经常使用的醋有以下几种。

(1)葡萄醋(grape vinegar)是用葡萄或是酿葡萄酒的糟渣经发酵制成，有红葡萄醋和白葡萄醋两种，口味除酸外还有芳香气味。

(2)苹果醋(apple vinegar)是用酸性苹果、沙果、海棠等经发酵制成，色泽淡黄、口味醇香而酸。苹果醋营养丰富，含有果胶、维生素、矿物质（磷和钾）及酵素。苹果醋的酸性成分杀菌功效，能清洗消化道，有助排除关节、血管及器官的毒素;果胶能帮助排泄;磷遏止致腐细菌生长;钾能滋润细胞及平衡钠含量。

(3)香脂醋(italian vinegar)是意大利的特产之一，在古代，艾米利亚、蒙特纳地区就开始酿造香脂醋。香脂醋的主材料是加热煮沸变浓稠的葡萄汁，经过长期的发酵，最后制成的。香脂醋颜色深褐，汁液黏稠。口感酸甜而圆润。自古以来，摩典纳市世袭相传，将烈酒醋和葡萄汁混合，在屋内阁楼长年酝酿。它带着馥郁芬香的香脂味，如糖浆般浓厚，拥有传统发酵过十二至十五年的陈年香脂醋的佳酿特色。

市场上出售的香脂醋有两种，一种是标有“传统”字样的香脂醋，这是一种手工制作的香脂醋，窖藏时间都在12年以上，在窖藏期间，分别存放在栗、橡、樱、桑、杜松等木材制作的木桶中，每一年更换一种材质的木桶，顺次地使每一桶醋都浸进各种木材的香味，使制作出来的香脂醋香味十分复杂。另外一种是工厂大量生产的香脂醋，后者窖藏的时间只有4年或5年，而且在窖藏期间也不必更换木桶。

(4)醋精(aromatic vinegar)是用冰醋酸加水稀释而成，醋酸含量高达30%，口味纯酸，无香味。使用时应控制用量或加水稀释。

(5)白醋(white vinegar)是醋精加水稀释而成，醋酸含量不超过6%，其风味特点与醋精相似。是西餐中用得较多也非常普通的调味品。

2. 番茄酱(tomato paste)

番茄酱是西餐广泛使用的调味品，是用红色小番茄经粉碎熬煮，再加适量的食色制成。优质的番茄酱色泽鲜艳，浓度适中，质地细腻，无颗粒、无杂质。

tomato paste与tomato sauce有所不同，后者是加入其他各种调料经过调制的复合调味汁。前者则可以理解为浓缩的番茄。有时也称其为茄膏。

3. 咖喱粉(curry powder)

咖喱是烹调用的香料，但它并不是一种香料，而是由十多种甚至二三十种不同香料混合后制作出来的粉末或膏状物，因此营养成分比较全面，营养价值也比较高。常被用来混合制作咖喱粉的香料主要有百里香(thyme)、辣椒粉(cayenne pepper)、月桂叶(bay Leave)、小豆蔻(cardmom)、丁香(clove)、玉桂(cinnamon)及黄姜(turmeric)等。

“咖喱”这个名字源自印度高原坦米尔语，是“许多香料混在一起烹煮”的意思，由十至三十多种香料混合煮成膏状。印度人喜欢亲自调配个人喜好的咖喱，所以不会购买现成的咖喱粉作烹调用。同时，因应不同民族、宗教，调配出的咖喱口味也有不同。

咖喱的辣味来自红胡椒、胡椒盐、黑胡椒、姜及芥末等，香味则从小茴香、肉桂、八角、鼠尾草、百里香、丁香、肉豆蔻或小豆蔻等香料而来。

4. 辣酱油(worcestershire sauce)

辣酱油是西餐中使用广泛的调味品，19 世纪初传入我国。其色泽风味与酱油接近，所以习惯上称为辣酱油。辣酱油的主要成分有海带、番茄、辣椒、葱头、砂糖、盐、胡椒、大蒜、陈皮、豆蔻、丁香、茴香、糖色、冰醋等。

用辣酱油蘸食各种油炸食品，无须再用香醋、食糖、味精、辣油之类调料，因为它已具有鲜、辣、香、酸、甜、咸多种味道。

优质的辣酱油为深棕色，流体，无杂质、无沉淀物，口味浓香，酸、辣、咸、甜各味俱全。目前我国主要大城市均生产，其中上海梅林牌辣酱油历史最长。世界上以英国产的李派林辣酱油较为著名，各大饭店普遍使用。

二、香料

香料是由植物的根、花、叶子、花苞和树皮等部位经干制、加工而成。香料具有浓郁的挥发气味，广泛地用于西餐菜肴的调味。西餐烹饪中所用的香料有用鲜品的，更多的使用干制品。常见的品种有：

1. 百里香(thyme)

公元前3500 年，苏美人就已懂得使用百里香。百里香的名称实际上源于希腊字的 thumos，即香味，因为此植物芳香袭人，古埃及人将之用于防腐，又因为百里香能腐化有机物、促进胆汁分泌，餐宴后喝百里香汁有助于消化，另外百里香也是献给维纳斯等神祇的祭品。罗马人用百里香煮菜，并供药用，而且罗马人认为百里香能赶走忧伤、激发勇气，在十字军东征时代，仕女会在她们的武士出征前，在披肩绣上一枝百里香。中世纪时，圣希尔德嘉德用百里香治疗瘟疫及瘫痪、麻疯病和体虱。英国过去则用百里香作洒香的药草，法官与国王的花束中也用百里香，以防在公众场合中感染疾病。17 世纪的法国医师暨化学家雷梅里认为，百里香能强化脑力，提振消化系统。1884 年学者坎波登研究其医疗属性，发现百里香对神经系统产生直接的作用，有助病患重建元气。第一次世界大战时，百里香与丁香、柠檬、洋甘菊精油都是医院的消毒剂与抗菌剂。

百里香为耐寒、多年生的草本植物，原产于欧洲，尤其是地中海一带，现在则遍布于美洲，北至冰岛，而百里香属的种类多达三百多种。有些百里香匍匐于地上缠结成一片，有些则长到30 厘米高。庭园栽种的百里香，主要用于烹调，有深灰绿色的窄小叶片，且开一串串的紫色花，其他的百里香花色从白色、浅粉红、淡紫色到深红色不等。

百里香其叶及嫩茎可用于调味，干制品和鲜叶均可，英、美、法式菜使用较普遍。加了百里香的菜式，经长时间烹煮亦以能保存其香味。常用于香料醋、香草黄油、装饰蔬菜、沙拉等。实际用途广泛，大部分的汁酱、烩菜、汤汁等亦经常使用，在腌肉及鱼类方面效果良好，味道颇为强烈。

2. 迷迭香(rosemary)

迷迭香(rosemary，学名 Rosmarinus officinalis)的名字据说来自地中海的雾气，因为罗马人相信，是雾气凝结形成了这些淡蓝或粉红的花朵，原产于地中海沿岸。迷迭香的叶子细长而坚硬，具有一种樟脑型的微香并富含强烈的刺激性。市场上也出售迷迭香粉和干燥的迷迭香叶，但和新鲜的迷迭香叶相比，风味和香味要逊色得多。迷迭香主要用于制作煮焖或烧烤的食物。新鲜的迷迭香亦可碎加入沙拉中食用，腌肉类时亦可加入以增添香味。

3. 藏红花(saffron)

藏红花又名番红花或西红花，原产西班牙，在伊朗、沙特阿拉伯等国家中也有悠久的栽培历史。在国外，最初仅作为染料来栽培，后来才认识到它是一种活血通络、化瘀止痛的珍贵药材。

伊朗种植藏红花已有700年历史，其生产的藏红花在颜色、口感和香味上都是目前世界上质量最好的。

之所以称为藏红花，是因为这种药材从地中海沿岸经印度传入西藏后，又从西藏转运至内地。这样人们就把它称为藏红花。

藏红花是一种名贵的调味品，一般西餐中使用的都是小包装，一小包1克左右，藏红花既可以调味，也可以调色，常用于海鲜、禽类等菜肴的制作，有时也用于点缀。

4. 香叶(basil)

香叶又称桂叶，是桂树的叶子，桂树原产地中海沿岸，属樟科植物，为热带常绿乔木。20世纪60年代初我国海南岛开始引种。目前，我国广东、广西、云南、四川均有种植。香叶一般两年采摘一次，采集后经日光晒干即成。香叶可分为两种，一种是月桂树(又称天竺桂)的叶子，形椭圆，较薄，干燥后色淡绿。另一种是细叶桂，其叶形较长且厚，背面显得凸出，干燥后颜色淡黄。

香叶是西餐特有的调味品，干制品鲜叶都可使用，用途广泛。

5. 胡椒(pepper)

胡椒又称玉椒、浮椒，原产于东南亚地区。胡椒属被子植物，多年生藤本，果实为黄红色。胡椒按品质及加工方法可分为白胡椒和黑胡椒。白胡椒是用成熟的果实，用水浸泡，去除外皮，洗净晒干而成的。黑胡椒是用未成熟的或落下的果实经堆放发酵，再经曝晒，使其表皮皱缩变黑而成的。胡椒种植后3~5年收获，花后9个月果实成熟。优质的胡椒粒坚硬，香味浓烈。

胡椒中主要含有胡椒碱、胡椒脂碱、挥发油等成分，在烹调中主要起提味、增鲜、合味、增香、除异味等作用。胡椒辛辣、性热，具有去寒助消化的功效，但多食会刺激胃黏膜而引起出血。在西餐菜肴制作中，海鲜和白肉的调味多用白胡椒，红肉的调味多用黑胡椒。

6. 肉豆蔻(nutmeg)

肉豆蔻原产印度尼西亚马鲁古群岛、马来西亚等地，现我国南方已有栽培。肉豆蔻又叫肉果，果实近似球形，淡红色或黄色，成熟后剥去皮取其果仁，经炭水浸泡烘干后，即可作为调料。

肉豆蔻表面呈灰褐色，质地坚硬，切面可见大理石花纹。肉豆蔻气味芳香而强烈，味辛而微苦。优质的肉豆蔻个大、沉重，香味明显。在烹调中主要用于调肉馅，调制大小红肠，以及用作西点和土豆菜肴的调料。

7. 丁香(clove)

丁香又名雄丁香、支解香、丁子香，原产马来半岛、印度尼西亚马鲁古群岛，现我国广东、广西均有栽培。丁香属桃金娘科，常绿乔木。丁香树的花蕾在每年9月至来年的3月间由青逐渐转为鲜红色，这时将其采集后，除掉花柄，晒干后即成调味用的丁香。

干燥后的丁香为棕红色，长约1.5~2cm，基部渐狭小，下部呈圆柱形，萼管上端有4片花瓣，坚实而重，入水即沉，刀切面有油性，气味芳香微辛，以粗大、油性大者为佳品。丁香是西餐中常用的调味品之一，可作为腌渍香料和烤焖香料。

8. 鼠尾草(sage)

学名 Salvia officinali 鼠尾草科属唇形科，鼠尾草高度30~60厘米，多年生草本，茎为四角柱状，且有毛，下部略木质化，呈亚低木状，叶对生，在柄呈长椭圆形，叶身长3~5厘米，先端圆，全缘(或有钝锯齿)，质地厚，叶面有网状脉，且有折皱，灰白色，里面有白毛覆被。8月份，茎顶或叶腋中有10个左右的唇形花轮生，花呈紫、青色，有时白色，长度为1.5~2厘米，上唇凹形略直立，下唇广，半展开。全株的组织中含挥发油，具有强烈芳香，略有涩味，鼠尾草又称洋苏叶、艾草。是原产于欧洲南部的一种多年生香草，具有香味和令人愉快的清凉感，此外还略有苦味和涩味。现世界各地均产，其中以南斯拉夫产的最佳。常用于各种酿馅、香肠类、牛仔肉等。

9. 罗勒(basil)

罗勒为一年生草本，茎直立，高可达50~100厘米，叶呈椭圆形，花为白色或粉红色。在南欧以及美国加州地区则有大量栽培专供香料使用，品种也比较多样，包括紫红罗勒、柠檬罗勒、桂皮罗勒、甜罗勒等，各品种之香气主要由三种成分组成，分别为沈香醇(linalool)、甲基醚蒌叶酚(methyl chavicol)及丁香酚(eugenol)，各成分比例不同香气也就不同，适用于提炼香精，烹饪之调味料。

罗勒也称甜紫苏，是原产于印度的一种香草，味甜而有一种独特的香味，和番茄的味道极其相配，是制作意大利菜肴不可缺少的调味香草。干燥的罗勒叶，其香味大幅度下降，因此应尽可能地购买新鲜的罗勒叶。

罗勒用于鱼类、野味、家禽、肉类及腌制烧烤食品。

10. 牛至

牛至别名披萨草，花薄荷，奥勒岗。多年生草本，植株呈丛生状，叶椭圆，有数种花色，生命力及繁殖力极强盛。为唇型花科。牛至属多年生草本植物，全株具有芳香气味，原产于欧洲，从地中海沿岸地区至印度均有分布，尤其在法国牛至是一种非常普遍的野生植物。

三、调味酒

在不同的菜点中加入不同的酒，是西餐的一个显著特点。特别是在法式菜肴中，酒和香料被公认是烹饪的两大要素。西方国家的酒类品种众多，在这里介绍一些在西菜烹饪中经常使用的酒品。

1. 蒸馏酒(spirit)

蒸馏酒的出现晚于发酵酒，最早在公元15世纪前后出现于印度。它是对含有酒精的液体通过蒸馏，再经过陈酿而制成。这种酒的酒精度较高。

(1)白兰地(brandy)

白兰地外文原意是蒸馏酒。它是用发酵好的葡萄汁经过两次蒸馏、陈酿而制成的。白兰地的种类很多，以法国干邑(cognac)和雅文邑(armagnac)地区生产的白兰地最为著名。白兰地香气浓厚，在西餐烹调中广泛使用，尤其是在做汁和烹制海鲜菜肴时。

(2)威士忌(whisky)

威士忌是一种谷物蒸馏酒。它是把谷物糖化、发酵、蒸馏、陈酿而制成的烈性酒。最好的威士忌出自苏格兰。苏格兰威士忌讲究把酒储存在盛过西班牙雪利酒的木桶中，以吸收一些雪利酒的余香。威士忌分为纯麦威士忌、谷物威士忌和调混威士忌三种。除苏格兰外，爱尔兰、美国、加拿大等国也生产较好的威士忌。威士忌在西餐烹调中也广泛使用。

(3)金酒(gin)

金酒又称杜松子酒，起源于荷兰，现在分为荷兰式金酒和英式金酒。荷兰式金酒是将大麦、黑麦、玉米和一些香料经过两次蒸馏后再加入杜松子进行蒸馏。它的色泽透明，辣中带甜，清新爽口，风味独特。英式金酒是把谷物、香料和杜松子一起蒸馏，它的特点是透明无色，清澈而带有光泽，酒香和调料香浓，口感醇美干烈。在烹饪中金酒可在制做番茄少司时使用。

(4)朗姆酒(rum)

朗姆酒是将甘蔗榨汁再进行蒸馏，它起源于西印度群岛，现在主要产地有古巴、牙买加等地。它的酒香浓烈，口味刺激。

2. 酿造酒(wine)

酿造酒是以各种果品为原料，经榨汁后使之发酵，产生酒精，再经过陈酿而制成的。常见的有各种葡萄酒和一些汽酒。

(1)葡萄酒(grape wine)

葡萄酒在世界酒类中占有重要的地位，在西餐烹调中也起着重要的作用。现在世界各地都生产葡萄酒。葡萄酒以法国勃艮第地区生产的最负盛名。葡萄酒可分为白葡萄酒(white Wine)、红葡萄酒(red wine)和玫瑰红葡萄酒(rose wine)。

葡萄酒在西餐中是一种佐餐酒，吃红肉时一般喝红酒，吃海鲜或白肉时喝白酒。红葡萄酒是以颜色较深的葡萄制成的，在酿造时，果皮和果肉一起发酵。红葡萄酒在烹调肉食菜肴中广泛使用。白葡萄酒是以颜色较浅的葡萄制成的，在酿造时除去果皮，一般在烹制海鲜菜肴中使用。

(2)香槟酒(champagne)

香槟酒是用葡萄酒酿造的汽酒，是一种非常名贵的酒。只有法国香槟地区生产的汽酒叫香槟酒，其他国家或地区生产的只能叫汽酒。香槟酒是通过发酵、勾兑、陈酿、转瓶、换塞充填等工序制成的。香槟酒色泽金黄，味道微酸甜，口感清爽纯正，在西餐烹调中多用于做汁。

3. 配制酒

配制酒诞生较晚，但其发展很快。配制酒是以普通蒸馏酒和酿造酒为基酒，按照一定比例勾兑各种调料而制成的。

(1)雪利酒(sherry)

雪利酒主要产自西班牙的加斯，它以当地的葡萄酒为基酒，勾兑葡萄蒸馏酒，采用逐年换桶的方法陈酿。雪利酒又分为菲奴(fino)和奥罗露素两大类。菲奴酒色泽淡黄，香气幽雅清新，口味干烈清淡。奥罗露素酒色泽金黄，口味浓烈柔绵。雪利酒是佐餐甜品的佳品。

(2)茴香酒(anisette)

茴香酒主要产于欧洲一些国家，以法国的为最著名。茴香酒是以茴香油和食用酒精或蒸馏酒配制成的，适用于烹调制作海鲜类菜肴。

(3)钵酒(port Wine)

钵酒原名波尔图酒，产于葡萄牙的杜罗河一带。钵酒是以葡萄原汁与葡萄蒸馏酒勾兑而成的，在制作工艺上吸取了威士忌酒的酿造经验。

钵酒可分为黑红、深红、宝石红和茶红四种类型。钵酒可作为甜食酒饮用，烹调中常用于各种野味和汤类。在法式菜鹅肝酱中，腌制鹅肝的酒用的就是钵酒。

4. 啤酒(beer)

啤酒是以大麦为原料，经过原料处理、加酒花、糖化、发酵、储存、灭菌、澄清和过滤等工序制成的。啤酒种类可分为淡色啤酒、浓色啤酒和黑色啤酒。世界各地都生产啤酒，以德国啤酒最著名。

啤酒在烹调中可炖制野味，也可调成炸糊。

◆ 复习思考题

一、问答题

1. 西餐原料常见的分类方法是什么?
2. 鸡根据其饲养期是如何分类的?
3. 常见的畜肉制品有哪些，各有什么特点?
4. 蜗牛的常见种类及其特点?
5. 西餐中常用的乳制品有哪些? 各有什么特点?
6. 调味品是如何分类的? 常见的调味品有哪些?
7. 西餐调味酒一般是如何分类的?
8. 常见的配制酒有哪些?

二、填空题

1. 火鸡又称________，原产于美洲，在欧洲人到美洲之前，已经被印地安人驯化。在西方传统的________上，烤火鸡是不可缺少的菜肴。

2. 珍珠鸡又名_______，原产于非洲。近来才由野生鸟类驯化而来。其羽毛非常漂亮，全身____，羽毛上有规则地散布着点点白色圆斑，形状似珍珠，故名珍珠鸡。

3. ______可用来制作鹅肝酱、苹果煎鹅肝等名贵菜肴，以法国生产的品质为最佳。烹调方法有烤、煎等。

4. 牛肉分级技术的应用，对引导牛肉生产的______、______、有序化及产业化有着重要意义。

5. 位于牛的脊背后部内侧，一边一条，从头至尾的形状是头大尾尖。因这个部位活动量很小，所以肉的纤维细软，含水分多，是牛肉中最细嫩的部位。

6. ______是一种在世界范围内流传很广的肉制品，目前除少数伊斯兰教国家外，几乎各国都有生产或销售。传统的西式火腿加工与中式火腿相似。

7. 培根，即______，是西餐中使用广泛的肉制品。培根的一般制作工艺是：把猪肉分割成块，用盐、少量______或______、黑胡椒、丁香、香叶、茴香等香料腌渍，然后再经风干、熏制而成。

8. ______又叫干肠。这种灌肠以瘦肉泥加肥肉丁、黑胡椒末及适量硝、盐和成馅，灌入用猪大肠制的肠衣内，然后置于______内浸泡较长时间，使肠衣内肉馅自身被硝、盐腌透，待其呈浅褐色时将其取出，挂在阴凉通风上晾干而成。

9. 鳗鱼又称______，我国又称为河鳗、白鳝、青鳝，鳗鲡目鳗鲡科。鳗鲡长可达60余厘米。体细长，前部圆筒形，后部稍侧扁。舌长而尖，下颌稍凸出，上下颌具细齿。眼很小，鳃孔小。背鳍和臀鳍均延长，与尾鳍相连，无腹鳍。

10. 世界上三文鱼的出产数量大、肉质好、享誉各地的主要是______和______。两个国家都是海洋渔业捕捞大国，海产品丰富，三文鱼是这些海产品中最具影响和代表性的。

11. 龙虾是龙虾科龙虾属动物的通称。种类很多，如______、______、波纹龙虾、密毛龙虾和日本龙虾等。数量最多的是中国龙虾。

12. 蜗牛的品种较多，现在普遍食用的品种有______、意大利庭院蜗牛和______三种，以______的品质最佳。其肉质滑嫩，有弹性。

13. 黄油在烹饪行业中常称为“______”“牛油”等，在食品工业中称为“奶油”“乳酪”。黄油是把牛奶经过分离后所得的稀奶油再经成熟、搅拌、______而成的乳制品。

14. 欧芹又称为______，是一种栽种于全世界，作为烹调用的二年生植物，也称作“香菜”“洋芫荽”。是一种原产于欧洲的蔬菜，也称作荷兰芹。

15. 黑菌又名“块菌”“拱菌”，主要产于法国。天然黑菌在烹饪界中有“______”之美称。

16. 柠檬的果肉脆而汁多，闻之气味芳香，故称为香桃。柠檬味极酸，并带微苦，所以一般不宜当______，而是西餐烹调中不可缺少的______。

案例：根据西餐常见菜肴的种类，列举出在国内开一个中等规模的西餐厅日常所需的原料。

第五章 原料加工

● **学习重点：**

掌握西餐常用原料的加工方法，尤其是与中餐不同的操作部分。熟悉西餐的规范运刀技法以及特殊的加工方法。

● **学习目的：**

熟悉西餐的加工工艺，了解常用原料的加工，掌握特殊原料的加工。

第一节 西餐刀工的基本知识

原料的初加工是西餐生产中的基础环节，它与菜肴的质量有着密切的联系，是对原料准确、熟练地进行加工的过程，可以综合使用原材料，降低成本，增加利润，使原料有效地符合烹调的要求。不同的原料所使用的加工刀具、加工技法都不相同，如蔬菜与水果、畜类、禽类以及水产品的加工都有所不同。

一、基本刀法

刀工技法简称刀法，是根据烹调和食用的要求，将烹饪原料加工成一定形状所采用的行刀技法。同中餐的刀法一样，西餐常用刀法也分为直刀法、平刀法、斜刀法和其他刀法。

（一）直刀法

西餐刀工中使用最多的一种刀法，操作时刀面与案板或原料成直角。根据原料的性质和烹调要求的不同，直刀法又可分为切、砍、剁等几种。

1. 切

一般适用于无骨原料，刀刃离料较近。依据用力的方向，切又可以分为直切、推切、拉切、锯切、拨切、铡切等。

（1）直切。又叫跳切，即左手按住原料，手指弯曲，右手拿刀，刀刃垂直下落，一般适合于新鲜的植物性原料，如胡萝卜、洋葱等原料。

（2）推切。刀刃在向下运动的同时，还由里向外运动，着力点在刀的后端，一刀推到底，不需要再拉回来就切断原料。一般适用于质地松、散、较薄、较小的原料。

（3）拉切。刀刃由前向后拉动，一刀拉到底，把原料切断。这种刀法一般适用于有韧性的原料，如无骨肉类、牛羊肉等就使用拉切。

(4)锯切。又称推拉切，着力点前后交替使用。将刀刃向前推，然后再向后拉，像拉锯式推拉运刀，适合于非常酥烂的原料，如煮熟的牛脊肉等。

(5)拨切。一般在切较容易粘刀的原料时采用这种刀法，操作时切一刀后将切下的部分拨到稍远的一侧，然后再接着操作。

(6)铡切。这种刀法在西餐原料切配中经常用到，操作时右手提起刀柄，左手按着刀背，使刀柄翘起落下进行切配，目的是将原料尽量切碎，如加工蒜末、荷兰芹叶末、茴香菜末等。

2. 砍

砍是利用专门的砍刀进行操作，砍剁带骨或质地坚硬的原料。砍的操作方法和中餐相同，而且西餐烹饪中的砍刀也和中餐中所用的基本一样，操作时右手要紧紧握住刀柄，对准要砍的部位，用力砍下即可。砍又可以分为直砍、跟刀砍、拍刀砍几种。

(1)直刀砍。将刀对准原料要砍的部位，用力向下直砍，通常适用于带骨或质地坚硬，一般可以一刀砍开的原料。

(2)跟刀砍。先轻砍一刀,将刀刃先嵌在原料要砍的部位上，让刀与原料一齐落下将其砍断。适用于一次砍不断，而需 2 ~ 3 次才能砍断的原料。

(3)拍刀砍。将刀放在原料所需砍断的位置上，右手握住刀柄，左手举起，在刀背上用力拍下去，将原料砍开。适用于圆形或椭圆形的体积小而易滚、易滑的原料。左手下拍时，可以在刀背上垫上一块抹布。

3. 剁

剁是将肉类原料或蔬菜类加工成泥蓉时所常采用的操作方法，有排剁和点剁等。

(1)排剁。排剁的操作方法又有单刀剁和双刀剁之分。单刀剁即用一把刀将原料剁细。为了提高效率，通常用两把刀，由于西餐刀相对中餐刀要小，可以抓在一只手中，所以西餐厨房里经常看见厨师一只手中握着两把刀加工馅料。当然也有同中餐一样左右两手各持一把刀进行操作的。操作时两手所持的刀要保持一定距离，不宜太远或太近，两刀前端的距离可以稍近一些，刀跟的距离要稍远一些。剁是用手腕的力量，从左到右或从右至左反复排剁，两手可交替使用，做到此起彼落，动作自如，并要有节奏，同时将原料不断翻动，使泥蓉状的原料均匀细腻。剁时提刀不能过高，防止碎末飞溅，有时刀面要涂些清水，避免蓉末粘刀。根据泥蓉要求有时还需要用刀背剁原料，以便蓉末更为细腻。

(2)点剁。点剁也是西式菜肴加工过程中常用的刀法。其方法是采用西餐刀的刀尖在原料上点剁数下，目的是使原料在加热时受热均匀，不过于收缩变形。一般在烤牛扒、猪扒时经常会在切配好的原料表面点剁几下。

(二)平刀法

平刀法又叫片刀法，它是刀面与案板接近平行状态的一种刀法，在西餐切配中也常有使用，适用于无骨的软性和韧性原料加工成大片。但这类操作逐渐由先进的机器来代替完成，在现代的西餐厨房里，几乎都可以发现加工片的切片机。

但是少量原料的加工仍需厨师手工完成，平刀法根据运刀的方向又可分为平刀片、推刀片、拉刀片等几种。

1. 平刀片

平刀片是把刀身放平，使刀与案板平行，从右到左平行运刀。平刀片要求左手按原料，平放在原料上面，按下的力量不需太大，以原料不移动即可。操作时可以由原料的底部片，也可以由上面开始片。适用于易碎或较松软的原料，如软奶酪、黄油等。

2. 拉刀片

这种刀法适用于略带韧性的原料。在运刀时刀向身体方向拉动，适合加工动物性原料，如大虾肉、鸡肉等。

3. 推拉片

推拉片是从原料右侧入刀，入刀后先向前推，再向后几次将原料片断，适宜加工韧性较大的原料，主要是各种动物性原料如牛肉、羊肉等。

（三）斜刀法

根据运刀时刀身与菜板的角度，斜刀法通常可以分为正斜刀和反斜刀两种。

1. 正斜刀

在中餐中也称斜刀拉片，是将刀身倾斜，刀身向右偏斜，刀刃向左片进原料后即向左下方运动，直到原料断开的一种刀法。适宜于加工无骨的有韧性的原料，如鱿鱼、墨鱼、畜肉等。

2. 反斜刀

反斜刀是将刀身倾斜，刀背向左侧偏，刀刃向外，刀刃片进原料由里向外运刀的一种技法。这种刀法通常适用于切配烹调好的原料，如片烤火鸡、片烤羊腿、烤牛里脊等，也适于片鱼皮或肉的筋膜等。

（四）其他刀法

西餐刀工工艺中除了平、直、斜刀法之外的刀法统称为其他刀法。绝大多数属于非成形刀法，从而不是刀工的主体，大多数是作为辅助性刀法使用的。有些虽然能使原料成形，但由于受原料的局限，而使用极少。这些刀法有拍、削、剔、刮、塌、撬、剜、剐、铲、割、敲等。

1. 拍

拍是西餐刀工工艺中的一种独特刀法。一般用刀面较宽的到刀具操作。也有专门的工具，是用木制或铝制的榔头，有的课本上也称之为肉锤，是为了将较厚的段、片状肉类原料拍薄、拍松。根据具体手法不同，又有直拍、拉拍、推拍之分。主要用来加工肉类原料。

2. 削

左手持料，右手持刀，悬空切去老根或皮，常用于清理加工。有直削与旋削两种，后者常用于圆形瓜果和蔬菜。

还有一种传统的削法，叫压刀削，即削时一刀压一刀地削，这种方法主要是削土豆，也可削水果。具体方法是：左手持原料，右手持刀先将原料两端削去，然后左手拇指按原料下端，食指按上端，中指、无名指拢在原料外侧，捏住原料，这时右手持刀由原料上端随着原料的圆弧面，向斜下方削去，每削一刀，中指和无名指将原料向逆刀方向拨动一次，这样一刀压一刀地削之，两手密切配合，操作自如，节奏和谐，将原料削成所需要的形状，如鼓形、梨形、球形等。

3. 剔

将刀尖贴骨行刀，使骨与肉分离，是拆卸加工的专门刀法。如出鱼肉、鸡肉时的出骨工艺。

4. 刮

刀身垂直，紧压料面，做平面横向运行，去除附着于原料表层的骨膜及皮层毛根、鳞片和污物。按照刀势走向，有顺刮与逆刮。顺刮适合于刮污垢、皮毛；逆刮适合于刮鱼鳞等原料。

5. 塌

刀身一侧紧压原料，斜刀做平面推进，将原料压成蓉泥。细嫩软烂原料的蓉泥制作，皆运用此法，如虾仁、土豆等。但在西餐厨房里一般用机器来完成这项工作，一般现代厨房都有专业的压制机器或工具。

6. 撬

刀刃嵌入原料约1/3，以刀身作为杠杆，拨开原料，如对于瓣腮类原料的加工，牡蛎、海红等。

7. 剜

尖刀插入原料一侧，旋转挖孔，去除虫眼及霉斑杂质。

8. 剐

刀跟顺骨臼做弧形运动，使关节的凸凹面分离。在动物性原料分档取料时用到。

9. 铲

刀刃向外，紧贴皮层，运用推力向前使皮或韧带与肉分开。如去除通脊上的一层肌肉膜。

二、西餐料形

西餐菜肴对原料的料形虽然没有中餐的复杂、精细，但也有共同特点，而且对各种料形规格的要求比较严格。原料经过各种刀法加工后，便成为既便于烹调，又便于食用的符合要求的各种形状，其形状的规格多种多样，常见的有块、段、扒、排、片、丝、条、丁、粒末、泥蓉等。由于饮食习惯，欧美人使用刀叉进餐，所以在菜肴中料形普遍较大，特别是畜类原料，如大块的牛肉。有些禽类则整料进行烹调。下面介绍原料的常见刀工成形工艺。

(一)末

有很多西式菜肴将原料加工成碎末。其中洋葱、胡萝卜、欧芹以及很多动物性原料经常要加工成碎末。

1. 洋葱

洋葱一般先剥除老皮，纵向切成两半，切口朝下置于菜板上，再垂直地切细丝，再垂直地把洋葱切碎；再采用铡切的刀法，用左手按住刀尖作支点，右手轻轻上下摇动刀柄，把碎块进一步切碎。

2. 胡萝卜

首先用工具将老皮去除，然后切成薄片；把薄片斜叠在一起，切成细丝；丝再进一步加工成碎末，最后采用铡切的刀法再把碎块进一步切碎。

3. 欧芹

将欧芹叶清洗、晾干后，将叶片按实成团，采用直刀法均匀切碎，然后再采用铡切法，用左手按住刀尖作支点，右手轻轻上下按动刀柄，把碎叶进一步切碎。

4. 牛肉

首先将牛肉的肌腱等去除，再清洗干净，分割成小块后，可以用排剁的方法或者用绞肉机进行加工，根据菜肴的要求，选择加工的精细程度。如制作牛肉汤时，就需将牛肉加工得较细。

加工碎末时也可以采用粉碎机来操作。

（二）块

西餐中将原料切成各式小块，用于各种调味汁和蔬菜汤以及各类菜肴的制作。蔬菜原料一般切成不规则的料形，因为蔬菜块通常是用于制汤或作为烤制肉类原料时的调料，通常切成较碎的小块即可；肉类原料根据菜肴的要求加工成相应的规格。

1. 番茄

将番茄略烫后去皮，横向将其切成两半，用挖球勺除掉茄籽；切口朝下置于菜板上，平刀片成圆片，片时注意不要压坏番茄果肉；刀面垂直于菜板将番茄切成条状后再垂直切成小块即可。

2. 胡萝卜

将胡萝卜洗净，削去老皮后，较大的从中间剖开后再顶刀切成小块即可。

3. 欧芹

欧芹洗净去梗后把摘下的叶片捏成一团，再从一端将其切碎即可。

4. 肉块

肉块根据菜肴的不同，大小规格也不同。一般采用切、剁的刀法加工。块的规格较多，有的要求较为严格，有的则很随意。下面介绍常见的料形。

（1）大块。通常是畜类或禽类原料，采用烤、焖等烹调方法所采用的料形。块形主要根据具体原料的结构进行加工。

（2）不规则块。由于原料的形状不规则，所以根据原料的形状而加工成形。如鸡、鸭等原料的加工。

（3）瓦片块。根据原料固有的结构形状，将原料加工成类似瓦片状的大块，原料较大则片加工稍大。如烤鱼块。

（三）丝

胡萝卜、红菜头、生菜、菠菜、菊苣、卷心菜等蔬菜以及少量的动物性原料在西餐菜肴中可切成丝，其形状为细长条形，丝的长短粗细和菜肴的要求有关。

1. 胡萝卜

将胡萝卜洗净去老皮，切成大片后再加工成丝，或者用刨片机进行加工。可用于点缀或制汤。

2. 生菜

将生菜洗净后，去除较硬的叶柄，将页面摊平后加工成丝。

其他原料加工方法相近。

（四）扒

扒，一般是采用切与拍两种刀法加工而成厚圆饼状。凡用于加工扒的原料，质地柔软细嫩但兼有韧性，如牛里脊、牛上脑等。然而这种原料如果仅仅通过切，只能是坯料，在规格形状和烹调要求上都不能符合“扒”的要求，因而还需要采用拍的刀法，再辅助以收拢，最后定型成为厚圆形的“扒”。

扒的规格、重量总的说可分为两种，即“大扒”和“小扒”，大扒的重量又因国家、地区和习惯的不同而异，通常为175～200g，如果脊扒、牛上脑扒、拉普牛扒等，其厚度为2.5cm，直径有的10cm（如里脊扒），有的则达14cm（如上脑扒）；小扒一般为每份2个，每个重量65g左右，厚度一般2cm，直径6～7cm，如鲜蘑里脊、托尔尼多、非利老浓等。

1. 常用里脊扒的加工方法。将里脊和外脊去筋、去油、去掉不用的头尾，把肉放在案板上，直刀切成2～3.5 cm（因里、外脊部位不同）长的肉块，再将肉的横断面朝上，用手按平，再用拍刀拍成1.2～1.5 cm厚的饼形，用刀将肉的四周收拢整齐即可。

2. 特殊牛扒的加工方法。将肥嫩的牛外脊去骨、去筋，用线绳每隔2cm捆一道，依次捆好。将捆好的牛扒放入温度在180～220℃的烤箱中，再根据客人的要求烤制成不同的成熟程度，然后取出，控去油、血水，用刀去掉捆绳，用推拉刀法切成0.7～1cm厚的扒即可。

（五）排

排也是用切、拍两种刀法加工而成的。用于加工排的原料一般都是经修剔过的原料，由于菜肴有风味特点不同，对排的要求也有差异，如有的排原料纯精，除带比例很少的骨柄外，筋膜、老皮全部要求切剔干净，如鸡排等；有的则不仅带骨柄，而要带有部分肥膘，如猪排、牛排等。

排的加工方法与扒基本相同，不过拍的刀法要根据烹调要求而灵活运用。有的排要求拍松、拍薄；有的只用拍松，不需要拍薄，因而动作要轻，只断其韧性，如果原韧性很强，可重拍然后收拢；如果原料带有肥膘，拍后还要用刀剁断膘与肌之间的筋膜，防止受热抽缩变形，如牛排、猪排等；有的排则需拍松、拍薄后再用砸剁的刀法，浅刀轻剁，只断韧性，不断纤维，以便增加可塑性，然后收拢成榆树叶形，如鸡排等。

排的重量应因具体菜品而定，带骨排400g左右，猪排、羊排、小牛排130g左右，鸡排只有90g。

（六）土豆的成形工艺

土豆是欧美人非常喜欢的一种原料，也是西餐的重要原料之一。土豆可以制作各式菜肴，沙拉、糕点、主食或配料等。所以土豆可以加工成各种形状，如丝、条、泥、块等料形。

1. 土豆丝

利用直刀法将土豆切成较细的丝，也可以用机械工具进行加工。

2. 土豆条

土豆条在西式快餐中用得非常广泛，著名的快餐企业麦当劳、肯德基更是将其作为一种主要食品出售。同样土豆条也是西餐厨房经常要加工的内容。在欧美国家可以非常容易地在市场上购买到加工好的薯条。

3. 土豆块

将土豆去皮后加工成相对大小一致的块状。其大小根据菜肴的要求，一般用于烩菜或作为配料。

4. 网格土豆

有时也称为蜂巢土豆，切制时利用具有波浪形的刀板，将土豆洗净去皮后在刀板上先后垂直两刀即可。也有采用机器加工的。

第二节 禽类原料的加工

禽类是西餐原料中不可缺少的重要组成部分。常用的品种有鸡、鸭、鹅、火鸡、鸽子、珍珠鸡以及部分野禽。目前在欧美国家，原料的生产与加工相当的精细，餐饮企业采购时，一般根据其要求选用，如已经加工好的鸡、鸭、鹅等，以及各类副产品。但是对于大型厨师和专业厨师来讲，对于禽类的初加工应该较全面地掌握。

一、禽类的组织结构

鸡、鸭、鹅等家禽的骨骼、肌肉构造和各组织部位的分布大体相同 。下面以鸡为例。

(一)鸡各部位的名称及用途

1. 鸡头。西餐中一般不用。

2. 鸡颈。皮韧而脆，肉纤维较长，肉质细嫩，但有较多的淋巴应除去，适宜制作鸡原汤。

3. 脊背。家禽的脊背主要是皮和骨，肌肉少，脊背多用于制汤。

4. 胸脯(breast)。胸脯肉是鸡的主要部分，也是在菜肴中采用最多的部分。除有一条暗筋外，其余全是肌肉。一般加工成块状。

5. 鸡翅膀(wing)。鸡翅膀皮骨较多，胶质多，味鲜而质嫩。鸡翅又可以分为中翅(又称翅根)和翅尖。可带骨用于炸、烧、焖等。

6. 鸡腿(thigh)。鸡腿肉厚、筋多、质老。鸡腿也是西餐中常用的原料，可拆骨使用，也可以带骨进行烹调。

7. 鸡爪。鸡肉较少，筋多，骨粗，含胶原蛋白质丰富，一般用于制鸡原汤。

8. 鸡骨架(carcass)。一般用于制汤。

二、禽类原料的分档出肉工艺

(一)鸡的分割步骤

1. 将光鸡平放砧板上，在脊背部，自两翅间至尾部，用刀划一长口，再从腰部窝处至鸡腿裆内侧，用刀划破皮。

2. 左手抓住一鸡翅，从刀口自肩臂骨骨节处划开，剔去筋膜。

3. 左手抓住一鸡腿，反关节用力，用刀在腰窝处划断筋膜，再用刀在坐骨处割划筋膜，用力即可撕下鸡腿，再从胫骨与跖骨关节处拆下，然后将鸡翅、鸡脯、鸡腿、鸡架、鸡爪分类放置即分割完成。

（二）鸡的剔骨加工

鸡的剔骨加工分为分档剔骨与整鸡剔骨两种。

1. 分档剔骨

光鸡经过分割后，其分档剔骨的主要部位主要指鸡腿和鸡翅（因鸡脯已是净肉）。鸡腿剔骨，用刀从鸡腿内侧剖开，使股骨和胫骨裸露，从关节处将两骨分离，割断骨节周围的筋膜，抽出股骨，再用相同的方法取下胫骨。鸡翅剔骨，割断肱骨关节四周的筋膜，将翅肉翻转，再割断尺骨、桡骨上的筋膜，取下肱骨及尺骨、桡骨。翅尖部位的骨骼一般在生料剔骨时予以保留。

2. 整料去骨工艺

整料去骨工艺在西餐中用得较少，一般多用于添馅鸡的制作。

所谓整料去骨，就是将整只原料去净或剔除其主要的骨骼，仍保持原料原有的完整外形的一种处理技法。在中餐中通常以鸡、鸭或鱼为原料。

（1）整料去骨的要求。选料要精细，整料去骨对原料的要求较高，它要求肥壮肉多，质地老嫩适中，大小合理。同中餐操作一样，在加工时，要求原料去其骨骼而外形完整不破，这就要求经初加工后原料要完整。

（2）整料去骨的方法。下面以整鸡去骨为例，说明整料去骨的操作方法。

A. 出颈骨。将已煺净毛而未开膛的整鸡放在砧板上，用刀沿鸡颈的两肩正中顺着鸡颈骨直划一条长约 6 厘米的刀口，从刀口处将颈皮掰开（勿将刀口撕大），拉出颈骨，用刀尖在靠近鸡头处把颈骨剁断，注意不要碰破颈皮。

B. 去翅骨。从颈部刀口处将皮翻开，使鸡头下垂。然后，连皮带肉慢慢地向后翻剥。剥至翅骨的关节处，待骱骨露出后，用刀将连接关节的筋割断，使翅骨与鸡身脱离。

C. 去鸡身骨。一只手拉住鸡颈骨，另一只手拉住背部的皮肉，轻轻地翻剥。将鸡胸的凸起处按下，使之略低一些，以免向下翻剥时骨头将皮戳破（也可用剪刀从肉里将龙骨剪断，使其低凹）。当翻剥到背部皮骨连接处时，因不易剥下，可随时用小刀贴着骨割断与肉相连的筋膜，再继续翻剥到鸡腰窝肉处，把鸡腰窝肉剔下。剥到腿部时，将两腿向背部轻轻地掰开，使腿关节露出，将大腿筋割断，使腿骨与鸡身体脱离。再继续翻剥至肛门处，用刀割断尾椎骨（不要割破鸡尾），鸡尾仍留在鸡身上。这时鸡身骨骼已与皮肉分离，然后再将骨骼及内脏一同取出，将肛门处的直肠割断并洗净。

D. 出鸡腿骨。将大腿骨的皮肉翻开一些，使大腿骨关节外露，用刀绕割一周，割断筋膜，随后将大腿骨向外抽拉至膝关节，用刀背敲断小腿骨或割下。再在靠近鸡爪处横割一刀口，把皮肉向上翻，将小腿骨抽出斩断。按上述方法，将另一侧腿骨出清。至此，骨骼已全部出完。

E. 翻转鸡肉。鸡的骨骼去净后，用清水将鸡肉冲洗干净，尤其是肛门处应多冲洗。然后，将右手从颈部刀口处伸入至尾部，抓住尾部皮肉，将鸡重新翻转过来。这样，在形态上仍是一只完整的鸡。

鸭、鸽的整料去骨与鸡的去骨方法和步骤大体相同。再讲一下鸭掌的去骨：把鸭掌去净黄皮、洗净，剁去趾甲，放入冷水锅内，煮熟。把筋抽掉，放入冷水中过凉。取出，用小刀在掌面上沿掌趾骨一条条地划开，把骨头取出，备用。

三、其他部位的加工

鹅肝

(1)先把鹅肝放在室温中解冻，使其变柔软。冷冻的鹅肝很硬，不能用手将其掰成两半，也不能剔除筋和血管。为此，必须先把鹅肝放在室温中略置片刻解冻，使其变柔软。

(2)用手把鹅肝掰成大小两块。

(3)把鹅肝较圆的一面朝上，用餐刀在鹅肝的中间位置上，纵向切开一个长切口，用两个拇指把该切口拉开。

(4)用手指查找鹅肝中的筋并将其拉出来。鹅肝的筋从根到筋梢越来越细，很容易拉断。应从筋根部把筋拉出来，然后再用餐刀和手指一边摸索一边把筋挑出来，不要把筋拉断。在摘除大筋的同时，也应注意摘除分支的筋、血管和红色斑点。

第三节 畜类原料的加工

畜类原料主要包括牛肉、羊肉和猪肉及其制品等原料。对于畜类原料的加工主要了解畜类的组织结构、分档、剔骨出肉工艺。

一、畜类的组织结构

(一)肌肉组织

肌肉组织是构成畜肉的最主要部分，占整个畜肉质量的50% ~ 60%。

1. 肌肉组织的基本组成单位。肌肉组织的基本组成单位是肌纤维(肌细胞)，即由一层外膜(肌纤维膜)包起来的多核圆柱形细胞。

2. 肌肉组织的种类。根据肌纤维的特性，将肌肉组织分为横纹肌、平滑肌和心肌。

3. 肌肉组织中的肌浆。肌纤维原生质内有肌浆，俗称“肉汁”，其中含有肌红蛋白、水溶性蛋白及糖代谢所需的各种酶类。

肌肉由于肌纤维中所含肌浆的多少不同，分为红肌和白肌。红肌含肌浆较多，肌原纤维较少，呈红色；白肌含肌浆较少，肌原纤维较多，呈白色。白肌较红肌收缩快而有力，但比红肌易于疲劳。

由于肌肉组织中含有丰富的营养物质，所以畜肉中肌肉组织含量的多少，是决定畜肉品质的重要因素，也决定了畜肉食用价值的高低。肌肉组织在畜肉中分布不均匀，且各部位的肉质也有差别，如背部、臀部肌肉较多，肉的品质也较好；腹部的肌肉较少，品质也较差。

(二)脂肪组织

脂肪组织是决定畜肉品质的第二个因素，脂肪组织占整个畜肉质量的20% ~ 30%。

1. 脂肪组织的构成。脂肪组织是结缔组织的变形，由退化的疏松结缔组织和大量的脂肪细胞组成。脂肪细胞内充满了脂肪滴，脂肪滴是由脂肪和水构成的胶体体系。畜肉的脂肪主要由软脂酸、硬脂酸、油酸等组成，还含有亚油酸、挥发酸、甘油和微量的脂溶性维生素。内脏脂肪中还有不少卵磷脂、脑磷脂及胆固醇等。

2. 脂肪组织的存在状态。贮藏脂肪主要存在于皮下、腹脏器官周围、肠系膜等处，肌间脂肪存在于肌肉间或肌束间。

3. 动物脂肪的硬度、熔点。脂肪的硬度、熔点由脂肪的化学成分决定。具体来讲，由脂肪酸的饱和程度（用碘值度量）决定。

4. 脂肪的颜色。一般情况下，猪脂、羊脂洁白，马脂呈黄色，黄牛脂呈微黄色，水牛脂呈白色。脂肪组织对肉的风味有重要的影响，特别是肌间脂肪更为重要。肌肉中肌间脂肪含量多，则肌肉不仅柔软质嫩、容易咀嚼，而且多汁液、营养丰富、风味好。

（三）结缔组织

结缔组织在畜肉中占9%～14%。其含量的多少对肉质有较大的影响。

1. 结缔组织的构成。结缔组织主要由3种基本成分构成，即细胞、纤维和无定形基质。

2. 结缔组织的存在状态。结缔组织在动物体内分布很广，是构成肌腱、筋膜、韧带及肌肉内、外膜的主要成分。血管、淋巴管、毛皮、肌肉、脂肪组织中均有结缔组织，在动物体内起支持、连接、保护作用，并赋予肉以韧性和伸缩性，维持各器官一定的形态。

（四）骨骼组织

骨骼组织包括硬骨、软骨，是动物体的支架。其在畜肉中占15%～20%。

1. 骨骼的结构。骨骼的构造一般包括骨膜、骨质和骨髓。骨膜在骨骼的表面，是产生骨细胞的场所。骨质分外部骨密质和内部骨松质，前者质密坚实，后者疏松如海绵样，两者的比例依骨骼的机能而异。骨骼内腔和骨松质中充满骨髓，幼小动物的骨髓为红色，是造血场所。随着年龄增长逐渐变为黄色，称为黄骨髓，主要由脂肪组织构成。

2. 骨骼的类型。按骨骼着生的部位分为中轴骨和附肢骨。中轴骨包括头骨、脊椎骨（颈椎、胸椎、腰椎、荐椎、尾椎）以及胸骨和肋骨；附肢骨包括前肢骨（肩胛骨、肱骨、桡骨、腕骨、掌骨、指骨等）和后肢骨（髋骨、股骨、胫骨、腓骨、跗骨等）。

3. 骨骼的成分。骨骼中一般含有5%～27%的脂肪和10%～32%的骨胶原蛋白，此外还含有矿物质（如钙、磷、钠、氟等）和水。煮熬骨骼时能产生大量的骨油和骨胶，可增加肉汤的滋味，并使之具有凝固性。

4. 骨骼的连接。两骨相连接的地方又称为关节。依其连接后能否活动，可分为不动关节和可动关节两类。不动关节是指两骨相接后再不能独自活动，这种方式形成的关节常见于头骨骨片间的连接和腰带各骨间的连接。两骨交界的地方或者有结缔组织，或者有薄层软骨，或者就是骨和骨的直接相连，动物长大后，骨间的界缝常消失。可动关节是指两骨相连接后仍能各自活动的关节，以这种方式形成的关节由3个部分组成，即关节面、关节囊和关节腔。在关节面上被覆着关节软骨，软骨表面十分光滑，有减少摩擦的作用。在关节的外面紧紧地包围着由结缔组织构成的关节囊，它固定在关节面的周缘形成密闭的关节腔。

二、畜类原料的分档工艺

畜类原料的体型较大，对其胴体的分卸工艺一般大都在工厂进行，特别是在西方发达国家，已采用机器分割法，西餐厨房使用的畜肉几乎都是已分卸并包装好的各个部位。然而，在我国西餐业，除某些畜体由工厂分卸外，大都还需厨师自己在厨房进行。

（一）牛、羊、猪的部位分卸工艺

牛、羊、猪三者的部位分卸工艺大同小异。通常是将每扇畜体先分卸为前腿部分、后腿部分和腹背部分，然后顺着各部位之间的结缔组织筋膜轻轻划开，将每个部位分卸下来。

（二）兔肉的部位分卸工艺

新鲜兔肉（剥皮）或冷冻兔肉的分卸工艺。

1. 切下前腿

用手把兔的前腿抬起，并把前腿拧向兔的头部，这时前腿的关节隆起。把刀插进关节，然后用手向内侧推压前腿，帮助进刀并把前腿切下来。

2. 切下后腿

在后腰部有两个隆起的地方，这就是后腿的关节部位，用刀切开后腿的关节。如果刀锋碰到了骨头，可用一只手把后腿抬起，推向兔背方向，这样就能继续进刀了。用刀继续向后切，把后腿切下来。

3. 摘下腰子和肝

用手摘下腰子和肝，并摘除脂肪。

4. 摘除肺

用手撕破肋骨内侧的薄膜，从薄膜内摘除肺。

5. 切成两半

从肋骨末端把兔切成前半身和后半身两半。

三、冷冻肉类常见的解冻方法

（一）自然缓慢解冻法

就是将冻结的原料放在0～3℃的条件下缓慢解冻，这种解冻方法肉汁流失少，肉的风味保持好，但解冻时间较长。

（二）流水解冻法

就是用流动的自来水冲淋冻结的原料，使原料逐渐解冻，此法比自然解冻法速度快，但解冻后的内表面潮湿，呈粉红色，香味减弱，肉汁流失量较大，而且肉质吸水后使重量增加2%～3%。

（三）加温解冻法

为了加速解冻过程，将原料放在20～25℃的室内或放在温水中解冻，这种解冻方法肉汁损失较大，肉的颜色变淡，风味减弱，不宜采用。

(四)微波解冻法

微波是一种高频率的电磁波，其本身不产生热量，但它能引起食物分子的快速振荡，使食物分子相互碰撞而产生大量的摩擦热，利用这种热也可以达到解冻的目的。处理得好，也能较好地保存原料的营养和风味，但此法不宜提倡。

第四节　水产品原料的加工

一、鱼类原料的初加工

西餐烹调中使用鱼柳(净肉)的比例比较大，也有使用鱼块和整鱼的菜肴。

(一)鱼柳

海水鱼加工方法:以比目鱼为例。

1. 先用手从鱼头方向把正面的鱼皮撕下来，然后再用同样的方法撕下反面的鱼皮。

2. 在头和腹之间斜切一刀，把鱼头切掉。

3. 用刀把鱼的边缘部分切开，并在脊骨中线上切一个纵向切口。

4. 用刀顺着中间的长切口，把鱼肉从鱼骨上剥离下来，片下一片鱼柳。

5. 把鱼的前后方向调转180°，用刀从鱼脊骨上面把另一块鱼柳片下来。把鱼身翻过来，按同样方法片下底面的两片鱼柳。

6. 摘除血线，把鱼柳整理成形。

淡水鱼鱼柳的加工方法:

1. 用刀顺着鱼骨把上下两面的鱼背片开，再用刀从头部斜着切出一个刀口。

2. 先从头部起，用刀沿着鱼背骨向后片，把背部的鱼肉片出来。

3. 顺着腹骨向后片，使腹骨和肉分离。按同样的方法把下面的鱼肉片下来。

4. 摘除鱼片上的小鱼刺。

5. 用刀在尾部鱼肉上切一个小刀口，一只手拉着鱼尾，另一只手用刀把鱼皮片掉。

(二)鱼块

先用刀切除鱼鳃根，撕下鱼鳃膜片，从鱼鳃处取出内脏，剪掉鱼鳍。切下鱼头，把鱼横向切成2cm的圆段。

二、其他水产品加工

(一)龙虾的出肉加工

1. 将龙虾洗净，加工成熟后背朝下放平。

2. 用刀在腹部中央，从头至尾将龙虾分开。

3. 剥去腹部软皮，小心地将龙虾肉取出。

（二）蟹的出肉加工

1. 用刀取下蟹壳，然后取下并清除掉白色的蟹腮。

2. 用刀将蟹从中切开，小心取出蟹肉。

3. 用肉锤将蟹钳小心敲碎，也取出蟹肉。

（三）贻贝的加工

1. 将贻贝清洗干净。

2. 放入冷水中，用硬刷将海草、砂粒等清除干净。

3. 蒸或煮，贝壳张开的即好。

（四）牡蛎的加工

1. 用牡蛎刀将牡蛎壳打开。

2. 用刀将牡蛎肉从壳上剔下。

3. 将牡蛎壳洗净挖干，放回牡蛎肉即可。

（五）头足类原料的加工

头足类原料的形态特征是身体两侧对称，分为头、足和胴体 3 个部分。头部两侧各有一个眼睛和嗅觉器官，口内有腭片和齿舌。足部发达，环列于头前和口的周围，外套膜肌肉肥厚，呈袋状或筒状，被包着整个内脏和内壳，食用部位主要是外套膜和足部。头足类原料全部都是海产，而且品种不多，目前常用的有各种乌贼、枪乌贼（鱿鱼）、章鱼等，其加工方法基本相同，现以乌贼的加工为例说明。乌贼加工时，除保留外套膜和足须外，其他皮膜、眼、吸盘、唾液腺、胃肠、墨囊、胰脏及腭片和齿舌都要去除，包埋于外膜内的内壳可保留作药用。在批量加工时要将体内的生殖腺保留，雄性生殖腺可干制成墨鱼穗，雌性产卵腺可干制成乌鱼蛋，两者都是著名的海味原料。鱿鱼与乌贼加工相同，章鱼的头足有 8 条腕，故称八带鱼，其嘴、眼中有少量泥沙，加工时要挤尽并用水冲洗。

（六）蛏、蛤蜊的加工

先将鲜活的蛏、蛤蜊用清水冲去外壳的泥沙，然后浸入 2% 的食盐液中，静置 40 ~ 80 分钟，使其充分吐沙，体型较瘦的吐沙速度慢一些，烹调前用清水冲洗即可。烹调时既可带壳（将闭壳肌割断），也可取净肉食肉，但外壳破裂的或死蛏应剔除。其他海产的瓣鳃动物与其加工方法基本相似。

第五节　果蔬类原料的加工

蔬菜是植物性原料中种类较多的一种，是烹饪原料的主体，与动物性原料共同构成人类的膳食。它可以单独烹制，也可以作为菜肴的配料，与动物性原料共同烹制成菜。蔬菜类原料中含有人类必需的营养素，如维生素、无机盐、脂肪和蛋白质等，为人类的身体健康提供丰富的膳食来源。

一、初步加工的基本要求

蔬菜原料的种类繁多，其加工方法各不相同。对蔬菜原料进行初步加工之前，应根据具体的情况，遵循加工的基本要求，把原料加工成理想的净料，以备正式烹调之用。

1. 必须熟悉原料的基本情况。熟悉蔬菜原料的食用部位是初步加工的关键。蔬菜原料的品种不同，可食部位各异，有的食用根茎，有的食用花蕾，有的食用植物的果实和种子，因此必须根据其食用的部位进行取舍。另外，在加工新鲜蔬菜时，还应了解原料质地的老嫩、是否含有一些特殊的成分等，因材施用适当的加工方法，消除不利因素，以便获得理想的净料。

2. 根据烹调和食用的要求合理地取舍。在对蔬菜原料进行加工时，除了根据原料的食用部位进行取舍外，还应根据烹调和食用的要求合理地取舍。新鲜蔬菜的初加工首先应除去枯老的黄叶、老根和不能食用的部分，以确保菜肴的质量不受影响。有些原料虽然各个部位均能食用，但在加热成熟过程中或调味时易发生不同的变化，也应灵活掌握。

3. 必须讲究卫生，注重营养的要求。新鲜蔬菜往往带有一些枯叶老根等不能食用的部分，有时还夹杂着杂草、泥沙等污物，甚至受到病虫的污染，会严重地影响人体健康。初加工时应彻底予以清洗，采取合理有效的加工手段，以确保原料符合饮食卫生的要求。

在加工新鲜蔬菜时，洗涤清理要行之有效，但时间不宜太长，更不能将原料长时间用水浸泡。一般情况下，蔬菜原料应先清洗后再刀工处理，一是因为蔬菜组织汁液多呈黏性，从刀口组织流出的汁液更容易吸附泥沙等污物，且更难以彻底清除，影响卫生质量；二是因为如果先刀工处理后再洗涤，原料中所富含的营养素，便会从切口部分与汁液一起流失，降低营养价值。

二、蔬菜原料初步加工

西餐常用叶菜类蔬菜有芹菜、菠菜、卷心菜、生菜等；茎菜类蔬菜有莴笋、竹笋、甘蓝、蒜头、大葱、洋葱、土豆等；根菜类蔬菜有胡萝卜、红菜头、鲜姜、辣根等；果菜类蔬菜有扁豆、甜椒、黄瓜、番茄、茄子等；花菜类蔬菜有菜花、西兰花等。一般需要进行以下加工。

芹菜：择叶，去根，撕筋，清水洗净。

生菜：取嫩叶，去根，清水洗净。

菠菜：择去黄叶，切根，在清水中漂洗几次，控水。

甘蓝：剥老叶，切下茎部，清水洗净。

蒜头：剥皮，切根，清水洗净。

大葱：剥老叶，去根，清水洗净，一般只用葱白。

洋葱：剥老皮，切根，清水洗净。

胡萝卜：刮皮，切根，清水洗净。

红菜头：削皮，去根，清水洗净。

辣根：去根，清水洗净，用时再刮皮，以免氧化变色。

甜椒：清水洗净，去蒂和把，挖去瓤籽，用清水冲洗净，控水。

黄瓜：洗净，根据需要去皮或不去皮，挖掉瓤籽。

番茄，清水洗净，剥皮，去蒂。

茄子：清水洗净，去蒂，根据需要去皮或不去皮。

◆复习思考题

一、问答题

1. 常见的刀法有哪些？
2. 西餐常见的料形有哪些？
3. 土豆常见的料形有哪些？
4. 简述禽类的整料出骨工艺。
5. 简述畜类原料的组织机构。
6. 简述头足类原料的加工。
7. 果蔬类原料加工的基本要求是什么？

二、填空题

1. 点剁也是西式菜肴加工过程中常用的刀法。其方法是采用西餐刀的______在原料上点剁数下，目的是使原料在加热时______，不过于______。一般在烤牛扒、猪扒时经常会在切配好的原料表面点剁几下。

2. 拍是西餐刀工工艺中的一种独特刀法。一般用刀面较宽的刀具操作。也有专门的工具，是用木制或铝制的______，有的课本上也称为______，是为了将较厚的段、片状肉类原料拍薄、拍松。

3. ______是把刀身放平，使刀与案板平行，从右到左平行运刀。平刀片要求左手按原料，平放在原料上面，按下的力量不需太大，以原料不移动即可。

4. 扒，一般是采用______与______两种刀法加工而成的厚圆饼状，凡用于加工扒的原料，质地软嫩但兼有韧性，如牛里脊、牛上脑等。

5. 排也是用切、拍两种刀法加工而成的。用于排的原料一般都是经过______的原料，由于菜肴风味特点不同，对排的要求也有差异，如有的要排的原料纯精，除带比例很少的骨柄外，筋膜、老皮全部要求切剔干净，如鸡排等；有的则不仅带骨柄，而且要带有部分肥膘，如______、______等。

6. ______有时也称为蜂巢土豆，切制时利用具有波浪形的刀板，将土豆洗净去皮后在刀板上先后垂直两刀即可，也有采用机器加工的。

7. 肌肉组织是构成畜肉的最主要部分，占整个畜肉质量的________。

8. 自然缓慢解冻法就是将冻结的原料放在______℃的条件下缓慢解冻，这种解冻方法肉汁流失少，肉的风味保持______，但解冻时间较______。

简述：根据西餐厨房的工作，简述西餐厨房的日常分工。

第六章　初步预处理

- **学习重点：**

  西式初步热加工和基础汤、沾皮以及挂糊的概念、分类、制作和要求。

- **教学目的：**

  本章主要介绍西餐的初步热加工和基础汤、沾皮和挂糊的操作过程。了解初步热加工和基础汤、沾皮和挂糊的概念和分类，理解初步热加工和基础汤、沾皮和挂糊的制作要求，掌握初步热加工和基础汤、沾皮和挂糊的制作过程。

第一节　初步热加工

初步热加工(blanching)，即对原料过水或过油进行初步热处理。这种加工过程不能算是一种烹调方法，而只是制作菜肴的初步加工过程。

由于加工方法的不同，初步热加工又分为冷水初步热加工法、沸水初步热加工法、热油初步热加工法三种形式。

一、冷水初步热加工法(cold water blanching)

1. 加工过程

将被加工原料直接放入冷水中加热至沸腾，再捞出原料，用冷水过凉备用。

2. 适用范围

冷水初步加工法适宜加工动物性原料，如牛骨、鸡骨、牛肉、动物内脏等和根茎类蔬菜、豆类等。

3. 加工目的

(1)使原料吸收更多的水分，为进一步加热作准备。如加工土豆、橄榄。

(2)除去原料表面的污物，使原料干净清洁。如加工牛骨。

(3)除去原料中的不良气味。如加工动物内脏。

(4)除去原料中残留的血污、油脂及杂质等。如加工牛肉。

4. 加工要求

(1)水量要大，要能淹没原料。

(2)原料在加热过程中随时翻动原料，使其均匀受热。

(3)水沸后如有浮沫，应注意撇尽。

(4)按照原料性质及烹调要求加热，加热时间不宜过长，防止过熟。

5. 实例:冷水初步热加工牛骨及牛肉

(1)将牛骨及肉洗净。

(2)放入汤锅,注入凉水,并充分浸没牛骨及肉。

(3)加热至沸腾,然后将沸水倒掉,用冷水冲净,备用。

二、沸水初步热加工法(boiling water blanching)

1. 加工过程

把被加工原料放入沸水中,加热至一定成熟度捞起,再用凉水或冰水过凉。

2. 适用范围

沸水初步热加工法适用范围较广泛。蔬菜类原料如:西红柿、芹菜、豌豆、菜花、西兰花等;动物性原料如:牛肉块、羊肉块、鸡肉块等。

3. 加工目的

(1)使原料吸收部分水分,体积膨胀,如加工豌豆。

(2)使原料表层紧缩,关闭毛细孔以避免其水分及营养成分的流失,如加工鸡肉块、牛肉块等。

(3)使原料中的酶失去活性,防止其变色,如加工菜花、西兰花等。

(4)便于剥去水果或蔬菜的表皮,如加工西红柿等。

(5)使蔬菜中的果胶物质软化,易于烹调,如加工芹菜、扁豆等。

4. 加工要求

(1)下料时动作应轻缓,以防沸水溅出伤人。

(2)热加工蔬菜时水要宽,火要大,沸水下料,及时捞起并迅速用冷水冲洗、浸泡,以保证蔬菜原料的色泽、质感和鲜味。

(3)热加工动物性原料前应把原料彻底洗净,沸水下料,时间不宜过长,以免过多损失原料的营养及鲜味物质。

(4)动物性原料在热加工时如有浮沫应及时去掉,以免影响原料及菜肴的质量。

5. 实例:沸水初步热加工西红柿

(1)将西红柿洗净,轻轻把表皮划一小口,放入沸水中。

(2)待西红柿表皮软化后,立即取出放入冰水中。

(3)将西红柿从冰水中取出,剥去表皮,并使其表面保持光滑。

三、热油初步热加工法(hot oil blanching)

1. 加工过程

将被加工原料放入热油中,加热至一定程度后捞出备用。

2. 适用范围

热油初步热加工法适宜加工土豆及大块的牛肉、鸡肉等。

3. 加工目的

(1)使原料初步成熟,为进一步加热上色作准备,如加工土豆条。

(2)使原料表层失去部分水分,形成硬壳,以减少原料内部水分的流失,如加工牛肉、鸡肉等。

4. 加工要求

(1)油量应适度，以能淹没原料为宜。

(2)熟知具体原料热油初步热加工的具体温度。

(3)操作时注意安全，防止热油飞溅伤人。

5. 实例:初步热加工土豆条

(1)将土豆去皮，切成长条，洗净后用干布擦去水分。

(2)放入130℃左右的热油中。

(3)当土豆条变软并轻微上色时捞出，备用。

第二节　基础汤

基础汤(stock)是用微火，通过长时间提取的一种或多种原料的原汁(除了鱼基础汤)。它含有丰富的营养成分和香味物质。基础汤是制作汤菜(soup)、少司(sauce)、肉汁(gravy)的基础。因此掌握各种基础汤的制作是制作其他菜品的关键。由于煮制基础汤的方法不同，基础汤可分为白色基础汤和棕红色基础汤两类。

一、白色基础汤

(一)分类

白色基础汤是指用煮汤原料直接加水煮制的汤类，因这类汤颜色都较浅，所以习惯称白色基础汤。由于煮汤的原料不同又分为牛基础汤、鸡基础汤和鱼基础汤。

1. 牛基础汤

牛基础汤是以牛肉、牛骨为原料煮制的汤类。由于牛的生长期较长，肉中含有较多的呈味物质和较多的肌红蛋白，所以煮制的时间应长些，以便把汤料中的有效成分充分溶解在汤中。同时牛基础汤口味也较浓，色泽也略深。

牛基础汤用途很广，可以调制多种汤类和少司。

2. 鸡基础汤

鸡基础汤是以整鸡或鸡骨为原料煮制的汤类。由于鸡组织中含有一些羰基化合物和硫化合物等香味成分，所以鸡基础汤具有特殊的香味和香气。又由于鸡肉中的血红蛋白较少，所以汤色较牛基础汤浅，煮制的时间也较牛基础汤短。

3. 鱼基础汤

鱼基础汤是用鱼或鱼骨煮制的汤类。由于鱼组织含有氨基酸酰胺、肌甘酸等鲜味成分，所以具有独特的鲜美气味，但鱼组织中血管成分少，血红蛋白也少，所以汤色很浅。另外，鱼组织中含的水分较多，在加热中其香味成分能很快溶于水中，所以鱼基础汤煮制的时间要短些。

(二)制作工艺

1. 牛基础汤(beef stock)的制作

原料:牛骨5kg，瘦牛肉2kg，清水15kg，葱头350g，胡萝卜350g，芥菜200g，香叶

2g，胡椒粒 2g，百里香 1g。

制作过程：

(1)把牛骨、牛肉切成块洗净，蔬菜洗净切块。

(2)把牛骨、牛肉和其他原料放入汤桶内，加入冷水，用旺火煮沸后改用微火煮 4 小时，并不断撇去汤中的浮沫及浮油，然后用纱布过滤即好。

2. 鸡基础汤(chicken stock)的制作

原料：鸡骨 5kg，清水 15kg，葱头 350g，胡萝卜 350g，芹菜 200g，香叶 2g，胡椒粒 2g，百里香 1g。

制作过程同牛基础汤。

3. 鱼基础汤(fish stock)的制作

原料：鱼骨 5kg，清水 15kg，葱头 350g，芹菜 200g，芫荽 5g，香叶 2g，黑胡椒 5g，莳萝 1g。

制作过程：

(1)把鱼骨切成段，葱头切块，芹菜、芫荽切段。

(2)把鱼骨及辅料放入汤锅内，加入冷水，用旺火煮开，再用微火煮 30 分钟，并不断撇去汤中的浮沫，用纱布过滤即好。

二、棕红色基础汤

(一)分类

棕红色基础汤是把煮汤的原料先烤香、烤上色，然后再加水煮制的汤类。这类汤煮制后是棕红色，所以称棕红色基础汤，英文称 brown stock，所以习惯称布朗汤。布朗汤又有牛布朗汤、猪布朗汤、鸭布朗汤、虾布朗汤等，分别用来制作不同类别的菜肴。如制作牛肉类菜肴用牛布朗汤，猪肉类菜肴用猪布朗汤，鱼虾类菜肴用虾布朗汤。但为了工作方便，在制作禽畜类菜肴中也经常使用牛布朗汤。

(二)制作工艺

布朗基础汤(brown stock)的制作

原料：牛骨 5kg，小牛骨 2.5kg，水 8kg，洋葱 800g，胡萝卜 500g，番茄酱 1kg，黑胡椒粒 5g，百里香 3g，香叶 3 片，丁香 2 粒。

制作过程：

(1)将各种原料洗净。

(2)将牛骨、小牛骨锯断，放在烤盘内，移入烤箱，在 190℃ 下烘烤，定时翻动，烤成浅褐色。

(3)把蔬菜放入烤盘，烤成褐色取出。

(4)把牛骨放入汤锅内，倒入水用旺火加热，沸后改为文火，并不断撇去浮油，煮 6 至 8 小时，过滤即成。

制作猪布朗汤、鸭布朗汤、虾布朗汤的工艺过程和制作牛布朗汤的工艺过程相同。

三、制作中应注意的问题

(1)应选用鲜味足且无异味的原料。选料是关键，是制作基础汤的前提。一定要选用那些鲜香味足的新鲜动植物性原料，这样才能保证汤汁的鲜美。不新鲜的骨头、肉或蔬菜都会给基础汤带来不良气味，而且基础汤也宜变质。

(2)要掌握制汤的火力的大小。火力的运用是制作基础汤的关键，开始阶段可以用旺火，以最短的时间使汤的温度上升。当温度上升至95℃以上时，要及时改用微火，使汤保持微沸状态(这很关键)。这是因为汤料中含有一些残留的血污和脂肪等，如果用旺火使汤沸腾，就会使血污中的蛋白质分子相互撞击，并与汤中的其他杂质一起形成多分子组成的微粒悬浮在汤中。与此同时，汤中的脂肪也会因分子的撞击形成微粒，成为乳浊液，这样就使汤失去了清澈的特点。但火力过弱，汤液达不到微沸的状态，汤料中的蛋白质等鲜味成分就不易溶解出来，也影响汤的鲜味程度。

(3)要及时撇去汤中的浮沫。基础汤中的浮沫主要是汤料中的血红蛋白和一些杂物，当水温上升到70～80℃时，蛋白质开始凝固，血红蛋白质混合其他杂物呈絮状一起浮至汤面。由于汤料都是热的不良导体，所以汤料内部的温度是逐渐上升的，汤中的浮沫也随着温度的升高而逐渐增多，如不把这些汤沫及时除去，就容易形成数量众多的分子集合体，悬浮在汤液中，使汤成为不透明的悬浊液。

(4)要使汤料与水同步升温。制作基础汤时要把汤料放在冷水中加热，使汤料与水同步升温，因为这样能使汤料中的蛋白质等鲜味充分地溶出。如果把汤料放在沸水中加热，汤料表面骤然受热使蛋白质变性，这样原料内部的鲜味成分就不宜溶出，降低汤的鲜醇风味。另外，煮汤时水分要一次加足，中途不宜加水，因为汤料与水在共热过程中，热量是均匀、持续地向内传递的，水分子也就较有规律地相互渗透。如果中途加入冷水，汤液温度突然下降，就破坏了原来的均衡状态，当再升高时，热量向原料内部传递，就会受到原料表面已凝固的蛋白质的阻碍，汤料内部可溶性物质的外渗也将受到阻碍。

(5)煮汤时不要先放盐。因食盐是强电解质，容易促使汤料中的蛋白质凝固，使汤料不易酥烂，鲜味成分也不易溶出，此外，溶于汤中的蛋白质都有一层水化层，可使蛋白质在溶液中保持稳定状态，过早加盐，就会剥去蛋白质表面的水化层，使蛋白质沉淀，不但影响汤汁的鲜醇，还能使汤色变得灰暗。

(6)如果基础汤要保留，应再重新过滤、煮开，放置凉透后，再入冰箱保存。

第三节 原料的沾皮和挂糊

沾皮和挂糊就是在加工成形后的原料表面沾上一层面粉或面包粉一类的保护衣的工艺过程。这种技法的适用范围较为广泛，在煎或炸等烹调方法中，韧性原料大部分都要经过这道工序。因此，原料的沾皮和挂糊是西餐工艺中的重要内容之一，是原料加工的最后操作程序，它对成品的色、香、味、形等各方面均有很大影响。

一、沾皮和挂糊的作用

1. 保持原料的鲜嫩

原料鲜嫩的主要条件之一是要有充足的水分。经沾皮和挂糊的原料，在加热过程中可避免直接受热，这样可使原料本身的水分不会在短时间内被大量蒸发，从而使菜肴成熟后仍保持应有的鲜嫩程度。

2. 增加菜肴的美观

原料经沾皮、挂糊后，在加热过程中可形成一层硬壳，从而保护原料外形完整。另外，经沾皮挂糊的原料，在加热过程中容易上色，出现金黄色色泽，增加菜肴的美观程度。

3. 保持和增加菜肴的营养成分

原料经沾皮、挂糊后，可避免与热油直接接触。这样就使原料本身的营养成分(如维生素)不致因高温而受到损失。沾皮、挂糊所用的原料本身含有丰富的营养，从而增加了菜肴的营养成分。

二、原料沾皮和挂糊的方法

原料的沾皮和挂糊主要用于煎炸类菜肴。一般操作程序是把加工成形后的原料均匀地撒上调味品，然后再沾上面粉、面包粉一类的外皮。由于原料的性质和菜肴的风味不同，在沾皮和挂糊中可采用不同的方法。

1. 沾面粉

操作方法是，在加工成形的原料上沾上一层面粉，然后用手轻轻拍一拍，使面粉均匀地沾上一薄层即可。这种加工方法主要用于清煎类菜肴，如清煎鱼、清煎猪排等。

2. 拖鸡蛋液

操作方法是，先把原料均匀地沾上一层面粉，再均匀地沾上一层打散的鸡蛋。这种加工方法主要用于软煎类菜肴等。

3. 沾面包粉

操作方法是，先在原料外表均匀地沾上一层面粉，再拖上鸡蛋液，然后沾上干面包粉或鲜面包蓉。沾好后用手抖一抖，除去多余的面包粉，再用手压实，同时用刀把周边收齐，整出形状。

操作时注意每一层都要沾得均匀。沾面粉的作用是增加原料表层的黏度，以便挂上鸡蛋。挂鸡蛋的作用是为了粘住面包粉，而且具有酥松的作用。沾上面包粉和面包蓉并经过炸制后，可以具有酥松香脆的特点。

这种加工方法主要用于油炸类的菜肴。

4. 挂糊

西餐习惯使用蛋清糊。

(1)操作方法:先把鸡蛋清与蛋黄分开，用蛋黄、牛奶和微量的盐和泡打粉与面粉和成稀糊状。然后，用蛋抽把蛋清抽搅至泡沫状，再与面糊轻轻地混合均匀，即是蛋清糊。操作时注意不要使气泡消失。

(2)用料比例:蛋清糊的用料比例是:面粉 40%，鸡蛋 30%，牛奶 30%。

(3)制作原理:利用蛋白质经过机械的震荡可充入气体的物理性质，使面糊内充入气体，这些气体在加热过程中膨胀、溢出，可使面糊膨胀，具有良好风味，这种加工方法主要用于炸制菜肴。

◆ 复习思考题

一、填空题

1. 由于煮制基础汤的方法不同，基础汤可分为_____基础汤和_____基础汤两类。

2. 拖鸡蛋液这种沾皮和挂糊方法主要用于________类菜肴。

3. 西餐习惯使用蛋清糊，用料比例是:面粉_____%，鸡蛋_____%，牛奶_____%。

4. 冷水初步加工法适宜加工动物性原料，如_____、_____、_____和根茎类蔬菜、豆类等。

5. 基础汤是制作________、________、________的基础。

二、选择题

1. 下列哪种原料适宜用冷水初步热加工法?( )

A. 鸡骨　B. 牛肉块　C. 芹菜　D. 西红柿

2. 煮鱼基础汤，煮沸后，一般再煮( )即可。

A. 1 小时　B. 2 小时　C. 3 小时　D. 20 分钟

3. 布朗少司的色泽是( )。

A. 淡黄色　B. 乳白色　C. 棕红色　D. 金黄色

三、简答题

1. 简答虾布朗汤的工艺过程。

2. 沾皮和挂糊方法有哪些具体种类?是如何制作的?

3. 沾皮和挂糊有何作用?

四、论述题

基础汤制作时应注意哪些问题?

参考答案

一、填空题

1. 白色、棕红色;2. 软煎类;3. 40、30、30;4. 牛骨、鸡骨、牛肉;5. 汤菜、少司、肉汁;

二、选择题

1. A　2. D　3. C

第七章　配菜

● **学习重点：**

西餐配菜的基础知识和制作工艺。

● **教学目的：**

通过本章的学习了解配菜的概念和作用，理解配菜的分类及装盘知识，掌握常用配菜的制作方法并灵活运用于西式菜肴的制作。

第一节　配菜概述

一、配菜的概念

无论是中餐菜肴或是西餐菜肴，大多数都由主料和配料组成。中餐菜肴的配料多与主料混合制作，而西餐的配料与主料大多数是分开制作的。

配菜(garnishes)，就字面解释，是在主菜旁边衬托主菜的菜肴。具体地说，配菜是热菜菜肴不可缺少的组成部分，一般西餐热菜是在菜肴的主要部分做好后，还要在盘子的边上或在另一个盘内配上少量加工成熟的蔬菜或米饭、面食等菜品，从而组成一份完整的菜肴，这种与主料相搭配的菜品就叫配菜。随着社会的进步，配菜越来越被重视，因为配菜除了有营养价值外，因其味道清淡多变，具有可突出菜肴精致与高雅的特性。

二、配菜的作用

(1)可增加菜肴的美观。各种配菜多数是用不同颜色的蔬菜制作的，而且要求加工精细，并且一般还要加工成一定的形状，如条状、橄榄状、球状等，装盘后配在主菜旁边，可以增加菜肴的美形与美色，使菜肴更加美观，从整体上提高了菜肴的视觉效果。

(2)使营养搭配更加合理。热菜菜肴主要部分大多数是用动物性原料制作的，而配菜一般由植物性原料制作，这样就使一份菜肴既有丰富的蛋白质、脂肪，又含有丰富的维生素、无机盐，从而使营养搭配得更为合理，达到完全营养的要求。

(3)使菜肴富有风格特点。配菜的品种很多，使用时虽有较大的随意性，但也有一定规律可循，如一般水产类菜肴配煮土豆或是土豆泥；烤、铁扒类菜肴多配炸土豆条、烤土豆等；煎、炸类菜肴多配应时蔬菜；汤汁较多的菜肴多配米饭；意式菜多配面食；

德式菜则多配酸菜等。这样使菜肴既能在风格上统一，又富于风味特点。

三、配菜的分类

配菜在使用上有着较大的随意性，但一份完整的菜肴在风格上和色调上要统一、协调。除了一些传统名菜的配菜是固定的、已构成了此菜的一部分而不能更改以外，其余菜肴的配菜，应根据主料的色、香、味、形、质等特点，结合原料的季节性货源情况，参考西餐的特点灵活运用，以使主料和配菜在色、香、味、形、质等方面相互配合、相互映衬，达到完美的目的。常用普通的配菜有以下三种形式：

（1）以土豆和两种不同颜色的蔬菜为一组的配菜。如炸土豆条、煮豌豆可为一组配菜：烤土豆、炒菠菜、黄油菜花也可以为一组配菜。这样的组成形式是最常见的一种，大部分煎、炸、烤的肉类菜肴都采用这种配菜。

（2）以一种土豆制品单独使用的配菜。此种形式的配菜大都与菜肴的风味特点搭配使用，如煮鱼配土豆，炸鱼柳配炸土豆条，法式羊肉串配里昂土豆。

（3）以少量米饭或面食单独使用的配菜。各种米饭大都用于配汁子较大的菜肴，如咖喱鸡配黄油米饭。各种面食则大都用于配意大利式菜肴，如意式烩牛肉配炒通心粉。

四、制作配菜常用的烹调方法

1. 烫煮（boiling）

烫煮为蔬菜最常见的烹调法，其方法简单、经济。通常在绿色蔬菜中加入少许盐以保持颜色鲜绿，白色蔬菜可加白醋，颜色较洁白，如：水煮胡萝卜、土豆等。

2. 油煎（pan－frying）

使用少量的油脂，在煎板上制成，例如：煎西红柿片、煎蘑菇等。

3. 焖煮（braising）

先将材料与油拌炒，再加入适量高汤，用小火熬煮制成，例如：焖煮高丽菜等。

4. 烘烤（baking）

将原料放入烤箱，烤焙至熟，例如：烤土豆等。

5. 焗（gratinating）

将煮过或烫过的原料，直接放入烤箱或在原料上摆奶酪入烤箱焗烤上色，例如：焗西兰花等。

6. 油炸（deep－frying）

将原料直接油炸，或沾上面糊油炸制成，例如：炸洋葱圈、炸红薯。

五、配菜的装盘

配菜装盘时并无特定的形式，但不应过分装饰，喧宾夺主。最主要的是保持食物与餐盘干净，再加上厨师的审美和装饰技巧，呈现出美观可口的效果。下列为装盘时的注意事项：

（1）配菜不可直接接触到盘子的边缘。

（2）热食装热盘，冷食装冷盘。

(3)“左薯右菜”，通常配菜为薯类制品时，摆放在主菜左上方;配菜为蔬菜类时，则摆放在主菜右上方。

(4)配菜的盘饰力求简单大方、美观实用，避免配菜过于华丽，而影响菜肴的整体效果。

六、配菜和主菜的搭配原则

配菜要以完美方式呈现，则必须要有平衡协调与装饰美化的技巧，才能缔造出不凡的视觉效果。在配菜和主菜的搭配上要注意下列原则：

(1)选择配菜时，要注意色泽、质地、味道及切割形状，使其能与主菜协调。

(2)配菜的分量永远比主菜少。

(3)配菜的调味不可过重而盖过主菜的风味。

(4)配菜的烹调方法要与主菜的烹调方法相互搭配。

(5)配菜与主菜间应保持适当空间，让人容易辨识，以达到良好视觉效果。

第二节　配菜的制作

一、土豆类配菜的制作

例1　炸土豆条(french fried potatoes)

原料:净土豆500g，植物油100g，盐适量。

制作过程:

(1)把净土豆切成1cm见方粗、5~6cm长的条，用水煮至六七成熟时捞出，把水滤净。

(2)把油加热至160~170℃，放入土豆条炸上色，把油滤净备用。

(3)配用时再用热油炸透，滤净油撒上盐、胡椒粉即可。

例2　煮土豆(boiled potato)

原料:净土豆500g，盐5g，黄油5g。

制作过程:

把土豆削成橄榄形或圆鼓形，洗净，加水加盐上火煮熟，食用时浇清黄油，也可撒些芫荽末。

例3　土豆泥(mashed potatoes)

原料:净土豆500g，牛奶150g，黄油25g，盐、胡椒粉、豆蔻粉各适量。

制作过程:

(1)把土豆切成大块,加水煮沸。

(2)倒去煮土豆的水分，放入盐，趁热将土豆捣碎成泥，并逐渐倒入煮沸的牛奶搅成糊状，加黄油、胡椒粉、豆蔻粉搅拌均匀即可。

例4　炸土豆棍(croqutles potatoes)

原料:土豆泥500g，面粉30g，蛋黄2个，鸡蛋液、面包蓉、植物油各适量。

制作过程:

(1)在土豆泥内加入面粉、蛋黄和均匀，制成直径1cm左右、长7cm左右的圆棍状，沾上面粉、鸡蛋液、面包蓉。

(2)把油加热至160℃左右，放入土豆棍炸至金黄色捞出，滤净油即可。

例5　瑞士土豆饼(swiss potatoes)

原料:土豆500g，葱头80g，咸肉80g，盐、胡椒粉各少许。

制作过程:

(1)将土豆煮熟，去皮，擦成丝，葱头、咸肉切成末。

(2)用黄油把葱头、咸肉炒香，放入土豆丝稍炒，调入盐、胡椒粉摊成饼状，煎至两面金黄色即可。

例6　红粉烤土豆片(paprika potatoes)

原料:土豆500g，红椒粉5g，葱头末5g，鸡蛋黄4个，奶酪粉10g，胡椒粉少量。

制作过程:

(1)把土豆切成圆片，用牛奶加葱头末煮熟，再整齐地码放在烤盘内。

(2)浇上鸡蛋黄、奶酪粉、红椒粉混合液，烤上色即可。

例7　奶油烤土豆(roast potatoes with cream)

原料:土豆1500g，奶油100g，鸡蛋100g，牛奶250g，盐20g，胡椒粉5g，豆蔻粉1g，蒜蓉5g，黄油150g。

制作过程:

(1)将土豆洗净，去皮，放入冷水中浸泡。

(2)取一不锈钢盆，放入牛奶、奶油、鸡蛋、盐、胡椒粉、豆蔻粉、蒜蓉，用蛋抽搅拌均匀。

(3)将土豆切成2cm厚的片，使其散开，均匀无粘连。

(4)烤盘洗净，擦干水分，均匀地抹上一层黄油。

(5)将土豆片均匀地码放于烤盘内，用手按压使其薄厚均匀，将混合汁浇在土豆片上，撒上黄油小丁。

(6)将烤盘放入170～200℃的烤箱内，30分钟后盖上锡纸，并继续烤30分钟，至成熟即可。

(7)装盘时，可用刀或模具加工成形。

例8　达芬土豆泥(dauphines moshed potatoes)

原料:土豆1000g，牛奶100g，黄油50g，盐5g，鸡蛋6个，盐、胡椒粉少许。

制作过程:

(1)将土豆洗净，去皮，切块。

(2)将切好的土豆放入锅内，加清水，再加一些盐上火煮至软烂，捞出，控干水分。

(3)将煮好的土豆过细箩，成泥状。再放入不锈钢盆中。

(4)牛奶、奶油、盐、胡椒粉、黄油煮开，放入土豆泥中，搅均匀，再放入鸡蛋、豆蔻粉等搅拌均匀，如有条件可放入热水槽中使其稍加温，以免冷后发硬。

例9　焗吉司土豆泥(baked mashed potato with cheese)

原料：土豆1千克，奶油50克，鸡基础汤100克，鸡蛋黄4个，盐5克，胡椒粉2克，黄油20克，吉司粉50克。

制作过程：

(1)选用个形整齐、光滑无青皮的大土豆10个，洗净煮熟。

(2)土豆一切为二，用勺子挖去中间的土豆肉，边上留5毫米厚，制成20只土豆碗。

(3)将取出的土豆肉过筛，与奶油、鸡基础汤、鸡蛋黄、盐、胡椒粉、黄油制成土豆泥。

(4)把土豆泥装入裱花袋，呈螺旋状挤在土豆碗内，撒上吉司粉。

(5)放入250℃烤箱里，烤烫土豆泥，待吉司变金黄色即可。

例10　烤带皮土豆(roasted whole potato)

选用个形整齐的、光滑无青皮的土豆洗净，用锡箔纸包好，放入190℃左右(大个的温度要高些，防止烤不熟)烤箱烤熟即可。

例11　多菲内奶油土豆(gratin dauphinois)

原料：土豆500g，鲜奶油200毫升，牛奶400毫升，鸡蛋1个，黄油50g，大蒜、豆蔻粉、盐、胡椒粉适量。

制作过程：

(1)将土豆切成2mm厚的圆片。

(2)将鸡蛋、牛奶、鲜奶油、豆蔻粉、盐、胡椒粉混合搅拌均匀。

(3)圆模内擦蒜汁，再涂抹黄油，然后摆上一层土豆片，浇上少许混合物，再摆一层土豆片，再浇少许混合物，直至将土豆片摆满为止。

(4)放入160~180℃烤箱内，烤制30分钟左右直至成熟。

例12　糖油焗土豆(baked potato with syrup)

原料：土豆1千克，黄油200克，糖油400克，玉桂粉30克，核桃仁100克。

制作过程：

(1)选用个形整齐的土豆煮熟，去皮切成8毫米的厚片，用色拉油炸黄。

(2)用玉桂粉将土豆片拌匀，整齐地排在小烤盘中，浇上糖油及熔化的黄油，撒上去皮核桃仁碎。

(3)将烤盘放入200℃的烤箱，烤10分钟，待核桃仁变黄变香即可。

例13　炸土豆球(fried potato ball)

原料：土豆1千克，鸡蛋黄4个，黄油50克，奶油50克，盐10克，胡椒粉2克，鸡蛋3只，面粉100克，面包粉500克。

制作过程：

(1)将土豆去皮，煮熟沥干水分，过筛成泥。

(2)将土豆泥、黄油、奶油、盐、胡椒粉、蛋黄混合，上火搅匀。

(3)将土豆泥搓成直径20毫米的小球，滚上面粉，沾上鸡蛋液、面包粉。

(4)投入炸锅(150℃油温)炸到浮起、呈金黄色即可。

例14　德式土豆(potato German style)

原料:土豆1千克，洋葱200克，培根150克，盐10克，胡椒粉2克，黄油50克，香叶2片。

制作过程:

(1)土豆去皮，切成5毫米厚的片，出水至八成熟，沥干水分。

(2)黄油加热熔化后放入洋葱块、香叶炒香，放入培根小方片炒透。

(3)放入土豆片、盐、胡椒粉一起炒到土豆熟透变黄即可。

例15　土豆丝饼(potato cake)

原料:土豆500克，培根100克，洋葱丝100克，百里香5克，盐5克，胡椒粉2克，黄油20克。

制作过程:

(1)将土豆去皮，去芽眼，切成火柴棒状。洋葱切丝，培根切细丝。

(2)将土豆丝和洋葱丝、培根丝、百里香、盐拌匀。

(3)将法兰盘烧烫，放入生菜油烧烫，将拌匀的土豆丝均匀地铺在法兰盘上，用蛋铲压平整，小火煎黄，翻身再将另一面煎黄。

(4)将黄油加热熔化，浇在土豆丝饼上，撒上胡椒粉，起锅改刀即可。

例16　公主式焗土豆片(potatoes princesses)

原料：土豆500g，黄油150g，奶酪粉25g，牛基础汤100毫升，盐、胡椒粉各适量。

制作过程:

(1)土豆洗净，去皮，切成2~3毫米厚的片。

(2)圆模内抹黄油，将土豆片平摆在模内，摆一层撒一次盐、胡椒粉，直至摆满。

(3)加入基础汤，淋上黄油，最后撒上奶酪粉。

(4)放入230℃烤箱内，烘烤至上色成熟。

例17　炸梨形土豆(potato in the shape of a pear)

原料:土豆1千克，鸡蛋黄6个，面粉50克，黄油20克，盐10克，胡椒粉2克。

制作过程:

(1)土豆去皮，煮熟过筛成泥。

(2)用黄油将面粉熘透，放入蛋黄、土豆泥、盐、胡椒粉，不停地搅拌，直至将土豆泥熘熟熘透。

(3)将土豆泥取出放在案板上凉透，搓成梨形，沾上面粉，挂鸡蛋糊，拍上面包粉，再整理成形。

(4)将土豆切成比火柴棒稍粗的丝炸黄。

(5)将梨形土豆下入160℃油锅中炸黄，放入烤盘，每只梨形土豆上放一点黄油，进烤箱烤至熟透。

(6)将炸黄土豆丝斜插入梨形土豆顶部，作为梨柄装饰。

例18　焗手指土豆(baked potato in the shape of a finger)

原料:土豆1千克，鸡蛋黄6个，面粉50克，黄油20克，洋葱末200克，盐10克，胡椒粉2克，奶油50克。

制作过程:

(1)土豆去皮，去芽眼，水煮至熟，过筛成泥。

(2)黄油炒香洋葱末子，放入面粉熘透，放入土豆泥、鸡蛋黄、盐、奶油，不停地搅拌，直至将土豆泥熘熟熘透，趁热装入裱花袋。

(3)将烤盘刷油，撒上面粉，将土豆泥裱成60毫米长的手指状，刷上蛋糊，放入烤箱用190℃烤黄即可。

例19　炸脆土豆片(crisps potato)

原料:土豆500克，植物油、盐、胡椒粉各适量。

制作过程:

(1)土豆洗净去皮，切成1毫米厚的圆形薄片，放入5%浓度的盐水中浸泡5分钟后控干水分。

(2)放入150℃的油锅中炸至金黄色，沥去油脂，撒盐、胡椒粉调味拌匀即可。

例20　里昂式炒土豆(lyonnaise potatoes)

原料:土豆500g，洋葱100g，黄油或植物油50g，盐、胡椒粉各适量。

制作过程:

(1)将土豆蒸或煮熟去皮，切成3毫米厚的片。洋葱切成丝。

(2)煎盘中放入黄油，将洋葱丝炒香备用。

(3)用黄油将土豆片炒至金黄色，再加入炒洋葱丝、盐、胡椒粉，炒透即可。

例21　炸气鼓土豆(puffed potatoes)

原料:土豆500g，植物油、盐、胡椒粉各适量。

制作过程:

(1)土豆洗净去皮，切成约3毫米厚的长方形片。

(2)再用水将土豆片洗净，用干布擦干水分。

(3) 将土豆片放入130℃的油锅中，轻轻晃动油锅至土豆片表面微微胀起，捞出。

(4)盐、胡椒粉翻拌均匀装盘。

二、蔬菜类配菜的制作

例1　煮胡萝卜(boiled carrots)

原料:胡萝卜500g，黄油50g，盐少量。

制作过程:

(1)把胡萝卜切成5毫米厚、长2厘米的长条，用水煮熟，滤净水分。

(2)用黄油将胡萝卜炒透，加盐调味即可。

例2　炒菠菜(butter spiach)

原料:净菠菜500g，黄油50g，葱头30g，蒜蓉10g。

制作过程:

(1)将菠菜切成段，用沸水烫软，再用冷水冲凉，滤净水分。

(2)把葱头、蒜切成末，用黄油炒香，再放入菠菜炒透，调入盐、胡椒粉，翻炒均匀即可。

例3　焗菜花(baked cauliflower)

原料:菜花500g，奶油少司250g，奶酪粉10g。

制作过程:

(1)将菜花摘成小朵用沸水煮熟，滤净水分。

(2)在奶油少司内调入奶酪粉，浇在菜花上，入焗炉焗上色即可。

例4　绿菜花荷兰汁(broeeori Hollandaise Sauce)

原料:净绿菜花500g，荷兰少司250g。

制作过程:

(1)将绿菜花摘成小朵，用沸水煮沸，滤净水分。

(2)将荷兰汁浇在绿菜花上即可。

例5　焗番茄(baked tomotoes)

原料:番茄500g，奶酪粉10g，盐、胡椒粉各适量。

制作过程:

把番茄洗净去蒂，撒上盐、胡椒粉，再撒上奶酪粉，入炉焗上色即可。

例6　奶油菠菜泥(cream of mashed spinach)

原料:菠菜叶1000g，稠奶油100g，黄油50g，盐20g，胡椒粉5g。

制作过程:

(1)将新鲜的菠菜去梗，去烂叶，洗净。

(2)煮锅内放入清水，加入少许盐，烧沸后放入已洗好的菠菜叶，水烧开后迅速捞出，放入冷水中冲凉以免菜叶发黄。

(3)待菜叶冷却后，捞出挤干水分，放入打碎机中打碎，再过箩去掉菜渣，即成泥状。

(4)取一炒锅，将奶油烧开，放菜泥，加入盐、胡椒粉调味，并迅速拌均匀。加入黄油拌均匀后即可。

例7　蒜蓉黄油炒扁豆(soute green bean with gloic)

原料:细嫩小扁豆500g，黄油40g，盐10g，蒜蓉2g，胡椒粉少许。

制作过程:

(1)将扁豆去筋洗净，放入开水锅中煮熟(锅中加少许盐)后迅速放入冷水中过凉，捞出控去水分备用。

(2)炒锅上火烧热放入黄油，待油化后放入蒜蓉炒出香味，加入已煮熟的小扁豆，放入盐、胡椒粉，调味迅速翻炒，至热透即成。

例8　烤龙须菜(roast asparagus)

原料:鲜龙须菜500g，荷兰汁50g，打起的奶油25g，黄油5g，盐、胡椒粉各适量。

制作过程:

(1)将鲜龙须菜去皮、老根，洗净，用绳整齐捆好，放入锅中煮熟，捞出去绳，切开。码在盘中呈扇形，在龙须菜上撒上少量盐、胡椒粉、黄油。

(2)荷兰汁加入打好的奶油搅拌均匀，浇在龙须菜上。上明火焗炉焗至少司呈金黄色即可。

例9　焗四道夫蘑菇(stuffed mushrooms)

原料:新鲜蘑菇20个，火腿100克，芫荽20克，黄油50克，吉司粉100克，盐10克，香叶2片。

制作过程:

(1)蘑菇洗净，在盐水中煮熟，摘去蘑菇柄待用。

(2)火腿切成末，番芫荽剁碎，蘑菇把剁成末子。

(3)黄油熬香，放入香叶、火腿末、蘑菇末炒透，放芫荽末拌匀成馅儿。

(4)将煮熟的蘑菇根部朝上，将馅儿填入洞孔压紧成小丘状。撒上吉司粉或者切成小圆片盖在馅上。入焗炉将吉司焗黄即成。

例10 炸干葱丝(fried shredded onion)

原料：洋葱1千克，面粉100克，盐适量。

制作过程：

(1)洋葱去外皮、根，切成非常均匀的洋葱丝，用盐、面粉拌匀。

(2)将洋葱丝抖散，撒入200℃油锅中。不停地轻轻搅动，炸成均匀的金黄色。

例11 面拖芹菜(fritter celery)

原料：芹菜1千克，面粉200克，牛奶100克，鸡蛋2个，泡打粉2克，胡椒粉2克，盐20克，黄油20克。

制作过程：

(1)芹菜摘叶洗净，焯水至软。

(2)将面粉、牛奶、鸡蛋黄、泡打粉调匀成糊，将鸡蛋清打发，调入面糊。

(3)4根芹菜并在一起(长短一致)，沾上面粉后抖动几次(以去掉多余面粉)，裹上面糊入180℃油锅炸黄炸熟，斜刀切成50毫米长的段。

(4)黄油加热，放入芹菜、盐、胡椒粉，翻锅使均匀即可。

例12 炸茄子(fried eggplant)

原料：茄子1千克，鸡蛋2个，面粉20克，面包粉100克，黄油50克胡椒粉，盐各适量。

制作过程：

(1)将茄子洗净，切成8毫米厚的圆片，撒上盐、胡椒粉拌匀。

(2)将茄片沾上面粉，裹上鸡蛋液，沾上面包粉。

(3)放入200℃油锅内炸黄放入烤盘。放上黄油入焗炉焗香。

例13 烩茄子(stewed eggplant)

原料：茄子1000克，培根100克，洋葱100克，香叶2片，鲜番茄200克，番茄沙司100克，辣酱油10克，黄油20克，鸡基础汤150克。

制作过程：

(1)将茄子去皮，切成20毫米的方丁，入250℃油锅炸上色。

(2)黄油炒香培根、洋葱、香叶，放入去皮去籽的番茄丁、番茄沙司炒出红油。加入鸡基础汤、茄子烧沸，小火焖至茄子变软。以盐、胡椒粉、辣酱油调味。

例14 法式煮豌豆(boiled peas French style)

原料：鲜豌豆500克，黄油20克，冬葱25克，砂糖5克，面粉4克，盐适量。

制作过程：

(1)将豌豆洗净，放入锅中，再加入砂糖、盐、冬葱及10克黄油。

(2)锅中加水，以浸没豌豆为宜。

(3)锅加盖，放入200℃的烤箱，直至豌豆成熟。

(4)将锅取出，再加入10克黄油及面粉，上火煮至黏稠即可。

例15　黄油扁豆(green beans in butter)

原料:嫩扁豆500克，黄油50克，咸肉50克，洋葱50克，蒜、盐、胡椒粉各适量。

制作过程:

(1)将扁豆洗净，去筋，切成长段;将咸肉切丁;将洋葱、蒜切末。

(2)扁豆用沸水煮熟，控干水分。

(3)用黄油将咸肉、洋葱、蒜炒香，再加入扁豆、盐、胡椒粉调味，炒透即可。

例16　红焖洋葱(braised onion)

原料:小洋葱20个，黄油150克，布朗少司100毫升，香叶、盐、胡椒粉各适量。

制作过程:

(1)将洋葱剥去外表老皮，洗净。

(2)焖锅烧热，放入黄油，倒入洋葱。将洋葱四面煎黄后倒出部分油脂。

(3)锅内加入布朗少司、盐、胡椒粉、香叶，然后加盖。

(4)小火焖20钟左右至洋葱软烂。

例17　炸面拖菜花(cauliflower frittes)

原料:菜花500克，面粉100克，鸡蛋2个，牛奶50毫升，盐、胡椒粉、植物油各适量。

制作过程:

(1)将菜花洗净，用小刀分成小朵，再用盐水煮熟，控干水分。

(2)将面粉、蛋黄、牛奶、盐、胡椒粉混合，调成糊，静置1小时。

(3)将蛋清打起，呈泡沫状时迅速与面糊混合，搅匀。

(4)用竹签插住煮熟的菜花，蘸上面糊，放入160℃的油锅中炸至淡黄色，捞出即可。

例18　培根焖芹菜(braised celery with bacon)

原料:芹菜杆100克，培根4片，洋葱半个，胡萝卜20克，蒜1瓣，黄油50克，干白葡萄酒200毫升，布朗基础汤400毫升，番茄酱50克，盐、胡椒粉适量。

制作过程:

(1)芹菜撕去筋，取其嫩茎部，切成5~6厘米长的段，3~4根一组，用线绳将两端捆好。

(2)将蒜拍碎，洋葱切成末，胡萝卜切成丁，培根切成条。

(3)用黄油将蒜炒出香味，加入洋葱末、胡萝卜丁、番茄酱炒透。

(4)将芹菜段放入焖锅内，加入炒好的番茄酱、干白葡萄酒、布朗基础汤、盐、胡椒粉，最后将培根条放在芹菜段上。

(5)焖锅加热至沸后加盖，放入180℃的烤箱内，焖大约40分钟取出，拆下线绳。

(6)芹菜装盘，将焖汁过滤后浇在芹菜上即可。

例19　法式炸洋葱圈(french fried onion)

原料:洋葱500克，牛奶100毫升，面粉100克，盐适量。

制作过程:

(1)洋葱去外皮洗干净，切成2毫米厚的片。

(2)把洋葱抖散放入牛奶里浸泡片刻。

(3)捞出洋葱，用盐调味，蘸上面粉。

(4)抖去多余的面粉，下入170℃至180℃的油锅里炸至成熟上色即可。

例20 铁扒蘑菇(grilled mushroom)

原料:蘑菇250克，黄油40克，盐、胡椒粉各适量。

制作过程:

(1)蘑菇去柄洗净，用盐、胡椒粉腌制。

(2)煎盘加黄油，将蘑菇两面扒2~3分钟即可。

例21 南瓜泥(mashed pumpkin)

原料:南瓜400克，黄油15克，鸡蛋黄2个，白糖适量。

制作过程:

(1)南瓜去皮、去籽、去瓤，切成块，煮或蒸至成熟，搓成泥，用小火慢慢焙干水分。

(2)把南瓜泥放入盛器中，加鸡蛋黄、白糖搅拌均匀即可。

三、谷类配菜的制作

例1 东方米饭(soute rice Asian style)

原料:大米500g，青椒30g，红椒30g，葡萄干20g，黄油50g，盐5g，香叶2片，胡椒粉少量。

制作过程:

(1)大米洗净，加入盐、香叶，蒸熟。

(2)将青、红椒切成丁，葡萄干炒香，放入米饭，调入盐、胡椒粉炒均匀即可。

例2 瑞士面团(swiss dough)

原料:面粉100g，牛奶450g，鸡蛋9个，盐、胡椒粉、豆蔻粉各适量，黄油100g。

制作过程:

(1)把除黄油外的所有原料和成面团，再用面团模具搓入沸水内煮沸，用冷水冲凉，滤净水分。

(2)用黄油将面团炒透即可。

例3 黄油米饭(butter rice)

原料:泰国香米250g，黄油50g，盐15g，胡椒粉、香菜末各少许，黑橄榄20g，番茄50g。

制作过程:

(1)将番茄、黑橄榄切成米粒大小的丁，备用。

(2)将泰国香米洗净，放入锅中，加清水(水与米的比例为3 : 1)，放入少许盐煮熟。

(3)将煮好的米捞出控去水分，再用清水漂洗干净，控去水分。

(4)炒锅内放黄油，待其熔后，加入米饭、胡椒粉、香菜末、番茄丁、黑橄榄丁搅拌均匀，再放入米饭炒热后即可。

(5)先在小碗内均匀抹一层黄油，再放入米饭，用手压实，放入烤箱或微波炉内烤熟，扣入盘中即可。

例4　咖喱米饭(curry rice)

原料:泰国香米250g，葡萄干100g，黄油50g，盐10g，胡椒粉少许，咖喱粉10g，番茄丁、香菜末各少许。

制作过程:

(1)将葡萄干去蒂洗净。将泰国香米洗净，放入锅中，加水、咖喱粉、盐、胡椒粉及少许黄油，待水开后加入葡萄干转入微火焖至熟。

(2)待熟后拌入黄油，放入小碗内，碗内抹一层黄油，放入咖喱米饭压实后扣入盘中，上面撒番茄丁、香菜末即可食用。

例5　奶油通心粉(fried macaroni with cream)

原料:通心粉500g，黄油50g，奶油100g，鲜蘑50g，盐、胡椒粉各少许。

制作过程:

(1)将通心粉用开水煮熟，过冷水。

(2)将鲜蘑切片，用黄油炒熟，再加入奶油、盐、胡椒粉调味，倒入已煮的通心粉拌匀，加少许黄油拌均匀即可。

例6　意式明治饭(minced meat with rice Italian style)

原料:大米1000克，牛肉末子750克，洋葱末100克，芹菜末50克，百里香2克，香叶2片，黄油50克，牛基础汤适量，番茄酱200克，盐10克，胡椒粉2克，牛奶100克，白兰地50克。

制作过程:

(1)将洋葱末、香叶炒香，放入牛肉末、芹菜末、百里香炒透。放入番茄酱，炒出红油后倒入白兰地。

(2)将大米洗净，放入黄油将大米炒香炒黄，倒入肉末沙司、牛基础汤、牛奶、盐、胡椒粉拌匀烧沸，改用小火煨至大米九成熟即可。

注:“明治”是“minced”音译，意为“碎的”。

例7　墨西哥饭(rice Mexican style)

原料:大米1000克，洋葱500克，火腿丁500克，青豆100克，蘑菇50克，青椒丁50克，大蒜头20克，黄油100克，甜椒粉5克鸡基础汤，盐、胡椒粉各适量。

制作过程:

(1)将洋葱切丝，撒少许面粉拌匀，炸成金黄色的干葱丝。

(2)用黄油将大蒜末、洋葱末炒香，放入火腿丁、青椒丁、青豆、蘑菇炒透。

(3)大米炒至微黄，放入鸡基础汤烧沸，小火焖成熟。

(4)食用时将所有原料下锅炒匀炒透即可。

例8　西班牙明治饭(minced meat with rice Spanish style)

原料：肉末600克(猪肉、牛肉各半)，大米1千克，洋葱块200克，大蒜20克，牛基础汤适量，青椒50克，红椒50克，番茄100克，番茄酱150克，盐20克，胡椒粉2克，黄油150克。

制作过程:

(1)大米放到牛基础汤中烧沸，用小火焖至八成熟。

(2)用黄油将洋葱块炒黄，放入肉末、红椒、青椒块，再放入去皮去籽的番茄丁炒透，放入番茄酱熬出红油。

(3)将米饭和炒好的肉末沙司拌匀，入烤箱烤香即可。

例9 什锦饭(mixed rice)

原料:大米1000克，肉末600克(猪肉末、牛肉末各半)，酸黄瓜200克，葡萄干100克，红干辣椒20克，洋葱100克，大蒜头20克，香蕉干50克，盐10克，胡椒粉2克，白兰地50克，黄油50克，牛基础汤适量。

制作过程:

(1)用黄油将肉末炒香，放入洗净的大米、牛基础汤、白兰地酒、红干辣椒末子烧沸，小火焖至成熟。

(2)用黄油将洋葱块、大蒜头末子炒香，与酸黄瓜丁、葡萄干、香蕉干、盐、胡椒粉一起和饭拌匀即可。

例10 培根饭(rice with bacon)

原料:大米1千克，培根400克，培根皮1块，炸干洋葱丝800克，牛基础汤适量，盐10克，胡椒粉2克，咖喱酱50克。

制作过程:

(1)把培根切丝炒出油，放入咖喱酱炒透。

(2)放入牛基础汤、、炸干洋葱丝、培根皮，小火煮20分钟，加盐、胡椒粉，下入洗干净的大米大火烧开，小火焖熟即可。

例11 炸脆皮米饭丸子(risp rice balls)

原料:米饭500克，洋葱50克，火腿50克，黄油10克，鸡蛋2个，面粉50克，面包粉100克，盐、胡椒粉、蛋液、植物油各适量。

制作过程:

(1)将洋葱切成末，火腿切成米粒大小的粒。

(2)用黄油将洋葱末炒出味，但不要上色，加入火腿粒炒匀。

(3)将米饭、鸡蛋、炒好的洋葱末、火腿、盐、胡椒粉混合均匀，并制成直径3~4厘米的圆球。

(4)将米饭球蘸面粉，拖蛋液，挂上一层面包粉。

(5)将米饭球放人170℃的油锅中炸至金黄色即可。

例12 火腿面疙瘩(pasta with ham)

原料:面粉1000克，鸡蛋10个，火腿500克，洋葱500克，盐10克，胡椒粉2克，黄油50克。

制作过程:

(1)将面粉、鸡蛋加适量盐水调成稀糊。

(2)将水烧沸。浇少许生菜油，将面糊通过漏斗沥入沸水之中并不停地搅动制成面疙瘩。

(3)用黄油将火腿丁炒透，放入炸黄的洋葱丝、面疙瘩炒香炒透。用盐、胡椒粉调味。

例13 泥肠通心粉(macaroni with sausage)

原料:通心粉1千克，小泥肠500克，炸干洋葱丝200克，酸黄瓜200克，盐10克，胡椒粉2克，黄油20克。

制作过程:

(1)通心粉沸水下锅，煮至六成熟。

(2)用黄油将通心粉炒黄炒香，放入泥肠片、干洋葱丝、酸黄瓜片炒透，以盐、胡椒粉调味。

例14　通心粉肉末沙司(macaroni with minced meat sauce)

原料:通心粉1000克，牛肉末500克，洋葱100克，番茄500克，番茄酱200克，蘑菇片200克，白兰地50克，百里香5克，香叶2片，盐10克，胡椒粉2克，黄油20克。

制作过程:

(1)通心粉沸水下锅，煮至六成熟。

(2)用黄油将香叶、洋葱末炒香，放入肉末和百里香炒透，放入去皮去籽的番茄丁、蘑菇片、番茄沙司炒出红油，放酒、少许牛基础汤。

(3)用黄油将通心粉炒黄炒香，放入炒好的肉末沙司炒匀炒透即可。

例15　通心粉小肉丸(macaroni with meat balls)

原科:通心粉1000克，肉末1千克(猪肉末、牛肉末各半)，洋葱末100克，大蒜头20克，干辣椒15克，培根皮1块，鲜番茄500克,番茄酱200克，干红葡萄酒100克，香叶2片，盐10克，胡椒粉2克，吉司粉50克，鸡蛋2个，面包100克。

制作过程:

(1)通心粉沸水下锅，煮至六成熟。

(2)将肉末、鸡蛋、泡软挤干了水分的面包、洋葱末、干红葡萄酒、盐、胡椒粉调匀，搅拌上劲。

(3)将油温升到150℃挤肉丸下锅，炸至金黄色捞起。

(4)用黄油炒香洋葱末、大蒜头末、香叶，放入培根皮、去皮去籽番茄丁、番茄酱炒出红油，放入少许牛基础汤，放入小肉丸子烧沸，微火焖30分钟。

(5)将通心粉炒黄炒透，以盐、胡椒粉调味，浇上小肉丸子沙司，撒上吉司粉即可。

例16　吉司焗通心粉(baked macaroni with cheese)

原料:通心粉1000克，虾仁400克，奶油沙司500克，白葡萄酒100克，吉司粉100克，洋葱末100克，香叶2片，黄油50克，盐10克，胡椒粉2克。

制作过程:

(1)通心粉沸水下锅，煮至六成熟。

(2)虾仁过油。

(3)将洋葱末、香叶炒香，放入奶油沙司、白葡萄酒、虾仁烧沸，小火煨10分钟。

(4)将通心粉炒黄炒香，以盐、胡椒粉调味。

(5)将通心粉装入焗斗里铺平，将奶油少司中香叶拣去。用盐、胡椒粉调味后浇在通心粉上，撒上吉司粉，进焗炉焗黄。

例17　什锦通心粉(mixed macaroni)

原料：通心粉1000克，培根200克，酸黄瓜200克，芹菜100克，大蒜20克，干辣椒5克，生菜400克，黄油20克，盐10克，胡椒粉2克。

制作过程：

（1）将通心粉沸水下锅，煮至六成熟。

（2）将培根炒出油，放入大蒜头末子、芹菜段炒香。放入酸黄瓜片、干辣椒末子、生菜丝炒透，以盐、胡椒粉调味。

（3）将通心粉用黄油炒黄炒透。放入炒好的各种配料、沙司炒透即可。

例18　焗面片（baked pasta）

原料：面粉1000克，鸡蛋6个，奶油沙司250克，番茄沙司300克，吉司粉150克，盐10克，胡椒粉2克，黄油50克。

制作过程：

（1）将面粉、鸡蛋加适量盐水和成较硬的面团，稍醒发后擀成1.5毫米厚的面皮，切成200毫米的正方形，入沸水煮至六成熟。

（2）将烤盘刷油。铺一层面皮，浇一层以盐、胡椒粉调味的奶油沙司，再铺一层面皮，刷一层番茄沙司，层层交替。最上一层浇奶油沙司，撒上吉司粉，淋上黄油。入烤箱烤至吉司呈金黄色。

（3）改刀成边长50毫米的正方形上桌。

例19　炸面包丁（deep－fried croutons）

原料：切片面包10片，植物油适量。

制作过程：

（1）将面包切去外皮后，切成1厘米左右的方丁。

（2）入170℃的油锅中，炸至金黄色捞出，控净油脂，放在纸上即可。

例20　煎玉米饼（sweet corn fritter）

原料：甜玉米粒500克，面粉100克，鸡蛋3个，砂糖50克，植物油150克。

制作过程：

（1）将玉米放入碗内，加入砂糖、面粉、鸡蛋搅拌均匀成糊状。

（2）下煎锅用油煎成约20个圆形玉米饼（下油锅炸制也可）。

（3）将玉米饼煎至两面金黄、成熟即可。

例21　纽克郡布丁（yorkshire pudding）

原料：面粉200克，牛奶250毫升，鸡蛋2个，熟猪油或黄油25克，盐适量。

制作过程：

（1）将面粉、鸡蛋、盐及少量牛奶混合，揉制成有光泽的面团。

（2）在面团内逐渐加入剩余的牛奶，并用木搅板不断搅拌、抽打，直到有些发泡、呈糊浆状为止，然后置于阴凉处静置1小时。

（3）用熟猪油或黄油涂于铁皮盘的四周。

（4）将面糊再搅打均匀，倒入铁皮盘内，放入约200℃的焗炉内，焗15分钟左右，再用小火（约160℃）焗15分钟，直至布丁表面金黄并起发时取出切块即可。

◆ 复习思考题

问答题

1. 什么是配菜？有什么作用？
2. 配菜在装盘时要注意什么问题？
3. 举例说明配菜的分类。
4. 配菜在与主菜搭配时应掌握什么原则？
5. 掌握常见配菜的制作方法。

第八章 调味

● **学习重点：**

味觉基本知识和少司的制作。

● **教学目标：**

通过本章的学习，了解味觉和味的分类，理解调味的原则和调味的方法，掌握少司的分类和制作。

第一节 味觉基础知识

一、味觉的概念和分类

1. 味觉的概念

所谓味觉，就是某些溶解于水、汤汁或唾液的化学物质作用于舌面和口腔黏膜上的味蕾所引起的感觉。简单地说，就是人们辨别外界物质味道的感觉。味蕾是人们味觉感受器，每个人有9000～10000个，其中女性多于男性，儿童多于成人，每个味蕾是由40～60个味细胞组成，主要分布在舌面的乳头状的组织上，以短管的形式与口腔相通，并紧连着味神经纤维，直通大脑。味蕾接触到食物后，受到刺激而引起神经冲动，迅速传递给人的大脑味觉中枢，再经大脑分析后即形成味觉印象。其速度很快，从味蕾受到刺激到产生味觉只需要1.5～4毫秒。一般来说，咸味最快，苦味最慢。

2. 味觉的分类

味觉是一种生理感受，对于它的认识有广义和狭义之分。狭义的味觉是指由食物的化学成分决定的，由口腔味蕾细胞所感受到的味觉，即化学味觉。广义的味觉也称综合味觉，是指食物送到口腔，经咀嚼进入消化道后所引起的感觉过程。广义的味觉不但包括了化学味觉，也包括人们对食物的个体形状、整体造型、色泽、就餐环境的因素构成的心理感觉，即心理味觉。还包括由人们感知到的食物温度、质感、黏稠度、润滑度等物理性质的感觉，即物理味觉。

二、影响味觉的因素

1. 温度

温度对味觉有一定的影响，温度不同，人们对味的感受程度是不同的。一般在10～40℃时是味觉感受的最适宜温度。其中以30℃为最佳，味觉最敏感。不同的菜肴对温度的要求各不相同，热菜的最佳食用温度为60～5℃，而冷菜最好在10℃左右。因此，冷菜调味应比30℃左右的最适滋味略微加重一些。另外，春、夏、秋、冬四季温度的变化对人们的味觉也有影响，季节的不同也会造成人们味觉感受的差异。一般来说，在夏季，人们多喜欢口味清淡的菜。在冬季，人们则多喜欢口味浓厚的菜肴。

2. 浓度

由于浓度的不同，人们对味觉会产生不同的感受。过浓或过淡都会使人不愉快。因此，制作菜肴时一定要掌握各种呈味物质的浓度，使之能产生令人愉快的感觉，以增加菜肴的美味。

3. 溶解度和水溶性

味觉的感受程度与呈味物质的溶解度和水溶性有着直接的关系。味觉只能感受溶解于水的呈味物质。绝对干燥的环境和不溶于水的物质，不能产生味觉。呈味物质只有溶于水成为水溶液后，才能刺激味蕾产生味觉。如带有汤汁的菜肴能使人很快尝出味道，而干燥的食物只有经过咀嚼，使食物中的呈味物质溶解于唾液后才能感受到味感。溶解速度的快慢直接影响到味觉的形成，溶解速度越快产生味觉的速度就越快。

4. 生理因素

人们年龄、性别、生活习惯不同，对味觉的敏感程度也就不同。如儿童对甜味、苦味的感受比成人敏感；妇女对甜、酸等味均较男性敏感。人生病如消化不良、感冒的时候，口中无味，常常是因为味蕾处于病态。当人饥饿时对味的感觉极为敏感；当人饱食后则对味的感受就比较迟钝。有经验的厨师和“食物鉴赏家”的味觉就较一般人敏感。人们随着年龄的增长，味觉感受会逐渐衰退。

5. 个人嗜好

不同人群的饮食习惯的不同，对不同滋味的敏感程度也是不一样的。由于人们所处的地域、气候、个人嗜好的不同，造就了味觉感受不同。在特定环境中长期生活的人，由于经常接受某种过重滋味的刺激，便会逐渐养成特定的口味习惯，形成味觉的永久适应。但人们的嗜好也是可以随着生活习惯、生活方式的改变而改变。

6. 各种味觉之间的相互影响

（1）味的对比现象。也称为味的突出现象。就是把两种或两种以上的呈味物质，以适当的浓度调和在一起，使其中一种呈味物质的味道更为突出、协调可口的现象，叫作味的对比现象。制作菜肴时，往往是先确定菜肴的主味，然后再加上辅味以突出主味。如制汤时要想使汤汁鲜醇，也需要加入适量的食盐，以增加鲜味的味感程度。在制作甜酸口味的菜肴时，调味汁中适量加入食盐，可使甜味的味感增强。味的对比现象已经非常广泛地应用于实际工作当中了。

（2）味的消杀现象。也称为味的掩盖现象。就是指两种或两种以上的呈味物质，以适当的浓度混合后，使每种味感程度都减弱的现象。如在烹调时不慎把菜肴调得过咸或过酸，这时只要再加一些糖，那么咸和酸的浓度都将减弱。在烹制腥臊异味较大的水产品、动物内脏等原料时，所使用调料的量相对加大，以去除或减少原料中的异味。在烹制本身滋味鲜美的原料时，调味品的用量就不宜过多过浓，宜清淡，避免因调料的味重而掩盖原料本身的滋味。

（3）味的转换现象。也叫味的变调现象。是指多种味道不同的呈味物质混合使用时，导致各种呈味物质的本味均发生转变的现象。如人们在食用味道较浓的菜品后，再食用味道较清淡的菜品时，则会觉得好象后者无味。再如同吃甜香口味和甜酸口味的菜肴的时候，先吃甜酸口味的菜肴，再吃甜香口味的菜肴，会觉得先甜酸适口，后甜香可口。如果把两者的食用顺序颠倒一下，先吃甜香口味的菜肴再吃甜酸口味的菜肴，会有什么结果呢？结果会觉得甜香口味菜肴依然是甜香可口，而甜酸适口的菜肴则是只酸不甜了，出现了变调的现象。所以，我们在制定宴席菜单时，应注意考虑上菜的顺序问题，以适应食用者的口味需求，从而保证菜品和宴席的质量。其基本要求是：先淡后浓、先咸后甜，避免不应有的味道转换现象的出现。

(4)味的相乘现象。也叫味的相加现象。就是指两种相同味感的呈味物质共同使用时，其味感增强的现象。如在制作清汤时加入适量的味精，可使汤汁的鲜味倍增。再如甘草酸铵本身的甜度是蔗糖的50倍，但与蔗糖同时使用，其甜度可增为蔗糖的100倍。所以，在同时使用味感相同的调味料时应加以注意。

7. 油脂对味觉的影响

食品的味是水溶液形成传导到味觉器官的末端的，在有油脂存在时，会改变或减弱食品的味道。有人曾经做过这样的实验，先将3%食盐水溶液与色拉油按1∶1制成乳化液，再用3.3%食盐水溶液与色拉油按1∶1制成乳化液，然后让尝评员识别哪种乳化液浓度高，结果65%的人回答正确，35%的人回答错误，而3%和3.3%纯食盐水溶液任何人都可以分辨出来。一般人对3%和3.15%纯食盐水溶液都能分辨出来，可见乳化剂的识别能力是有所下降的，再如乳状食品的蛋黄酱与黄油比较，由于乳化类型不同，食物的味道也明显不同，蛋黄酱属O/W型(水包油)，食用时水溶性呈味物质直接作用于舌头，因此，用舌头一舔，便会感到明显的滋味，而黄油属W/O型(油包水)，食用时是油作用于舌头，总的感觉是油性大，然后才能感到咸味。油脂对呈味的阈值有上升的影响。

三、味及其分类

1. 味的概念

味是指物质所具有的，能使人得到某种味觉的特性，如苦味、咸味、酸味等。

2. 味的分类

味一般可分为单一味和复合味两大类型。

(1)单一味。单一味，也称为基本味、单纯味。是指用一种味道的呈味物质调制出来的滋味。从生理角度来看，只有苦味、咸味、酸味、甜味四种。此外，由于人们的生活习惯问题，往往把辣味、麻味、涩味、鲜味也列为单一味了。实际上辣味是刺激口腔黏膜而引起的痛觉(灼热感、灼痛感)，同时也伴有鼻腔黏膜的痛觉；鲜味则需要和其他的味相互配合使用才能体现出；麻味、涩味则是刺激后引起的收敛感。但是，调味时经常使用这些滋味，故也可将其收列到单一味之中。

(2)复合味。复合味是指用两种或两种以上的呈味物质调制出来的具有综合味感的滋味。复合味是指原料本味以外的调料味之间的复合，如咸鲜味、咸甜味、酸甜味等。

第二节　菜肴的调味

一、调味的概念和作用

1. 调味的概念

调味就是调和滋味。具体地说，就是运用调味技术和各种呈味物质，使调料和原料之间相互作用、协调配合，从而使菜肴具有令人愉快滋味、色泽、口感的操作过程。调味是制作菜肴的核心，是评价菜肴质量的重要指标之一。

2. 调味的作用

（1）确定和丰富菜肴的口味。菜肴的口味主要是通过调味工艺实现的，虽然其他的工艺流程对口味有一定的影响，但是调味工艺是起决定性作用的。各种调味原料在运用调味技术进行合理组合之后，可以形成多种多样的风味特色。我们的味觉虽然只能感受到几种基本味，但利用它们对基本味味感次序和敏感度的差异，将多种调味料按不同的比例进行调和，就可以变化出非常多的味型来。

（2）去除异味增进美味。在烹饪原料中，很多自身带有一些令人不愉快的气味、滋味等，往往会影响到菜肴成品的质量、人的食欲，通过调味技术，可减弱或去除这些令人不愉快的异味，以达到成菜和人们食用的要求。此外，通过调味使本身无味、味淡的烹饪原料增加美味，成为受人欢迎的美味佳肴。

（3）形成不同风味特色并使菜肴多样化。烹饪原料只有通过调味才能形成不同口味的成品菜肴，调味可使菜肴的味型多样化，也是扩大菜肴品种和形成不同风味菜肴的重要手段。由于各国菜肴的调味方法、味型的差异，因此形成了各自的风味特色。各自风味特色的差异，是形成各国不同菜式的原因之一。相同的原料，用相同的烹调方法，只因使用的调味品或手段不同，就会变化出多种不同口味的佳肴。这对于菜肴品种的多样化，有着积极的作用。如同样是鸡肉、牛肉，采用相同的烹调方法，只是调味方法不同，就可以制成咖喱烩、红烩、奶油烩等不同风味的菜品来。

二、调味的原则和方法

1. 调味的原则

（1）根据菜肴的风味特色和烹调方法的要求进行调味。西餐中各国的菜肴风味均不相同，在调制菜肴口味时应该根据菜肴具体的风味要求，要做到保证风味特色准确调味。由于各国的菜肴风格、烹调技法各有特点，因此，应根据菜肴的成菜要求、标准，做到投料准确适时。力求投料规格化、标准化，做到同一类菜肴重复制作，其口味能保持一致。

（2）根据烹饪原料的不同性质进行调味。在烹调中对应不同性质的原料，要做到因材施用。由于烹饪原料质地及菜肴成品的质量要求不同，在调味时要结合烹饪原料的特性和成菜标准合理调味。如水产品的腥可以用葱类、月桂、洋苏叶、麝香草等去除；牛羊肉的膻可以用洋苏叶、麝香草、丁香、黄蒿等去除。有味使之出，无味使之入，达到脱臭、矫臭、增香的目的。

(3)根据不同季节的不同口味要求进行调味。随着季节的变化，人们的口味也随之而变化，对菜肴的味道要求也有差异。调味时要在保证菜肴风味特色和质量要求的前提下，根据不同的季节来适当的调制菜肴的口味。在春、夏季气温较高，人们口味一般以清淡为宜，而在寒冷的秋、冬季，人们的口味则以味道浓厚为主。

(4)根据食用者口味的要求进行调味。让食用者满意是厨师追求的目标，由于食用者的性别、年龄、职业、风俗、饮食习惯、个人嗜好等等的不同，在调味时就应根据他们的要求，因人而异、合理调味，以满足广大食用者的不同需求。如芥末酱、辣椒的用量等。

2. 调味的方法

调味的方法可按照菜肴的制作工序划分为三个阶段，即原料加热前的调味、原料加热中的调味、原料加热后的调味。不同的菜肴在调味时每个阶段的作用和调味方法都是不同的。

(1)原料加热前的调味。原料加热前的调味，亦叫基础调味。其作用就是使原料在加热前有一个基本味，并能解除一些原料的腥膻异味。具体的方法是先用盐、胡椒粉、酒、辣酱油、洋葱、西芹或糖等撒于原料之上，均匀调拌或浸渍，然后再进行加热。如炸猪扒、蛋煎鱼等必须先撒食盐、胡椒粉，再拍上面粉，拖上蛋糊，然后进行加热。

(2)原料加热中的调味。原料加热前的调味，亦叫定味调味。绝大多数菜肴在原料下锅后，均须在适当的时机，按照各种菜肴或食用者的不同要求，加入调味品。通过这一阶段的调味来正式确定菜肴的口味。如大部分的汤类在加入汤料和汤水后加调味品，有的烩菜、焖菜、煮菜要在原料表面加热上色后再加入调味品。在这个阶段，原料处于加热的过程，也处于复杂的理化变化中，因此，这个阶段的调味最易使原料入味，是最关键的调味。

(3)原料加热后的调味。原料加热后的调味，亦叫辅助调味。原料成熟出锅后，加入适当的调味品，如此可加重菜肴的滋味。西菜中炸、煎的品种较多，有些菜肴在加热的过程中不能调味，而须在装盘后或进餐时加入不同的少司，才能食之有味。

上述的调味的三个方法，不一定每份菜肴都必须三个阶段，有的菜肴只需第一、第二阶段的调味就能完成其调味，有的菜肴只需第二、第三阶段的调味就能完成其调味，主要是应根据烹调菜肴的要求而定。

第三节 少司

一、少司的概念

少司(sauce)有译为沙司，直译为调味汁、酱汁。通常指经厨师专门制作的菜点调味汁。在西厨房里，少司制作是一项单独的工序，由专业少司厨师制作完成。少司厨师不但精通少司制作，也通晓菜点的制作。少司厨师一般由经验丰富的厨师再经过专门的培训后才能胜任，在西厨房里少司厨师的地位十分重要。另外，少司是菜点调味汁，与原汁(liquid)和果汁(juice)不同。

二、少司的作用

1. 少司的作用

(1)确定和丰富菜肴的口味。这是少司最主要的作用，在制作少司时需要加入一定量的调味品和各种基础汤等，这些呈味物质添加在菜肴上，调料、香料、汤的鲜味，对确定和丰富菜肴的口味，增进人们的食欲，有着积极的作用。

(2)丰富菜肴的色泽和形态。各种各样的少司，都有一定的鲜艳色泽和不同的形态，少司里的部分原料的色、形本身也具有装饰和点缀作用。另外，各种形、色的固体少司其美化作用更加明显。厨师常常利用少司的色泽、光泽、形状来丰富菜肴的色泽和形态。

(3)保持菜肴温度改善菜肴口感。少司大多具有一定的浓度，可以黏附在菜肴上面，这在一定程度上可以保持菜肴的温度，防止菜肴风干。同时不少菜肴在制作时会流失部分水分，而少司里有一定量的水分，加上少司可以补充菜肴的水分，改善菜肴的口感。

(4)增加菜肴的营养。制作少司的基础汤主要由鸡肉、鸡骨、牛肉、牛骨及鱼、虾、蟹等原料组成。这些原料含有极为丰富的营养物质，对于增加菜肴的营养有着非常重要的作用。

2. 少司的分类

少司的种类繁多，分类方法也很多。按用途可分为热少司、冷少司和点心少司；按浓度可分为固体少司、稠少司、浓少司、稀少司和清少司；按来源分可为基础少司(母少司)和衍生少司，如果按口味或色泽来分就更多了，几乎无法分清，因为各种口味、各种色泽都有。少司的分类方法各有不同，少司分类的意义仅仅在于帮助我们对少司有大概的了解。

第四节　少司的制作

一、少司的组成

1. 基础汤及牛奶和清黄油

基础汤、牛奶和清黄油是制作少司最基本的原料。基础汤一般包括牛基础汤、鸡基础汤、海鲜基础汤、布朗基础汤。

2. 浓度调节剂

常见的少司具有一定的黏度，否则，少司就不会粘附在菜肴上，影响菜肴的口味。

浓度调节剂起着调味、稠化和增加亮度的作用。一般经常用到的有：

(1)黄油炒面(roux)。把优质黄油和面粉按1 ∶ 1或者1 ∶ 0.8的比例,用低温煸炒制成糊状。具体方法是在厚底少司锅内加入黄油小火加热，面粉过箩(防止有疙瘩)，慢慢加入到已经熔化的黄油里并不停地用铲子贴锅底翻拌、搅拌，以免糊底，低温小火炒至淡黄色并无生面味而有炒面粉的香味时即好。注意颜色不能过深，过深，它的粘连性能较差。

(2)黄油面粉糊(beurremanie)。黄油面粉糊是由相同数量熔化的黄油与面粉搅拌而成。

(3)水淀粉(white wash)。将少量的淀粉和水混合在一起，搅拌均匀就成了水粉芡。

(4)蛋黄奶油芡(egg yolkand liaison)。由鸡蛋黄与黄油混合在一起构成。

(5)面包糠(bread crumbs)。面包糠也可以作为稠化剂，但是它的用途较少，仅限于某些菜肴的使用。如西班牙冷蔬菜汤。

(6)马尼奶油(beurre Manie)。将等量的面粉和奶油混合在一起而成。

3. 调味品

食盐、胡椒、喼汁、香料、柠檬汁、雪利酒(sherry)、马德拉酒(madeira)是制作少司最常用的调味品。不同的少司可根据不同的风味要求再添加表现其风味特点的调料。

二、少司的制作

传统西餐中的少司是根据数种基本的母少司(mother sauce)，将食品原料创新改变，衍生出许多衍生少司(small sauce)的，现分述如下。

(一) 热少司

1. 布朗少司(brown sauce)及衍生少司(small sauce)

(1)布朗少司(brown sauce)

①原料:布郎基础汤10kg，洋葱、胡萝卜、芹菜各1kg，黄油50g，番茄酱500g，红酒50g，雪利酒50g，黄油炒面50g，食盐15g，百里香3g，黑胡椒粒5粒，香叶数片，喼汁、胡椒粉适量。

②制作过程:洋葱、胡萝卜、芹菜择剔、洗净、切碎，用黄油炒香，加入番茄酱炒至呈暗红色。加入布郎基础汤、百里香、香叶、黑胡椒粒用小火煮制1 ~2小时，调入红酒、雪利酒、食盐、胡椒粉、喼汁调味并用黄油炒面调剂浓度，最后过滤即可。

③质量标准:棕褐色、近似于流体、口味浓香。

(2)衍生少司(small sauce)

①烧汁(gravy)

在布朗少司内加入烤成褐色的小牛骨、鸡骨、牛腱子等，用文火熬煮，至成为浓稠的汁时过滤即可。常用于烧烤菜肴的调味。

②罗伯特少司(robert sauce)

把酸黄瓜、火腿切丝，蘑菇切片;用黄油将洋葱末炒香，加入酸黄瓜丝、火腿丝、蘑菇片，倒入布朗少司稍煮，放入芥末、柠檬汁，最后用奶油调剂浓度，食盐、胡椒粉调味即好。它常用于猪肉类菜肴的调味。

③魔鬼少司(deviled sauce)

把冬葱末和杂香草用红葡萄酒煮透，再倒入布朗少司和烤肉原汁煮透，调入食盐、胡椒粉，最后用奶油调剂浓度即成。常用于配烤羊排、铁扒、煎的鱼类。

④红酒少司(red wine sauce)

用黄油把冬葱末炒香，加入红酒，再加入布朗少司、他拉根香草，煮香，撒上番芫荽末即好。经常用于煎小牛扒。

⑤猎户少司(chasseur sauce)

用黄油把洋葱末炒香，加入蘑菇片炒透，控油，加入白葡萄酒，煮至浓缩到一半时，再加入番茄粒、布朗少司，小火，微沸，煮透，最后加入番芫荽末、他拉根香草，食盐、胡椒粉调口即好。主要用于牛扒、小牛扒以及烩牛肉、羊肉、鸡肉等。

⑥马德拉少司(madeira sauce)

在少司锅里倒入马德拉酒，稍煮，加入布朗少司，煮透，食盐、胡椒粉调味，过滤，稍微晾凉后，调入黄油即可。一般用于牛扒、牛舌等的调味。

⑦鲜橙少司(orange sauce)

用少司锅把糖炒成棕红色，到入布朗少司，把柠檬皮末、橙皮、橙汁、橘子甜酒、白糖、杜松子酒，煮成适当的浓度，过滤即可。常用于配烤鸭。

⑧花旗少司(american sauce)

将洋葱、胡萝卜、培根切小片、芹菜切丁，把杂香草用纱布包扎起来，将洋葱、胡萝卜、培根、芹菜用黄油炒透。放入去皮、去籽切丁的鲜番茄炒透，番茄酱用黄油炒出红油，加入蘑菇片略炒，把以上原料倒入布朗少司内，放上香料袋，小火煮40分钟，过滤，用食盐、胡椒粉、柠檬汁调味即好。适用于海鲜、烩鱼等。

⑨黑胡椒少司(black pepper sauce)

洋葱碎、蒜碎用黄油炒香，加入黑胡椒碎、红酒，小火煮制浓缩到原来的1/4左右，再加入布朗少司，煮透，食盐、胡椒粉调味即好，不用过滤。主要用于牛扒。

⑩里昂少司(lyonnaise sauce)

又叫布郎洋葱少司，用黄油把洋葱丝小火炒香，炒软，加入红酒或白醋，加热，充分浓缩，加入布朗少司，煮透，食盐、胡椒粉调味即可。多用于小牛扒、煎牛肝、鹅肝等。

2. 奶油少司(cream sauce)及衍生少司(small sauce)

(1)奶油少司(cream sauce)

①原料：黄油炒面500g，牛奶2500g，奶油100g，香叶2片，食盐、胡椒粉适量。

②制作过程：少司锅里加牛奶，小火加热，徐徐加入黄油炒面，用力沿锅底翻拌、搅拌，以免煳底。加热到黄油炒面和牛奶完全熔为一体时再加入香叶，继续用微火慢煮并不停搅拌，然后以食盐、胡椒粉调味即可。

③质量标准：洁白光亮，60℃以上为流体，浓香、微咸。

(2)衍生少司(small sauce)

①莫内少司(mornay sauce)

在奶油少司内加入计司粉煮透，离火，放入打散的鸡蛋黄，搅匀即可。主要用于鱼类、蔬菜和焗类菜肴。

②番红花奶油少司(saffron sauce)

在奶油少司内加入用白葡萄酒煮或热水泡好的番红花或番红花粉，煮透即好。此少司主要用于海鲜菜肴。

③鳀鱼少司(anchovy sauce)

在奶油少司内加入鳀鱼柳或鳀鱼精即可。鳀鱼少司常用于温煮、沸煮、煎制的鱼类菜肴。

④番芫荽少司(parsley sauce)

奶油少司里加入番芫荽末，煮透即可。常用于温煮、沸煮、煎制的鱼类菜肴。

⑤鸡蛋少司(egg sauce)

把煮鸡蛋切成小丁，放入奶油少司里煮开即好。常用于温煮、沸煮、煎制的鱼类菜肴。

⑥洋葱少司(onion sauce)

洋葱碎加黄油用文火炒香，加入奶油少司，煮透即可。主要用于烤羊腿等菜肴。

⑦芥末少司(mustard sauce)

在奶油少司里加入稀释的英式芥末，煮透即可。芥末少司主要用于铁扒的鱼类菜肴。

⑧苦艾酒少司(vermouth sauce)

将奶油少司、苦艾酒、柠檬汁、黄油放入少司锅里烧沸滚透。用食盐、胡椒粉调味，撒上番芫荽末即可。常用于调制海鲜水产类菜肴。

⑨奶油芦笋少司(cream sauce wich asparagus)

将香叶、洋葱末用黄油炒香，加芦笋丁炒透，放入奶油少司白葡萄酒烧沸，用食盐、胡椒粉调味即可。常用于调制海鲜水产类菜肴。

⑩奶油大虾少司(cream sauce wich prawns)

将大虾初步加工清洗干净，用白葡萄酒、洋葱、香叶上笼蒸熟，取肉片成片，蒸虾原汁待用。用黄油将洋葱末、香叶、芹菜末炒香，放入白葡萄酒、奶油少司、蒸虾原汁烧沸。过滤，用食盐、胡椒粉调味即可。常用于调制海鲜水产类菜肴。

3. 白少司(white sauce)及衍生少司(small sauce)

(1)白少司(white sauce)

①原料:黄油炒面 500g,白色基础汤 2500g(白色牛原汤、白色鸡原汤、白色鱼原汤),香叶 5 片。

②制作过程:白色基础汤小火加热，徐徐加入黄油炒面，用蛋抽不停抽打，当黄油炒面和白色基础汤溶为一体时，放香叶煮透，过滤即可。

③质量标准:色泽洁白，细腻有光泽，呈半流体。

(2)衍生少司(small sauce)

①蘑菇少司(mushroom sauce)

在白少司里加入蘑菇片，微煮，离火，加入蛋黄和奶油，搅拌均匀即好。一般用于烩鸡、烩鱼等。

②酸豆少司(caper sauce)

白少司内加入水瓜柳，煮透即可。主要用于煮羊腿。

③龙虾油少司(lobster cream sauce)

把龙虾壳、切碎的黄头、胡萝卜、芹菜、香叶、迷迭香、清黄油放入烤箱烤上色，然后再加少量水和白兰地，再烤30分钟取出过滤即得虾油。在用鱼基础汤制作的白少司里调入虾油、奶油煮透即可。此少司经常用于煎肉扒类菜肴。

④莳萝奶油少司(dill cream sauce)

在用鱼基础汤制作的白少司里加入莳萝、白葡萄酒、奶油，煮透即成。常用于烩海鲜类菜肴。

⑤鲜虾少司(prawn sauce)

在用鱼基础汤制作的白少司里加入碎虾丁、白葡萄酒、奶油，煮透即成。常用于煎比目鱼。

⑥他拉根少司(tarragon sauce)

将他拉根香草在白葡萄酒里煮软，加入用白色鸡基础汤制成的白少司里，调入奶油，煮透即可。主要用于煮鸡等。

⑦顶级少司(super sauce)

在白少司里加入切碎的蘑菇丁、煮透，过滤，离火，慢慢加入奶油、鸡蛋黄、柠檬汁，搅匀即可。此少司主要用于煮鸡、烩鸡等菜肴。

⑧曙光少司(aurora sauce)

在顶级少司的基础上再加入番茄汁，使其有轻微的番茄味即可。一般用于煮鸡、煮鸡蛋。

4. 荷兰少司(hollandaise sauce)及衍生少司(small sauce)

(1)荷兰少司(hollandaise sauce)

①原料:新鲜鸡蛋黄10个，清黄油2000g，白葡萄酒200g，香叶3片，黑胡椒粒1g，冬葱100g，红酒醋60g，柠檬半个，食盐、胡椒粉、喼汁适量。

②制作过程:把冬葱末、柠檬、黑胡椒粒、红酒醋等放到少司锅里熬成浓汁过滤备用。把少司锅放在50~60℃的热水内，将新鲜鸡蛋黄放到少司锅里加少量的白葡萄酒用蛋抽慢慢搅打，徐徐淋入温热的清黄油并不停搅打，逐渐加入白葡萄酒、清黄油，使之溶为一体，调入适量的盐、胡椒粉、喼汁及用冬葱末、柠檬、黑胡椒粒、红酒醋熬成浓汁，搅匀置于温热处保存即可。

③质量标准:浅黄、膏状、细腻、清香微咸酸。

(2)衍生少司(small sauce)

①班尼士少司(bearnaise sauce)

用白酒醋或白葡萄酒将他拉根香草煮软，倒入荷兰少司并撒上番芫荽末，搅匀即成。一般用于烤、铁扒的肉类或者鱼类。

②疏朗少司(choron sauce)

在班尼士少司内加入番茄汁和红粉搅匀即可。通常用于焗类菜肴。

③马尔太少司(maltaise sauce)

在荷兰少司里橙汁、橙皮丝搅匀即可。马尔太少司最好配芦笋食用。

④莫士林少司(mousseline sauce)

在荷兰少司里加入奶油搅匀。一般用于焗类菜肴。

⑤牛排少司(foyot sauce)

在班尼士少司内加入少许烧肉汁搅匀即可。此少司用于配牛扒类菜肴。

⑥拉维纪香草少司(lovage sauce)

雪利酒煮洋葱末、香叶、拉维纪香草，烧开后焐 15 分钟，取掉香叶，放入荷兰少司、食盐、奶油、胡椒粉调匀即可。适用于海鲜水产类菜肴。

⑦柠檬少司(lemon sauce)

柠檬剖开挤汁，连皮肉带汁和白兰地、洋葱末、蘑菇末煮沸，焐 15 分钟左右，取出柠檬皮，加入荷兰少司、食盐、鲜奶油调匀。一般用于煮鱼等水产，也适合于西兰花、朝鲜蓟等高档蔬菜。

⑧波特少司(port sauce)

用波特酒将百里香、香叶、洋葱末煮透取出香叶，把番芫荽剁末，加入荷兰少司、食盐、鲜奶油、胡椒粉混合均匀。适用于牛排、牛仔排等。

5. 番茄少司(tomato sauce)及衍生少司(small sauce)

(1)番茄少司(tomato sauce)

①原料:番茄 5kg，番茄酱 2kg，洋葱 2kg，大蒜 500g，糖 300g，植物油 500g，面粉 500g，罗勒 3g，百里香 5g，香叶 3 片，食盐、胡椒粉适量。

②制作过程:把新鲜番茄洗净，用开水烫一下去皮、去蒂、去籽，用粉碎机打碎。把洋葱末、大蒜末用植物油炒香，加入番茄酱炒出红色，再下面粉炒透加碎番茄搅匀加热，搅拌，然后加入百里香、罗勒、香叶、食盐、胡椒粉用微火煮半个小时即可。

③质量标准:色泽艳红、半流体状、质感细腻、浓香咸酸。

(2)衍生少司(small sauce)

①普鲁旺少司(provence sauce)

用白葡萄酒把冬葱末、大蒜末煮透，加入番茄少司烧开，再撒上番芫荽末、橄榄丁、蘑菇丁搅匀开起即可。

②杂香草少司(provencale sauce)

用黄油把洋葱末、大蒜末炒香，然后放入番茄酱、杂香草略炒烹入少量红葡萄酒，再加入番茄少司，最后加一些烧肉汁即成。

③西班牙少司(spanish sauce)

用黄油把洋葱、青椒和大蒜略炒，然后放鲜蘑菇继续炒，再加番茄少司，小火煮透，用食盐、胡椒粉、喼汁调味。

④葡萄牙少司(portugaise sauce)

将洋葱丁用黄油炒香，加入番茄丁、大蒜末，用小火煮到原来数量的三分之一时，加番茄少司继续加热，用食盐、胡椒粉、喼汁调味，撒番芫荽末即可。

⑤科瑞奥少司(creole sauce)

在番茄少司内加入洋葱丁、西芹、青椒丁、大蒜末、香叶、百里香、柠檬汁煮 15 分钟，用食盐、辣椒粉调味。

6. 咖喱少司(curry sauce)及衍生少司(small sauce)

(1)咖喱少司(curry sauce)

①原料:咖喱粉 350g，咖喱酱 500g，姜黄粉 100g，什锦水果(香蕉、苹果、菠萝)

600g，鸡基础汤6kg，洋葱100g，大蒜70g，生姜120g，青椒100g，土豆2kg，植物油100g，辣椒4个，香叶5片，丁香2粒，椰子奶200g，食盐适量。

②制作过程：把各种蔬菜洗净，洋葱、青椒切块，大蒜、生姜拍碎，土豆去皮切片。用油把洋葱、大蒜、生姜炒香，放入咖喱粉、咖喱酱、姜黄粉、辣椒、香叶、丁香炒香，再加入土豆、青椒、水果略炒，加鸡基础汤用微火煮1～2小时，至蔬菜、水果较烂时，用粉碎机打烂，加食盐、椰子奶，烧开过滤即可。如果浓度不够可以加适量的黄油炒面调剂浓度。

③质量标准：色泽黄绿、呈半流体、细腻、浓香、辛辣、微咸、果味浓郁。

(2)衍生少司(small sauce)

奶油咖喱少司(curry cream sauce)

在咖喱少司内加入三分之一的鲜奶油，用小火煮透即可。常用来配煎鱼。

7. 黄油少司(butter sauce)

黄油少司是指以黄油为主料制作的少司。主要用于特定的菜肴，大多数为固体，是配热菜用的。常见的黄油少司有以下几种：

(1)巴黎黄油(cate de paris butter)，又叫香草黄油(spice butter)，主要用于焗、烤、铁扒的菜肴。

①原料：黄油1000g，法国芥末20g，冬葱末125g，小葱50g，水瓜柳20g，牛膝草5g，莳萝5g，他拉根香草10g，银鱼柳8条，大蒜三粒，白兰地50毫升，马德拉酒50毫升，喼汁5g，红粉5g，柠檬皮5g，橙皮5g，橙汁5g，鸡蛋黄4个，食盐、胡椒粉适量。

②制作过程：把黄油软化打成奶油状。另外再用黄油将冬葱碎、洋葱碎、蒜末炒香至软。加入其他原料略炒，晾凉，放入软化的黄油，加鸡蛋黄搅匀，把搅匀的黄油用油纸卷成卷或者放入挤袋挤成花形，放入冰箱冷藏，备用。

(2)蜗牛黄油(snail butter)，一般用于焗蜗牛。

①原料：黄油1500g，番芫荽100g，冬葱末150g，大蒜100g，银鱼柳25g、他拉根香草15g，牛膝草5g，白兰地50毫升，红粉10g，水瓜柳25g，柠檬汁50g，咖喱粉10g，食盐15g、喼汁、胡椒粉适量。

②制作过程：把黄油软化打成奶油状。另外再用黄油将冬葱碎、洋葱碎、蒜末炒香至软。加入其他原料略炒，晾凉，放入软化的黄油，加鸡蛋黄搅匀，把搅匀的黄油用油纸卷成卷或者放入挤袋挤成花形，放入冰箱冷藏，备用。

(3)柠檬黄油(lemon butter)，可配牛扒，如果再放些莳萝可用于配煎海鲜。

①原料：黄油1000g，柠檬汁50毫升，芫荽5g，喼汁10毫升，食盐、胡椒粉适量。

②制作过程：把黄油软化打成奶油状。加入柠檬汁、喼汁、食盐、胡椒粉、芫荽末搅匀即可。

(4)文也少司(meuniere sauce)，多用于海鲜类菜肴。

①原料：黄油1000g，水瓜柳10g，炸面包10g，芫荽5g，柠檬肉丁10g，白葡萄酒50毫升，柠檬汁50g，食盐、喼汁、胡椒粉适量。

②制作过程：把白葡萄酒、柠檬汁、喼汁放在少司锅里加热，再放入黄油，不停搅拌到黏稠上劲，最后放入其他小料即可。

(5)鳀鱼黄油少司(anchovy sauce),用于煎、铁扒的鱼类。

①原料:黄油50g,鳀鱼柳25g,食盐、胡椒粉适量。

②制作过程:把黄油软化,鳀鱼柳切碎与黄油混合,食盐、胡椒粉调味,搅拌均匀,用油纸卷成卷放入冰箱冷藏,备用。

(6)芫荽黄油(parsly sauce),常用于铁扒的肉类菜肴。

①原料:黄油100g,芫荽末10g,柠檬汁、食盐、胡椒粉适量。

②制作过程:把黄油软化打成奶油状。加入柠檬汁、、食盐、胡椒粉、芫荽末搅拌均匀,用油纸卷成卷放入冰箱冷藏,备用。

8. 蔬菜水果少司(vegetable and fruit sauce)

蔬菜水果少司是现代人为了追求健康、时尚,提倡素食而慢慢流行的一类少司,它是以蔬菜、水果为主要原料,用搅拌器打成汁状制成的。主要是配各种蔬菜菜肴,也有配肉禽类菜肴的。

(1)红椒少司(paprika sauce),主要配蔬菜类菜肴。

①原料:红柿子椒500g,红粉5g,奶油50g,黄油10g,干白葡萄酒20g,柠檬汁10g,食盐10g,杂香草2g。

②制作过程:把红柿子椒放在扒板上扒至外皮较软,然后剥去外皮。把去皮的红柿子椒及所有的原料放入搅拌器里,搅打成浓汁即可。

③质量标准:色泽艳红、呈半流体、鲜香、咸酸微辣。

(2)葡萄少司(grape sauce),常用于配煎鹅肝。

①原料:鲜葡萄500g,苹果50g,冬葱50g,烧汁200g,干红葡萄酒250g,糖20g,食盐10g,黄油50g。

②制作过程:把葡萄去皮、去籽,用红葡萄酒腌12小时,再用搅拌器搅打成浓汁。把冬葱及苹果都切成小丁,用黄油炒香,再加入葡萄汁及烧汁,调入糖、食盐煮成浓汁,过滤即可。

③质量标准:色泽深红、香味浓郁。

(二)冷少司

1. 马乃司少司(mayonnaisc sauce)及衍生少司(small sauce)

(1)马乃司少司(mayonnaise sauce),又称蛋黄酱、沙拉酱、万里汁,是西餐中最基础的冷少司,它是以生鸡蛋黄作为乳化剂,利用脂肪的乳化作用,使乳液形成相对的稳定状态。用途极为广泛。

①原料:鸡蛋黄2个,沙拉油500g,芥末20g,柠檬汁60g,冷清汤50g,食盐15g,白醋10毫升,胡椒粉适量。

②制作过程:把鸡蛋黄打入陶瓷盆里,再加食盐、胡椒粉、芥末搅匀,然后徐徐淋入沙拉油并用蛋抽不停搅打,使蛋黄与黄油融为一体。随着搅打的继续,色泽慢慢变浅,黏度开始变大,搅打也比较费力,这时可以加入一些白醋和冷清汤,立刻质感变稀,颜色变白,可继续添加沙拉油并搅打,重复这个过程直到把油加完,再拌入其他辅料即可。

③质量标准:色泽浅黄或乳白,有光泽,稠糊状,清香及适口的酸、咸味,绵软,细腻。

④保管方法:存放时要加盖子，防止因表面水分挥发而脱油。存放时注意避免强烈的震动，以防止脱油。取用的时候应用无油的干净器具，否则会脱油。一般应存放在5~10℃的室温或0℃以上的冷藏箱里。温度过高或过低都会引起脱油。

(2)衍生少司(small sauce)

①鞑靼少司(tartar sauce)

把煮鸡蛋、酸黄瓜切成小丁，番芫荽切末，和马乃司少司拌和在一起即可。

②千岛汁(thousand islands dressing)

把煮鸡蛋、酸黄瓜、青椒切碎加入马乃司少司和番茄少司及白兰地酒、柠檬汁、食盐胡椒粉拌匀即好。

③法国汁(french dressing)

将白醋、法国芥末、沙拉油、清汤、洋葱末、蒜末、柠檬汁、噫汁、食盐、胡椒粉搅拌在一起，然后逐渐加入到马乃司少司里拌匀即可。

④鱼子酱少司(bagration sauce)

把黑鱼子酱和鳀鱼酱放在马乃司少司内搅拌均匀即可。

⑤绿色少司(green sauce)

把菠菜泥和番芫荽末、他拉根香草与马乃司少司搅拌均匀即好。

⑥尼莫利少司(remoulade sauce)

将酸黄瓜丁、水瓜柳、他拉根香草和马乃司少司混合拌匀即可。

2. 油醋少司(worcestershire sauce)及衍生少司(small sauce)

(1)油醋少司(worcestershire sauce)

①原料:沙拉油200，白醋50，洋葱末70，食盐10，胡椒粉、杂香草适量。

②制作过程:把以上所有原料混合拌匀即可。

(2)衍生少司(small sauce)

①渔夫少司(fisherman's sauce)

把熟蟹肉切碎放到油醋少司里，搅拌均匀即可。

②挪威少司(norway sauce)

将熟鸡蛋黄和鳀鱼切碎，放入油醋少司里搅拌均匀即可。

③醋辣少司(ravigote sauce)

把酸黄瓜、水瓜柳切碎，放到油醋少司里搅匀即好。

3. 特别少司(special cold sauce)

(1)金巴伦少司(cumberland sauce)

①原料:红加伦果酱500g，橙皮5g，柠檬皮5g，橙汁10g，柠檬汁100g，波尔图酒150g，英国芥末、红粉、食盐各适量。

②制作过程:将橙皮、柠檬皮切丝用清水煮沸，捞出晾凉，和其他原料一起放入红加伦果酱里搅拌均匀即可。

(2)辣根少司(horseradish sauce)

①原料:辣根200g，奶油100g，柠檬汁50g，食盐、红粉各适量。

②制作过程:辣根擦成细蓉，把奶油打成膨松状，将其余的原料混合均匀即好。

(3)薄荷少司(mint sauce)

①原料:薄荷叶50g,白醋400g,白开水400g,糖80g,食盐少许。

②制作过程:把薄荷叶剁碎,与其他原料混合,上火煮透,晾凉即可。

4. 意大利少司(italian dressing)

(1)原料:沙拉油500g,芥末50g,洋葱末50g,蒜碎20g,酸黄瓜30g,黑橄榄30g,番芫荽10g,红醋50g,红葡萄酒50g,柠檬汁20g,黑胡椒10g,喼汁10g,食盐、糖、他拉根香草、罗勒适量。

(2)制作过程:把酸黄瓜、黑橄榄切末,黑胡椒碾碎。把除红醋以外的原料放在一起,搅匀后逐渐加入沙拉油,一面加一面搅拌,直到把油加完,最后加入红醋搅匀即可。

5. 奶酪汁(cheese dressing)

(1)原料:马乃司少司20g,蓝奶酪50g,洋葱末50g,大蒜碎50g,水200g,芥末50g,酸奶50g,白醋20g。

(2)制作过程:把蓝奶酪用搅拌器打碎加入马乃司少司里,然后逐渐加入所有的原料搅拌均匀即可。

(三)点心少司

点心少司是用于制作各类冷热点心和饮料的少司,它具有浓郁口味、增强色彩的作用。

(1)阿罗罗少司(arrowroot sauce)

①原料:阿罗罗粉150g,果子汁500g,白糖150g,清水750g。

②制作过程:将阿罗罗粉放到容器里,加入少量的清水,化开。把白糖、果汁、阿罗罗粉浆及剩余的清水一同放入锅里加热,边加热边搅动,煮沸呈透明胶状即成。

③质量标准:白色、味香甜。

(2)香草少司(vanilla sauce)

①原料:牛奶500g,鸡蛋黄4个,白糖125g,生粉50g,鲜奶油50g,黄油5g,樱桃白兰地酒50g,香草精0.2g。

②制作过程:将鸡蛋黄放在盛器里,加入白糖,搅拌成乳白色,加入生粉搅匀,再加香草精稍拌后倒入少司锅里.将牛奶煮沸,徐徐冲入上述少司锅里,边冲边搅,搅拌均匀后,在加入黄油、鲜奶油、樱桃白兰地酒,煮沸便成。

③质量标准:色泽金黄,入口香甜肥滑。

(3)焦糖少司(caramel sauce)

①原料:奶油500ml,牛奶500ml,白糖500g,黄油20g。

②制作过程:将白糖放在少司锅里用小火慢慢翻炒,至熔化并上色,当色泽达到金黄色时。离火,慢慢加入加热过的奶油、牛奶,不断搅拌到充分混合即可。

(4)萨波洋少司(sauce sabayon)又称意大利蛋黄酱

①原料:鸡蛋黄8个,白糖250g,白葡萄酒250ml,雪利酒125ml。

②制作过程:将盛有鸡蛋黄的盛器放在50℃~60℃的热水中,加入白糖一边搅打一边淋入白葡萄酒、雪利酒,直至将酒全部加完,汁液变得浓稠即可。

(5)巧克力少司(chocolate sauce)

①原料:黑巧克力250g,奶油125ml,香精少许。

②制作过程:将巧克力隔水熔化，加入奶油、香精拌匀即可。

(6)朗姆酒少司(rum sauce)

①原料:朗姆酒100ml，粟米粉25g，白糖150g，牛奶250g，黄油50g，豆蔻粉、香精各适量。

②制作过程:将朗姆酒、粟米粉、白糖、牛奶混合，加热烧开，熬到一定的黏度，离火，加黄油、豆蔻粉、香精拌匀即可。

(7)水果少司(sweet sauce)

①原料:水果果酱100g，粟米粉5g，清水、柠檬汁各适量。

②制作过程:将水果果酱隔水熔化，加入柠檬汁和清水稀释的粟米粉，加热煮沸，搅拌均匀即可。

◆ 复习思考题

问答题

1. 什么是味觉？如何分类？
2. 影响味觉的因素有哪些？
3. 什么叫少司？如何分类？
4. 制作少司一般需要什么原料？
5. 布朗少司怎么制作？可以衍变出哪些少司？
6. 奶油少司怎么制作？可以衍变出哪些少司？
7. 白少司怎么制作？可以衍变出哪些少司？
8. 番茄少司怎么制作？可以衍变出哪些少司？
9. 荷兰少司怎么制作？可以衍变出哪些少司？
10. 什么是点心少司？
11. 马乃司少司怎么制作？可以衍变出哪些少司？
12. 马乃司少司在保管时应注意什么？

第九章　热菜制作

● **学习重点：**

西餐烹调的方法特点，西餐菜肴的制作。

● **教学目标：**

通过学习了解西餐烹调方法的分类，理解常用烹调方法的特点、适用的原料、操作要领等，并通过练习能够熟练掌握各种烹调方法代表菜肴的制作。

第一节　烹调过程中的热传递

一、基本概念

在烹调过程中，绝大部分菜肴的制作均要经过热加工工序。热力学第二定律指出，热量总是自发的由高温物体传向低温物体，哪里有温度差，哪里就有换热现象，就有热量传递。由于传递现象普遍存在，并在烹调过程中起着十分重要的作用，因此，就要求从事烹调的技术人员必须了解基本的传热规律，妥善运用传热规律来分析问题，提高热加工水平。

烹调中的热传递过程是较为复杂的，但归纳起来不外乎导热、对流换热、辐射换热三种方式。

1. 导热

导热是由物体内部分子和原子的微观运动所引起的一种热量转移方式。就一些固体而言，这种换热过程是指热量中固体的高温区域转移到低温区域的过程。不同的固体之间的导热过程只有在它们接触时才有可能发生。在气体和液体中进行单纯的导热过程时，它们内部必须没有宏观相对移动，在一般情况下，由于气体和液体易于流动，因而除了导热外，往往还以对流(气体还可能有辐射)的方式传递热量。

2. 对流换热

对流，就是流体微团改变空间的位置。由于流体微团改变空间位置所引起的流体和固体壁面之间的热量传递过程称为对流换热。

在对流时，作为载热体的流体微团不可避免地要产生热对流。例如水的温度不同，它在高温和低温时的比重也不同，比重小的水微团必然上浮，比重大的水微团一定下沉，这就形成了热对流。在对流过程中，微团一定和周围流体接触而进行导热，因此，在对流换热过程中是流体内部进行温差热对流和导热的综合过程。这种综合过程必然影响流体和固体壁面之间的对流换热。对于同一个流体，强制对流(在外力的作用下引起流体流动)时的放热比自然对流时强;紊流时的放热比层流时强。另外，换热面的几何形状、位置以及流体的物理性质，对放热物体都有很大影响。

3. 辐射换热

这种换热过程是指温度不同的两个或两个以上的物体间相互进行的热辐射和吸收所形成的换热过程。习惯上，只将和温度有关的辐射称为热辐射。物体的热能不断以电磁波的形式向四面八方发射这种形式的能量称为“热辐射能”。当这种电磁波落到另一物体表面时，就或多或少地被它吸收，并又转变为热能，热量就从一个物体转移到另一个物体。

辐射换热与导热、对流换热不同，导热和对流换热只发生在温度不同的物体接触时，而辐射不需要这样，因为电磁波的传播不依靠中间介质，因而辐射能可以在真空中传播。

以上介绍了三种基本传热过程，实际上的热量传递过程往往不是由一种形式单独进行的，而是由基本过程组合而成的复合过程。但不论是由几种基本过程复合的传热形式，它的作用结果都是基本传热过程单独作用结果的总和。这一点，已在实践中得到证明。

二、烹调过程中的热传递方式

1. 基本传热形式

各种烹调方法虽然名目繁多，但接受热量的空间形式可以分为平面受热型和空间受热型两类。

(1)平面受热型:平面受热型是指被加工的原料只有一个面接受热源的热量。抽象地说，就是二维传递过程。原料的平面受热型在受热过程中，每次只靠一个面受热，使热能向原料内部传递。在烹调过程中一般是加工好一面后，再加工其他面。

典型的烹调方法有:煎、铁扒等。

(2)空间受热型:空间受热型是三维传热过程。它是指被加工的原料在烹调过程中整个外表都受热。

典型的烹调方法有:煮、炸、烤等。

2. 不同介质的热传递

各种形式的热加工，除辐射外，都要经过传热介质。介质可以分为液体、气体、固体三类物理状态。在烹调中经常使用的热传介质有水、油、空气等。

(1)以液体为介质的热传递

①以水为介质的传热:主要的传热方式是对流换热。水在受热后温度升高，使浸没在水中的原料接受热量，达到热加工的目的。在标准大气压下，水的沸点为100℃，温度再升高，水就要变为水蒸气逸出，并带走大量的热使温度仍维持在100℃左右;若使用高压锅，可因压力上升，沸点也相应提高，如压力在2.04kg/cm^{2}的范围内，相应温度可达120℃。以水为介质传热的烹调方法主要有煮、焖、烩等。

②以油为介质的传热:这种传热方式也是靠对流作用。油的沸点较水要高，当油温上升至冒青烟时，动物油可达190℃～230℃;植物油油温略低，一般在170℃～

190℃。因此，用油传热，原料表面的温度会迅速上升到100℃以上，可使原料中的水分很快蒸发。烹调结束时，温度在130℃～160℃。以油为介质传热的烹调方法主要有：炸、煎、炒等。

(2)以空气为介质的传热

①以水蒸气为介质的传热：蒸汽就是达到沸点而汽化的水。这种传热方式实际上就是以对流换热为主要传递方式。传热空间的温度高低主要决定于气压的高低和火力的大小。根据热力学性质，蒸汽压力越高，温度也越高，一般可略大于沸点。这种传热方式的主要烹调方法是蒸。

②以空气为介质的传热：这种传热方式是以热空气对流的方式对原料进行热处理，若用明火时还伴有强烈的辅射换热。以空气为介质的传热范围很宽，根据原料的质量、几何形状的大小、菜肴的特点，温度可在60℃～350℃。

以空气为介质的传热形式，在西餐中经常使用，主要的烹调方法有：烤、焗、铁扒和串烧等。

(3)以固体为介质的热传递

①以金属为介质的热传递：这种形式是西餐特有的热加工方法。金属加热后温度很高，一般用于烹调时的温度可达300℃～500℃。将加工好的原料放在热金属板或其他金属器具上，使热量传入原料内部。这种热传递形式温差极大，可收到特殊效果。主要的烹调方法是铁扒。

②利用颗粒状固体传热：颗粒状固体主要是盐、砂粒等，这种方式是利用传导受热。盐和砂粒受热后温度比水高，但它不会像液体那样对流，因此在热加工中必须不断翻动，才可使被加工的原料受热均匀。这种烹调方法在西餐中很少使用。

(4)热加工的温度范围：在各种烹调方法中，由于使用的传热介质的物理性质不同，传热的温度也有很大差异，一般各种烹调方法的温度范围在60℃～400℃。

三、原料内部的热传递

任何烹饪原料传热时，都要有一个由表及里的传热过程。根据菜肴的特点，可以分为两种情况：一种要求内外一致，即传热温差尽量小，目的在于使原料在熟化过程中，内外成熟的程度一致；另一种加工方法则要求内外成熟的程度有明显差别，即所谓“外焦里嫩”。在烹调过程中，原料内部受热的快慢，以及原料内部与外部的温差趋于一致的时间的长短，不仅与火力大小有关，而且与原料的几何形状、质量状态有直接关系。一般来说，几何形状越大，原料内部温度升高得越慢。原料质地松软，水分充足，内部传热的速度越快；原料质地坚硬，水分少，内部传热的速度越慢。一般情况下，植物性原料的传热速度要比动物性原料快。

鉴于以上情况，在对原料进行热加工时需要掌握以下基本原则：

1. 使原料的几何形状合理、均匀，便于热量传递。
2. 热加工时要注意使原料各部分受热均匀。
3. 根据烹调方法选择适当的火力。

第二节 烹调临灶基本要求

烹调操作是一项繁重的体力劳动，同时又是一项复杂细致的技术工作。由于菜肴品种繁多，操作中要掌握火候和调味的多种变化，因此，这项工作的大部分操作很难用机械设备代替，包括一些较先进国家，烹调操作也以手工操作为主，这就要求从事烹调工作的专业技术人员必须掌握扎实的基本功，以适应这项既繁重又复杂的工作。

一、临灶操作的姿势和要求

临灶操作时，一般是左手握煎盘把或锅柄，右手握铲或叉等工具。面向炉灶，身体立直，上身略前倾，但不要弯腰屈背，两脚呈八字步站稳，全身肌肉放松，不要紧张、僵硬，双眼目视煎盘中菜肴的变化，双手自然配合，动作敏捷、干净、利落。

操作时要求精神集中，衣帽整洁，穿戴整齐，并随时注意炉灶周围的卫生状况，随时清理干净。

二、煎盘的使用技能

煎盘是西餐烹调中的主要工具，熟练地掌握煎盘的使用方法是西餐烹调的主要基本功之一。

1. 煎盘握法

一般左手握煎盘，掌心朝上，五指自然合拢，握住煎盘把的上部，要求握稳、握紧，但不能握死。

2. 小翻

动作要领：煎盘端平稳，先往前送出，使菜肴借助惯性滑到煎盘的前端，然后，将煎盘略微上扬，以不使菜肴滑出煎盘，与此同时，将煎盘向后一拉，使菜肴翻转过来。

小翻每次约翻动原料的1/2，操作时一般连续翻动。

3. 大翻

动作要领：将煎盘端起，如盘中菜肴较多，可双手握煎盘，往上斜举45°~70°角，借助惯性将菜肴翻起，使菜肴整体翻转过来。然后，将煎盘缓慢下落，使翻转的菜肴轻落于煎盘中。

大翻也是灶台较常使用的煎盘翻锅操作技法，适宜翻动量大的菜肴。此操作方法一般不连续使用。

4. 拉翻

拉翻是一种较方便的操作方法，适宜翻动小量的菜肴。

动作要领：将煎盘放在炉灶上，抬起煎盘斜呈45°角。先往前送出，再往后一拉，拉的同时将煎盘柄稍往下压，使菜肴翻转过来。

拉翻一次约翻动菜肴的1/2，操作时要连续翻动。

5. 转动

煎盘的转动广泛用于各种煎制菜肴。

动作要领：用拇指与其余四指拢住煎盘柄，但五指并不合拢。使煎盘在手指中间有活动空间，然后快速将煎盘向左转动，再迅速拉回使菜肴借助惯性在煎盘内转动。

操作时应视火候的情况掌握转动次数。

6. 抖动

煎盘的抖动适用于炸或烩制带有液体的菜肴。

动作要领：用手腕将煎盘不断向左转动使煎盘中带有液体的菜肴借助惯性随之转动。操作中要视火候的情况掌握抖动的频率。

第三节　热菜烹调方法

一、以油传热的烹调方法

以油为传热介质进行烹调是烹调中常用的方法。是以油为传热介质，通过油的对流和传导作用将原料加热成熟的烹调方法。大多数油脂经加热后，温度可达200℃以上，因此用油烹制菜肴可以使菜肴快速成熟，并带有油脂香气，且具有良好的色泽和风味。但用油传热进行烹调时，会对一些营养素产生一定的破坏作用，尽管如此，用油传热进行烹调的方法仍然深受广大消费者的欢迎。

以油传热进行烹调的具体方法有炸、煎、炒等。

（一）炸（deep frying）

1. 概念

炸就是将已经加工成形的原料，经调味，并裹上保护层后，放入油中浸没原料，加热至成熟上色的烹调方法。常用的炸法有以下两种：

（1）将原料表层沾匀面粉，裹上鸡蛋液，再沾上面包粉，然后入油锅炸制。

（2）将原料表层裹上面糊，然后入油锅炸制。

炸是以油为传热介质，主要是对流与传导形式传热。

2. 特点

由于炸制的菜肴是在短时间内，用较高的温度加热成熟的，原料表层可结成硬壳，原料内部水分充足。所以菜肴具有外焦里嫩或焦脆的特点，并有明显的脂香气。

3. 适用范围

由于炸制菜肴要求原料在短时间内成熟，所以适宜制作粗纤维少、水分充足、质地脆嫩、易成熟的原料，如鱼虾类、肉鸡、嫩肉等。

4. 操作要领

（1）炸制的温度一般在140℃～160℃，最高不超过190℃。

（2）炸制体积大、不易成熟的原料，要用较低的油温，以便热能逐渐向原料内部传导，使其成熟。

（3）炸制体积小、易成熟的原料，油温要高些，以便原料快速成熟。

(4)炸制裹有面糊的菜肴时应用较低的油温，以使面糊慢慢的膨胀，热能逐渐向原料内部传导，使原料炸制熟透。

(5)炸制菜肴时不宜使用黄油或橄榄油等燃点较低的油脂。

(6)炸油一定要经常过滤，去除杂质，以防变质。

5. 制作实例(用料以4人份计算)

例1　炸鱼条(fried fish a laorly)(英)

主料:净鱼肉500g。

辅料:面粉200g，啤酒150ml，鸡蛋3个。

调料:干白葡萄酒20ml，柠檬汁10ml，盐6g，胡椒粉适量。

配料:炸土豆条200g，柠檬角80g，鞑靼少司100g。

制作步骤:

(1)将净鱼肉切成条形放入盆中，加入干白葡萄酒、柠檬汁、盐、胡椒粉，腌渍入味。

(2)将面粉、鸡蛋黄、啤酒调成糊状，再将鸡蛋清打成泡沫状，倒在啤酒糊内，轻轻搅拌均匀。

(3)将腌渍好的鱼条沾上一层薄薄的面粉，裹上面糊，放入140℃的油锅中小火慢炸至成熟上色。

(4)将炸好的鱼条用口纸吸去表层多余的油脂，放在竹篮中，竹蓝中配上炸土豆条、柠檬角，鞑靼少司即可。

菜肴特点:色泽金黄;面糊膨松，表层光滑;鲜香及适口的酸咸味;外焦里嫩。

例2　炸火腿奶酪猪排(fried pork chop with ham and cheese)(意)

主料:净西排肉400g，奶酪40g，火腿10g。

辅料:鲜面包蓉100g，鸡蛋液100g，面粉50g。

调料:盐5g，胡椒粉少量。

配料:炒意大利面条200g，时令蔬菜100g，番茄少司100g。

制作步骤:

(1)将净西排肉用拍刀拍开，稍剁，抹平。

(2)将火腿和奶酪切成丝，放在猪排上，包好。

(3)将猪排上撒匀盐和胡椒粉，沾上一层面粉，刷上鸡蛋液，再沾上鲜面包蓉，用手按实。

(4)将猪排放入炸炉内，用140℃的油炸成金黄色，捞出。

(5)盘边配上炒意大利面条及时令蔬菜，放上猪排，盘边淋上番茄少司即成。

菜肴特点:色泽金黄;薄厚均匀;浓香微咸;外焦里嫩。

例3　炸奶酪小牛排(fried veal chop with cheese)(意)

主料:带骨小牛排4片。

辅料:鲜面包渣100g，意大利硬奶酪30g，番茄200g。

调料:黄油80g，橄榄油80g，柠檬汁50g，干红葡萄酒80g，罗勒、盐、胡椒粉各适量。

配料:炒意大利面条200g，时令蔬菜100g。

制作步骤：

(1)将带骨小牛排拍成厚片，撒匀盐、胡椒粉，把意大利硬奶酪切碎，和鲜面包渣和均匀。

(2)将小牛排沾上一层面粉，一层鸡蛋液，再沾上鲜面包渣和奶酪的混合物，用油炸成金黄色。

(3)将番茄去皮切碎，用橄榄油炒香，加入干红葡萄酒、罗勒、盐、胡椒粉热透，浇在盘边。

(4)将炸好的小牛排放在盘中间，浇上熔化的黄油和柠檬汁，盘边配上意大利面条和时令蔬菜即成。

菜肴特点：色泽金黄；片状平整；黄油和奶酪香味浓郁及适口的酸咸味；外焦里嫩。

例 4　奶油炸虾球（fried prawn balls with cream sauce）（法）

主料：净大虾肉 200g。

辅料：稠奶油少司 300g，鲜面包渣 100g，面粉 20g，鸡蛋 1 个。

调料：干白葡萄酒 50ml，盐 5g，胡椒粉少量。

配料：炸土豆条 200g，时令蔬菜 200g。

制作步骤：

(1)将净大虾肉切成小丁，放入稠奶油少司内，加少量鲜面包渣，调入干白葡萄酒、盐、胡椒粉搅拌均匀。

(2)将和好的虾馅制成球形，沾上面粉、鸡蛋液、鲜面包渣，炸至成熟上色。

(3)将炸好的虾球放在盘中间，盘边配上炸土豆条和时令蔬菜即成。

菜肴特点：色泽金黄；圆球大小均匀；有奶油香、酒香，味道鲜美微咸；外焦里嫩。

例 5　炸鸡球（beignets derolaile）（法）

主料：煮鸡肉 400g。

辅料：蛋清面糊 120g。

调料：盐 8g，他力根香草 8g，芫荽末 8g，炸油 500g。

配料：炸土豆条 200g，番茄 200g，芫荽 40g。

制作步骤：

(1)将煮鸡肉切成小丁，加盐、胡椒粉、他力根香草拌均匀。

(2)将芫荽末加入面糊内搅拌均匀，再放入鸡丁搅拌均匀。

(3)将油加热至 150℃，用匙挖出鸡丁及面糊放入油中，炸至成熟，上色捞出，用纸吸去多余的油脂。

(4)盘上配上炸土豆条、番茄、芫荽，放上炸鸡球即可。

菜肴特点：色泽金黄；呈圆球形；鲜香微咸；面糊松脆，肉质细嫩。

例 6　炸橄榄鸡卷

主料：鸡脯肉 4 块(约 150 克/块)。

辅料：鸡蛋 4 个，黄油 50g，面包屑 150g。

调料：色拉油 750g，精盐 8g，胡椒粉 8g。

配料：炸土豆条 200g，煮胡萝卜 200g，煮豌豆 200g。

制作步骤：

(1)将黄油用手捏成小橄榄形待用。

(2)将鸡脯肉用刀拍平，撒少许精盐和胡椒粉，将黄油放在鸡脯肉中，卷成橄榄形的鸡卷。

(3)锅中放油烧至150℃左右，将鸡卷沾上面粉、蛋液、面包屑，放在油中炸至成熟，表面金黄即可。

(4)食用时配上炸土豆条、煮胡萝卜、煮豌豆等。

菜肴特点:鸡肉香浓，外酥内嫩，形似橄榄。

例7　炸香蕉

主料:香蕉4个(约400g)。

辅料:鸡蛋清2个，面粉60g。

调料:白糖50g，朗姆酒20ml，水80ml，黄油20g，啤酒50ml，白兰地10ml，精盐少许，色拉油500g。

配料:奶酪汁50g。

制作步骤:

(1)将香蕉去皮，纵向切成2片，再横向切半。将香蕉放入容器中，撒上糖，拌匀后淋上朗姆酒，腌渍约30分钟。

(2)制脆浆料。将黄油用小火熔化，面粉与精盐和匀，筛入容器中，撒上糖，拌匀后，淋入已经熔化的黄油、啤酒、水，搅拌成粉浆，加入白兰地，放置约15分钟。

(3)锅放火上加热，将鸡蛋清充分打发，轻轻拌入脆浆内。待油烧热后，将香蕉放入脆浆中均匀裹上一层，再放入油锅中，炸制成金黄色捞出，沥去油，装盘，单跟奶酪汁，趁热进食。

菜肴特点:色泽金黄，外脆内软，香甜略带酒香味。

(二)煎(pan fry)

1. 概念

煎就是将已经加工成形的原料，经腌渍入味后，再用煎盘或扒炉及少量的油脂加热至规定的火候的烹调方法。

常见的煎法有以下三种:

(1)将原料腌渍后，直接放入煎盘中用油煎制。

(2)将原料腌渍后沾上一层面粉，再放入煎盘中用油煎制。

(3)将原料腌渍后沾上一层面粉再裹上鸡蛋液，然后放入煎盘中用油煎制。

煎的传热介质是油和金属，主要以传导形式传热。

2. 特点

直接煎和沾面粉煎制的方法可使原料表层结壳，内部失水分少，因此具有外焦里嫩的特点。

裹蛋液煎制的方法能使原料保留充分的水分，具有鲜香软嫩的特点。

3. 适用范围

由于煎的方法是使用较高的油温，使原料在短时间内成熟，所以适宜制作质地鲜嫩的原料，如鱼、虾、里脊、外脊、鸡胸肉等。

4. 操作要领

(1)煎的温度范围在120℃～170℃，最高不超过190℃，最低不能低于95℃。

(2)形状薄且易成熟的原料应用较高的油温煎制。

(3)形状厚且不易成熟的原料应用较低的油温煎制。

(4)裹有鸡蛋液的原料应用较低的油温煎制。

(5)煎制菜肴的开始阶段，应用较高的油温，然后再用较低的油温使热能逐渐向原料内部传导。

(6)煎制时使用的油不宜过多，最多只能浸没原料1/2。

(7)为了使原料在烹调中均匀受热，在煎制过程中要适当地翻转原料。

(8)原料在翻转过程中，不能碰破表层，以防原料水分流失，造成菜肴质地粗老。

(9)在煎制体积较厚、不易成熟的原料时，可在煎制后再放入烤箱中稍烤，使之成熟。

5. 制作实例(用料以4人份计算)

例1　比吉打猪排(piccata milanaise)(意)

主料:猪通脊肉600g。

辅料:鸡蛋3个，奶酪粉20g，面粉适量。

调料:盐8g，胡椒粉、百里香各少量。

配料:炒意式面条200g。

制作步骤:

(1)将通脊肉片出12片，用拍刀拍薄拍平，撒上盐、胡椒粉腌渍。

(2)将奶酪粉、百里香和鸡蛋液混合均匀。

(3)将猪排沾上一层面粉，再沾上鸡蛋液，用少量油，微火煎制至成熟。

(4)盘边配上炒意式面条，再放上煎猪排即成。

菜肴特点:色泽金黄;大薄片整齐均匀;鲜香，奶酪香，微咸;软嫩多汁。

例2　黄油柠檬煎鱼(pan fried fish with lemon and butter sauce)(欧陆)

主料:净鱼肉600g。

辅料:水瓜纽10g，番茄丁10g，鱼清汤30g。

调料:黄油20g，干白葡萄酒30ml，盐5g，胡椒粉、香叶、胡椒粒各少量。

配料:煮土豆榄200g，柠檬汁50g，时令蔬菜200g。

制作步骤:

(1)将鱼肉加工成厚片，加入盐、胡椒粉、干白葡萄酒腌渍入味。用少量油，小火慢慢将鱼肉煎熟。

(2)将香叶、胡椒粒用干白葡萄酒煮出味。

(3)将黄油熔化，逐渐加入鱼汤、干白葡萄酒、柠檬汁、水瓜纽、番茄丁，调成黄油少司。

(4)将少司浇在盘中间，煎鱼肉放在少司上，盘边配上煮土豆榄、柠檬片和时令蔬菜即成。

菜肴特点:鱼片淡黄，少司橙黄，鲜艳有光泽;鲜香，酒香，咸酸适口;鲜嫩多汁。

例3　煎鲜贝(pan fried scallops with spinach and red pepper)(法)

主料:鲜贝500g。

辅料：菠菜 200g，红柿椒 100g，葱头末、大蒜末各 15g，奶油少司 50g。

调料：干白葡萄酒 100ml，柠檬汁 30ml，奶油 50ml，黄油 80g，盐 5g，红椒粉、杂香草、胡椒粉各少量。

配料：煎土豆丝饼 200g。

制作步骤：

(1)将鲜贝用干白葡萄酒、柠檬汁、盐、胡椒粉腌渍入味，再用小火和少量的油慢慢煎熟。

(2)将菠菜烫软，剁成泥。用黄油将葱头末、大蒜末炒香，放入菠菜泥稍炒，调入盐、胡椒粉、奶油少司、奶油，搅拌均匀。

(3)将红柿椒烤熟后去皮放在搅拌器内，放入干白葡萄酒、红椒粉、黄油、奶油、盐、胡椒粉、杂香草，搅打成红椒少司。

(4)将菠菜泥倒在盘中，上面放鲜贝，再放上煎土豆丝饼，将红椒少司浇在四周即成。

菜肴特点：鲜贝淡黄，少司浅红，鲜艳有光泽；鲜香，酒香，味咸酸；鲜嫩多汁。

例 4　米兰煎猪排（fried pork chop Milanese）（意）

主料：猪西排 600g。

辅料：火腿丝 80g，牛舌丝 80g，蘑菇丝 60g，奶酪粉 20g，鸡蛋液 200g，面粉 50g。

调料：干红葡萄酒 50ml，盐 4g，百里香、胡椒粉各少量。

配料：炒意式面条 200g。

制作步骤：

(1)将猪西排加工成厚片形状，撒上盐、胡椒粉。

(2)用黄油将火腿丝、牛舌丝、蘑菇丝炒香，调入干红葡萄酒，待用。

(3)将百里香、奶酪粉调入鸡蛋液，搅匀。

(4)将猪排沾匀一层薄薄的面粉，再拖上蛋液，用少量油小火慢慢煎熟。

(5)将猪排放在盘中间，上面放上火腿丝、牛舌丝、蘑菇丝，盘边配上炒意式面条即成。

菜肴特点：色泽金黄；猪排厚片状；浓香，奶酪香，微咸；软嫩多汁。

例 5　煎瓤鸡胸（stuffed chicken breast with cream and carrot sauce）（法）

主料：去骨鸡胸 4 块。

辅料：奶油少司 300g，煮胡萝卜泥 50g。

馅料：净鸡胸肉 100g，鸡蛋 20g，奶油 20g，干白葡萄酒 20ml，葱头末、杂香草、盐、胡椒粉各适量。

配料：煮土豆橄、时令蔬菜各 200g。

制作步骤：

(1)将所有的馅料放入搅拌器内制成细腻的鸡肉馅。

(2)将鸡胸从大头处片一刀呈口袋状，然后填入鸡肉馅，沾匀面粉，用小火少量油煎上色，再用锡纸盖上，入烤箱烤熟。

(3)将胡萝卜泥放在奶油少司内搅拌均匀，热透。

(4)将鸡胸斜刀片成三片，码放在盘中间，浇上少司，盘边配上煮土豆橄和时令蔬菜即成。

菜肴特点:鸡胸色泽浅黄,少司色泽橙黄有光泽;鸡胸成斜片状,均匀整齐;鲜香、奶香、微咸;鲜嫩适口。

例6 诺曼底煎海鲜(fried seafood Normandy)(法)

主料:三文鱼、比目鱼、鲜贝、大虾共600g。

辅料:白萝卜50g,番茄50g,芹菜50g,葱头20g,大蒜20g,鱼基础汤400ml。

调料:干白葡萄酒100ml,茴香酒100ml,奶油200ml,柠檬汁50 ml,盐50g,胡椒粉少量。

配料:时令蔬菜200g。

制作步骤:

(1)将三文鱼、比目鱼片成片,和其他海鲜一起,加入干白葡萄酒、柠檬汁、盐、胡椒粉腌渍入味,然后用油煎熟。

(2)将白萝卜切成薄片,用沸水烫一下;将番茄去皮,切成小丁。

(3)将芹菜放入鱼基础汤中上火煮去汤的一半,加入茴香酒,再加入奶油煮浓,过箩,再用软黄油调剂浓度。

(4)将一部分煎好的海鲜放在盘中,上面放白萝卜片,再放上余下的海鲜,再放上白萝卜片,上面放上番茄丁,四周浇上少司,盘边配上时令蔬菜即成。

菜肴特点:海鲜整齐不碎,口味鲜香、酒香、奶香,鲜嫩多汁。

例7 核桃煎猪排(fried pork chop with walnut)(法)

主料:带骨猪排800g。

辅料:核桃碎粒60g,松子仁40g,番茄200g,牛基础汤400ml。

调料:干白葡萄酒100ml,波尔图酒50ml,核桃油50ml,芥末酱50g,盐5g,胡椒粉少量。

配料:圆白菜200g,葱头50g,胡萝卜50g,蘑菇50g,培根30g。

制作步骤:

(1)将带骨猪排加工成厚片状,加入盐、胡椒粉、核桃油腌渍入味。

(2)将猪排煎上色,取出,单面抹上芥末酱,沾上核桃碎粒、松子仁,再煎至成熟上色。

(3)将圆白菜叶烫软,放入模子内。

(4)用黄油将葱头丝、培根丝、胡萝卜丝、蘑菇丝炒香,加入波尔图酒、牛基础汤煮透,放在模子内,用圆白菜叶包好,放入烤箱烤至上色。

(5)将干白葡萄酒倒入少司锅内,用大火煮干,再加入牛基础汤,将汤煮干一半,加入番茄丁、盐、胡椒汾、核桃油,最后调入芥末酱。

(6)将煎好的猪排放在中间,盘边放配菜,再浇上少司即成。

菜肴特点:猪排焦黄、焦香,浓郁的核桃味和微咸味,外焦里嫩。

例8 普鲁旺斯煎小牛肉片(pan fried veal provencale)(法)

主料:小牛后腿肉600g。

辅料:鸡蛋1个,鲜面包渣100g,面粉80g,番茄100g,水50ml,牛基础汤400ml。

调料:黄油100g,橄榄油100g,盐5g,胡椒粉、百里香、迷迭香、龙蒿、罗勒、芫荽各少量。

配料:炒时令蔬菜400g。

制作步骤:

(1)将小牛肉加工成大片,加盐、胡椒粉调味。

(2)将鸡蛋、橄榄油、水、盐、胡椒粉放在容器内,搅拌均匀。

(3)在鲜面包渣内加入百里香、迷迭香、龙蒿、芫荽、盐、胡椒粉、橄榄油搅拌均匀。

(4)肉片沾匀面粉,单面沾鸡蛋糊,用油煎至成熟上色。

(5)将牛基础汤煮干一半,加番茄、罗勒、盐、胡椒粉、橄榄油煮透,过箩,再加入软黄油调剂浓度。

(6)将炒好的时令蔬菜配在盘边,小牛肉片放在盘中间,浇上少司即成。

菜肴特点:肉片深褐有光泽,口味鲜香微咸,有浓郁的香草味,鲜嫩多汁。

例9　苹果煎鹅肝(fried goose liver apple with grape sauce)(法)

主料:鹅肝400g。

辅料:苹果320g,葡萄少司240ml。

调料:黄油200g,盐6g,胡椒粉、玉桂粉各少量。

配料:煮土豆榄及时令蔬菜200g。

制作步骤:

(1)将鹅肝片成2片,苹果去皮、去核,切成2片。

(2)鹅肝上撒匀盐、胡椒粉,苹果上撒匀玉桂粉。

(3)用黄油将鹅肝和苹果慢慢煎熟。

(4)将鹅肝和苹果相间码在盘中央,盘边配上土豆榄及时令蔬菜,葡萄少司淋在鹅肝四周。

菜肴特点:鹅肝棕红有光泽;口味鲜香,咸酸适口;鲜嫩多汁。

(三)炒(saute)

1. 概念

炒就是将加工成细小形状的原料用少量的油,较高的温度,在短时间内快速加热成熟的一种烹调方法。

2. 特点

因为炒制的菜肴加热时间较短,温度较高,而且在炒制过程中一般不加过多的汤汁,所以炒制的菜肴都具有脆嫩鲜香的特点。

3. 适用范围

炒的烹调方法适宜制作质地鲜嫩的原料,如里脊肉、外脊肉、鸡肉及一些蔬菜和部分熟料,如米饭、面条等。

4. 操作要领

(1)炒的温度范围一般在150℃~190℃。

(2)炒制的原料形状要细小,而且原料形状大小要均匀。

(3)炒制的菜肴加热时间短,翻炒速度要快。

5. 制作实例(用料以4人份计算)

例1　俄式牛柳丝(beef stroganoff)(俄)

主料：牛里脊肉500g。

辅料：葱头60g，青椒60g，番茄40g，蘑菇片40g，酸黄瓜40g，布朗少司200ml。

调料：干红葡萄酒200ml，酸奶油40ml，番茄酱60g，盐5g，红椒粉、胡椒粉各少量。

配料：黄油炒米饭200g。

制作步骤：

(1)将牛里脊肉、葱头、青椒、番茄、酸黄瓜均切成粗丝。

(2)用旺火迅速将牛里脊丝炒变色，放入葱头、青椒、蘑菇片、番茄、酸黄瓜、番茄酱，稍炒，放入干红葡萄酒、布朗少司、盐、胡椒粉、红椒粉等，菜肴出锅前放入酸奶油热透。

(3)将肉丝倒在盘中，盘边配上黄油炒米饭即成。

菜肴特点：汤汁深红，间有各种蔬菜的鲜艳色泽；菜肴的汤汁与主辅料混合均匀，盘内有少量余汁；浓香，微咸酸；鲜嫩适口。

例2　炒意大利面条（spaghetti with minced meat sauce）**（意）**

主料：意大利面条500g，牛肉末300g。

辅料：牛基础汤100ml，胡萝卜50g，芹菜50g，葱头、大蒜末各25g。

调料：黄油70g，番茄酱50g，盐5g，百里香、胡椒粉、奶酪粉各少量。

制作步骤：

(1)将胡萝卜、芹菜切成碎末，意大利面条煮熟，用冷水过凉。

(2)用油将葱头、大蒜末炒香，放入肉末炒变色，放入番茄酱稍炒，加入牛基础汤、百里香、盐、胡椒粉用小火煮透。

(3)用黄油将意大利面条炒透，放入盘中，浇上肉末少司，撒上奶酪粉即成。

菜肴特点：面条浅黄，肉末少司浅红色；装盘整齐不散乱；肉香、奶香浓郁，咸酸适口；面条软而不烂，肉末烂而不干。

例3　炒猪肉丝蘑菇少司（slice pork with mushroom sauce）**（法）**

主料：猪通脊肉500g。

辅料：葱头50g，香菇40g，草菇10g，白蘑菇40g。

调料：白兰地酒50ml，鲜奶油30ml，布朗少司300ml，盐5g，胡椒粉适量。

配料：米饭200g。

制作步骤：

(1)将猪通脊肉切成丝，香菇、草菇、白蘑菇切成丁，葱头切末。

(2)用植物油将肉丝用旺火快速炒熟。

(3)用黄油将葱头末炒香，放入蘑菇丁稍炒，烹入白兰地酒，放入布朗少司，调入盐、胡椒粉、鲜奶油，在小火上煮熟透，然后放入猪肉丝翻炒均匀。

(4)在盘边配上米饭，倒上猪肉丝即成。

菜肴特点：浅褐色；主辅料混合均匀，盘内略有余汁；浓香，酒香，微咸；肉丝鲜嫩，少司细嫩。

例4　炒蔬菜（saute vegetable）**（欧陆）**

主料：黄、绿两种小西葫芦300g，茄子100g，番茄100g，葱头50g，蘑菇50g。

辅料:红柿椒200g，面糊50g，紫菜2片，大蒜50g。

调料:橄榄油50g，意大利香醋30ml，柠檬汁30ml，奶油30ml，黄油30g，盐5g，胡椒粉少量。

配料:玉米饼120g。

制作步骤:

(1)将各种蔬菜都切成片，蘑菇刻上花纹，放入葱头、大蒜末、意大利香醋、橄榄油、盐、胡椒粉腌入味。

(2)将红柿椒去皮，用色拉油把葱头、大蒜末炒香，放入红柿椒稍炒，倒入搅拌器内，加入奶油、黄油、柠檬汁、盐、胡椒粉搅打成浓汁。

(3)将紫菜沾上面糊炸上色。

(4)将玉米饼放在盘中间，上面放炒好的蔬菜，再将紫菜放在蔬菜上，四周浇上少司即成。

菜肴特点:色泽鲜艳，有光泽;形态整齐不乱;口味清淡，微咸酸;脆嫩爽口。

二、以水传热的烹调方式

以水为传热介质的烹调方式，是通过水的对流和传导作用将原料加热成熟的烹调方法。因为水的沸点为100℃，所以以水进行传热的烹调形式温度范围较低。在这种温度范围内进行烹调，各种营养素的损失都很小，同时还可以使菜肴具有清淡爽口的特点。

以水传热进行烹调的具体方法有温煮、沸煮、烩、焖等。

(一)温煮(poach)

1. 概念

温煮就是将需加工的原料放入水或基础汤中，用低于沸点的温度，将原料加工成熟的烹调方法。

温煮的传热介质是水，以对流与传导形式传热。

2. 特点

因为温煮时使用的水温较低，这种烹调方法对原料的组织结构和营养成分破坏非常小，所以能使菜肴保持较多的水分，保持质地鲜嫩，并具有口味清淡、原汁原味的特点。

3. 适用范围

温煮适宜制作质地鲜嫩、粗纤维少、水分充足的原料，如嫩鸡肉、鱼、虾、鸡蛋等。

4. 操作要领

(1)根据原料的不同质地，温煮的温度应掌握在70℃~90℃。一般情况下，原料的质地越嫩、体积越小，使用水的温度就应越低。

(2)温煮时使用水或基础汤的用量要适当，以刚好浸没原料为宜。

(3)在烹调过程中要始终保持火候均匀一致，以使原料在相同的时间内同时成熟。

(4)在烹调过程中可以使用锅盖进行保温，但是要注意适当地打开锅盖，以使原料中的不良气味挥发出去。

5. 制作实例(用料以4人份计算)

例1 煮鱼鸡蛋少司（poached fish egg sauce）**（欧陆）**

主料：净鱼肉600g。

辅料：鸡蛋少司300g，鸡基础汤400ml。

调料：葱头20g，胡萝卜10g，芹菜10g，柠檬10g，香叶1片，盐6g，白醋、胡椒粉适量。

配菜：煮土豆榄200g。

制作步骤：

（1）将鱼肉加工成块状，加入盐、胡椒粉腌渍。

（2）将葱头、芹菜、胡萝卜、香叶、柠檬放入鸡基础汤中煮沸，然后再放入鱼块，调入白醋用小火煮熟。

（3）将煮土豆配在盘边，中间放两块煮鱼，浇上鸡蛋少司即成。

菜肴特点：乳白色；大块且整齐不碎；鲜香，味微咸酸；软嫩适口。

另附鸡蛋少司的制作方法：

原料：煮鸡蛋50g，奶油少司200g，黄油20g，芫荽末、葱头末、盐各少量。

制法：用黄油将葱头末炒香，放入奶油少司和煮鸡蛋片、盐热透，再撒上芫荽末即可。

例2 水波蛋（poached egg）**（欧陆）**

主料：鸡蛋8个。

调料：白醋适量。

配料：芫荽适量。

制作步骤：

（1）将水煮开，放入少量白醋。

（2）将鸡蛋打在盘内，轻轻倒进热水内，水温保持在95℃，煮约4分钟，捞出过凉。

（3）再将鸡蛋放入95℃的盐水中，加热2分钟捞出，沥干水分。

（4）将鸡蛋放在盘内，配上芫荽即成。

菜肴特点：洁白光亮；椭圆整齐，蛋清凝固，蛋黄半软；鲜香；软嫩。

例3 红酒煮牛扒（poached steak with red wine）**（法）**

主料：牛里脊肉600g。

辅料：布朗少司100ml，黄油50g。

调料：红葡萄酒100ml，香叶2片，葱头50g，百里香、盐、胡椒粉各少量。

配菜：煮土豆榄200g，黄油炒蜜豆100g，胡萝卜榄100g。

制作步骤：

（1）将牛里脊肉分成4份，加工成牛扒形状。

（2）将红葡萄酒倒入布朗少司中，放入香叶、葱头煮沸，再放入牛扒，用95℃的温度煮至顾客需要的成熟度。

（3）将牛扒捞出放在盘内，配上煮土豆榄、黄油炒蜜豆和胡萝卜榄。

（4）将煮牛扒的汤汁煮浓，放入软黄油调匀至合适的浓度浇在盘边即成。

菜肴特点：棕红有光泽；圆饼状，完整不碎；酒香浓郁；鲜嫩多汁。

例 4　煮鱼虾卷红花少司（poached sole and prawn with saffron sauce）（**法**）

主料：用比目鱼柳 8 条，大虾 8 只。

辅料：奶油少司 200g，鱼清汤 200ml，蔬菜香料 100g。

调料：干白葡萄酒 400ml，番红花 0.5g，盐、胡椒粉各少量，香叶 2 片。

配菜：煮土豆榄 200g，番茄丁 50g，芫荽末少量。

制作步骤：

（1）比目鱼柳将大虾卷起，撒上盐、胡椒粉，用锡纸包好。

（2）在锅底抹上黄油，放上鱼虾卷、蔬菜香料、香叶、鱼清汤、部分干白葡萄酒、胡椒粉，用微火把鱼虾卷煮熟。

（3）用干白葡萄酒将番红花煮至深红色，倒入奶油少司中，调制成奶油红花少司。

（4）将鱼虾卷放在盘内，配上煮土豆榄，浇上奶油红花少司，再撒上番茄丁、芫荽末即成。

菜肴特点：橘红有光泽；卷形整齐不碎不散；浓香，微咸酸；软嫩多汁。

例 5　煮三文鱼（poached salmon）

主料：净膛三文鱼一尾约 3600g。

辅料：葱头 500g，芹菜 250g，胡萝卜 250g。

调料：盐 50g，胡椒粉 5g，鱼清汤 4000g，百里香 2g，香叶 1g，白胡椒粒 10 粒，干白葡萄酒 750g，柠檬少司 500g。

配料：橄榄形胡萝卜 12 个，橄榄形土豆球 12 个，西兰花 500g。

制作步骤：

（1）将葱头去皮洗净，切成丝；胡萝卜洗净，去皮切成片；芹菜去叶，去根，洗净，切成 3 厘米长的段备用。

（2）将鱼放入煮锅中，加入鱼汤、干白葡萄酒、百里香、香叶、白胡椒粒、盐和已加工好的蔬菜，用文火把鱼煮熟。

（3）将煮熟的鱼滤净水分，置于已消毒过的菜板上，去掉鱼皮、鱼骨，将鱼按客人的数量分成若干份，分别放在鱼盘中。

（4）将已煮好的胡萝卜球、土豆球、西兰花按份数分别放在鱼盘的上方。

（5）将柠檬少司加热后分别浇在鱼盘中的鱼块上即可。

菜肴特点：鲜香、酸咸适口；软嫩多汁。

例 6　鲜牛奶煮鱼（poached fish in milk）（**法**）

主料：净鱼肉 150g。

辅料：土豆球 4 个，胡萝卜球 4 个，黑橄榄 2 个，红鱼子酱 10g。

调料：鲜牛奶 250g，茴香酒少许，盐、胡椒粉各少许，香叶 1 片。

制作步骤：

（1）将鱼肉撒上盐、胡椒粉备用。

（2）煮锅内放入鲜奶，加入少许茴香酒、香叶煮开，放入加工好的鱼块，煮至鱼刚熟，捞出放入一汤盘中。

（3）将土豆球、胡萝卜球放入煮鱼的鲜奶锅中，煮熟捞出，放在鱼盘的四周，再撒上黑橄榄片。

(4)将锅中汤汁继续用旺火煮至稍浓后，过箩，倒入一少司碗中，加入红鱼子酱，搅匀浇在已做好的鱼上及鱼的四周即可。

菜肴特点:色泽乳白;奶香浓郁、微咸;软嫩多汁。

例 7　煮鱼荷兰少司(poached fish with Hollandaise sauce)**(法)**

主料:新鲜净鱼肉 1250g。

辅料:荷兰少司 750g，面粉少量。

调料:芹菜 100g，盐 15g，胡椒粉微量。

配料:煮土豆 800g，芫荽末少量。

制作步骤:

(1)将鱼肉加工成 10 块，撒上盐、胡椒粉，沾匀面粉。

(2)将芹菜放入清水中煮沸，捞去芹菜，放入鱼块煮熟。

(3)在盘边配上煮土豆，上面撒些芫荽末点缀，中间放上鱼块，浇上荷兰少司即可。

菜肴特点:口味鲜香，微咸酸;鲜嫩。

(二)沸煮(boil)

1. 概念

沸煮就是将需要加工的原料，放入水或基础汤中，用微沸的温度将原料加工成熟的烹调方法。

沸煮的传热介质和传热形式与温煮相同。

2. 特点

因为沸煮的菜肴不用浓汁加热，也不用油进行初步热处理，所以用沸煮烹调的菜肴能充分保留原料本身的鲜美滋味，并且具有清淡爽口的特点。而且这种烹调方法对原料的营养素的破坏也较少。

3. 适用范围

一般的蔬菜、禽肉类原料都可以用沸煮的方法进行烹调，适用范围非常广泛。

4. 制作要领

(1)沸煮的温度应始终保持 100℃或接近 100℃。

(2)沸煮时水或基础汤的用量比温煮略多些，使原料能完全浸没在液体中。

(3)沸煮时要注意及时地除去汤中的浮沫，防止浮沫煮进原料中。

(4)沸煮过程中，一般不加锅盖烹调。

5. 制作实例(用料以 4 人份计算)

例 1　煮牛胸蔬菜(boiled ox breast with vegetable)**(法)**

主料:牛胸肉 720g。

辅料:牛基础汤 2000ml。

调料:盐 10g，胡椒粒 1g，香叶 2 片，葱头 50g，芹菜 50g。

配菜:圆白菜 200g，土豆 200g，胡萝卜 200g，辣根少司 100g。

制作步骤:

(1)将牛胸肉洗净，加入牛基础汤上火煮沸，汤沸后除净汤沫，放入切碎的葱头、芹菜和其他的调料，改用微火煮制。

(2)将圆白菜、土豆、胡萝卜切成斜角块，待牛肉快熟时放入汤中，煮至牛肉成熟。

(3)将煮好的蔬菜放在盘子的一边，牛肉切成片放在盘子中间，浇上少量原汤，配上辣根少司即可。

菜肴特点:本色;片状大小厚薄均匀;清鲜，微咸，辛辣;牛肉烂而不柴，蔬菜软而不烂。

例 2　煮羊腿水瓜纽少司(boiled leg of lamb capere sauce)**(英)**

主料:羊腿肉 750g。

辅料:水瓜纽少司 300g。

调料:芹菜 80g，盐 8g，丁香 2 粒，黑胡椒粒 4 粒。

配料:土豆 200g，葱头 200g，胡萝卜 100g，白萝卜 100g，芫荽 20g。

制作步骤:

(1)将羊腿肉洗净，加入清水至全部没过羊肉，上火加热至沸，沸后除净汤沫，放入葱头、黑胡椒、丁香、芹菜、芫荽、盐在微火上煮制。

(2)将土豆、胡萝卜、白萝卜都切成条，待羊肉快成熟时放入锅中与羊肉同煮至熟。

(3)将煮好的蔬菜捞出配在盘边，再将羊肉切成每份 3 片，放在盘子中间。将水瓜纽少司热透倒在汁斗中，单独配上。

菜肴特点:原色;片状整齐不碎;清鲜，微咸;羊肉烂而不干，蔬菜软而不烂。

例 3　柏林式酸菜煮猪肉(boiled pork with sour cabbage Berlin)**(德)**

主料:带皮猪腿肉 800g。

辅料:酸白菜 400g，葱头 100g。

调料:盐 60g，胡椒粒 2g，香叶片 2 片。

配菜:煮土豆 200g。

制作过程:

(1)将猪肉洗净，放在锅内。

(2)将酸白菜放在猪肉周围，随之放入葱头丝、香叶、胡椒粒、盐，再加入清水上火加热，用微火将猪肉煮熟。

(3)将煮土豆和酸白菜配在盘边，猪肉切成片，放在中央，浇上少量原汤即好。

菜肴特点:鲜香、酸咸适口。

另附酸白菜做法:

用料:净圆白菜 5000g，苹果 250g，胡萝卜 250g，盐 100g，香叶 6 片，胡椒粒 10g，茴香子 10g，干辣椒 25g。

制作过程:

(1)将圆白菜、胡萝卜、苹果切成粗丝。

(2)将香叶、胡椒粒、茴香子、干辣椒、盐撒在圆白菜内拌匀。

(3)在缸内依次码上圆白菜、胡萝卜、苹果，用力压实，加盖，放在温度 36 ~ 40℃处使其发酵，当汤液发酵出现泡沫时移至 1 ~ 5℃处冷藏保存，凉透即可食用。

(三)蒸(steam)

1. 概念

蒸是将加工成形的原料，经调味后，放入有一定压力的容器内，用蒸汽加热，使菜肴成熟的一种烹调方法。

蒸汽是达到沸点而汽化的水，其传热的形式是对流换热，由于蒸在加热过程中要有一定的压力，所以温度略高于沸点。

2. 特点

因为蒸的菜肴用油少，而且又是在封闭的容器中加热，所以蒸制的菜肴一般都比较清淡，同时还具有原汁、原味的特点。

3. 适用范围

蒸的烹调方法适宜制作质地鲜嫩、水分充足、易于成熟的原料，如鱼、虾及慕斯、布丁等。

4. 操作要领

(1)原料在蒸制前首先要进行调味处理。

(2)在蒸制过程中要把蒸锅或蒸箱密封好，防止跑汽。

(3)蒸制时要根据原料的不同质地、形状大小掌握好火候。原料质地越嫩，使用的温度越低，一般不要超过沸点。菜肴以刚好成熟为宜，不要过火。

(4)取菜时要注意小心开锅盖放汽，以防被蒸汽烫伤。

5. 制作实例(用料以4人份计算)

例1　热醋油汁蒸鱼辫(steamed fish plaits with warm)(法)

主料:带皮红鲐鱼柳250g，带皮龙脷鱼柳250g，带皮红鲉鱼柳250g。

辅料:热醋油汁200g，胡萝卜100g，洋葱100g，百里香、香叶、芫荽各适量，黑胡椒粒6粒，蒜头10g，香草束1束。

调料:盐10g，胡椒粉少量。

配料:煮土豆200g，时令蔬菜200g。

制作步骤:

(1)将胡萝卜与洋葱去皮后切成4块。将水、香草束、黑胡椒、盐5g、蒜头、胡萝卜与洋葱放入蒸锅中，烧沸。蒸锅中应有约5cm深的汤料，小火煮20~30分钟。

(2)鱼柳用水冲洗干净后，用纸巾拍干，剔去所有的鱼骨，将鱼柳修成相同的长度。将每块鱼柳纵向切成约2cm宽的长条。3种不同的鱼柳分别切成4条。再将3种不同颜色的鱼条编成4件三色相间的鱼辫。

(3)将鱼辫移至蒸锅架上，撒上盐和胡椒粉。再将蒸架架在小火烧沸的煮鱼汤料上，加盖将鱼辫蒸8~10分钟，直到用叉子很容易将鱼肉剥落为止。

(4)将热醋油汁放在盘子中间，再将鱼辫放在热醋油汁上，盘子边放上配菜即成。

菜肴特点:热醋油汁黄色，鱼辫三色相间;鱼肉辫形完整，均匀不碎;微咸，酸香，鲜美;鱼肉鲜嫩不烂，软嫩多汁。

另附热醋油汁制法

用料:干葱头2个，红酒醋125ml，法式芥末酱10ml，橄榄油75ml，植物油150ml，新鲜他力根或百里香6枝，新鲜芫荽7枝。

制作步骤:

将干葱头去皮切成粒。在深锅中用打蛋器将醋、芥末与干葱头搅拌均匀。先缓缓注入橄榄油，而后注入植物油，其间不停地搅拌至醋油乳化，略显黏稠为止。小火加热至中温，不停地搅拌。将深锅从热源上取下，加入切碎的香料、盐和胡椒粉，用打蛋器搅拌后备用。

例2　蒸菱鲆鱼配蔬菜少司（barbue steamed with vegetable sauce）（法）

主料：净菱鲆鱼肉750g。

少司料：大蒜20g，红辣椒10g，葱头30g，芹菜30g，茴香20g，红甜椒30g，青甜椒30g，节瓜30g。

调料：红酒醋10g，茴香酒10g，基础汤100g，橄榄油100g，水瓜纽、盐、胡椒粉、百里香、罗勒各适量。

配料：炒番茄600g。

制作步骤：

（1）将鱼片抹上橄榄油，放上百里香腌入味。

（2）将百里香从鱼片上取下，撒上盐、胡椒粉，然后放入蒸箱内蒸熟。

（3）将所有少司料都切成小丁，用橄榄油炒香，再放入所有调料煮透，然后用搅拌器打成汁。

（4）将炒番茄放在盘边，中间放上鱼片，再将蔬菜汁浇在鱼片四周即成。

菜肴特点：鱼肉乳白；鱼为厚片状，整齐不碎；鲜香及适口的酸咸味；软嫩多汁。

例3　蒸填馅鸡腿（steamed chicken leg）（法）

主料：鸡腿4只。

馅料：鸡胸肉100g，鸡肝肉200g，葱头50g，鲜蘑50g，羊肚菌50g。

调料：黄油80g，橄榄油30ml，鸡汤300ml，鲜奶油400ml，干白葡萄酒200ml，波尔图酒50ml，盐6g，胡椒粉少量，葱头末30g。

配菜：煮土豆300g，胡萝卜200g，鲜芦笋200g。

制作步骤：

（1）将鸡腿去骨，仅保留少量根部骨头。

（2）将馅料都切成小丁，用橄榄油炒香，加波尔图酒、鸡汤煮干，加盐、胡椒粉调味。

（3）将馅料填入鸡腿，用线缝好，蒸15分钟。

（4）在葱头末中加入干白葡萄酒、鸡汤，煮去水分，加鲜奶油煮透，加盐、胡椒粉调味，用箩过滤，再加入软黄油调剂浓度，即成少司。

（5）将配菜用黄油炒香，配上盘边，放上鸡腿，浇上少司即好。

菜肴特点：鸡腿浅黄，少司乳白；鸡腿完整，不破损，不露馅；肉香、奶香、酒香调和，微咸；软嫩多汁。

例4　蒸瓤三文鱼、比目鱼（steamed salmon and sole）（法）

主料：三文鱼300g，比目鱼300g。

馅料：净鱼肉300g，干白葡萄酒80g，奶油80g，蛋清80g，葱头末、杂香草、盐、胡椒粉少量。

少司料：奶油少司200g，煮胡萝卜泥80g。

配菜：煮土豆球200g，时令蔬菜200g。

制作步骤：

(1)将三文鱼、比目鱼片成薄片，撒上盐、胡椒粉，分别放在保鲜纸上。

(2)用绞肉机将净鱼肉绞成细馅，依次放入所有馅料，搅打均匀并上劲，分别放在三文鱼、比目鱼上。

(3)用保鲜纸将三文鱼、比目鱼片包好。

(4)将包好的鱼团放入蒸箱内蒸熟。

(5)在奶油少司内调入胡萝卜泥，调好浓度，热透，浇在菜盘内。

(6)将鱼团外层的保鲜纸剥去，放在盘中央，其他配菜放在盘边即好。

菜肴特点:奶香、酒香、鲜美，微咸;软嫩适口。

例5　蒸海鲜菜花少司(seafood steamed with caulifower)

主料:各种海鲜150g。

辅料:洋白菜20g，黄瓜20g。

调料:白葡萄酒、盐、胡椒粉各少量。

少司料:奶油少司、煮菜花泥各适量。

配料:菜花木斯、胡萝卜木斯各适量。

制作步骤:

(1)将黄瓜切成圆片，码放在盘内。

(2)将各种海鲜切成丁，放入调料拌匀。

(3)洋白菜切成丝，用黄油炒一下，放在海鲜上，再放入蒸箱内蒸熟。

(4)将煮菜花泥放入奶油少司内热透，调匀，浇在盘内。

(5)将蒸好的海鲜扣在盘内，配上菜花木斯、胡萝卜木斯即成。

菜肴特点:色彩鲜艳;鲜香微咸;鲜嫩适口。

(四)烩(stew)

1. 概念

烩就是将加工成形的原料，放入用本身原汁调制而成的浓少司内，加热至成熟的一种烹调方法。

烩的方法是以水为传热介质，以对流与传导方式进行传热。

因为在烹调中使用的少司不同，所以烩又可分为红烩、白烩、混合烩等不同类型。

2. 特点

因为烩制的菜肴是使用原汁和不同色泽的浓少司，所以一般具有原汁原味、口味浓香、色泽艳丽的特点。

3. 适用范围

因为烩制的菜肴加热时间较长，并且经过初步热加工，各种动物性原料、植物性原料、质地较嫩或较老的原料都能制作。所以烩制菜肴适宜制作的原料非常广泛。

4. 操作要领

(1)烩制时少司的用量不宜多，以刚好覆盖原料为好。

(2)烩制菜肴可在灶台上进行烹调，少司的温度保持在80～90℃。这种方法便于掌握火候，但是较费人力。

(3)烩制菜肴时还可以在烤箱中进行烹调，烤箱的温度最高为180℃，少司的温度应控制在90℃左右。

(4)在烩制菜肴的过程中要加盖烹调。

(5)烩制的菜肴大部分都要进行初步熟处理加工。

5. 制作实例(用料以4人份计算)

例1　咖喱鸡(curry chicken)(欧陆)

主料:净鸡800g。

辅料:咖喱少司100ml，土豆100g。

调料:色拉油100ml，盐8g，咖喱粉、胡椒粉各少量。

配菜:黄油炒饭750g。

咖喱小料:炸干葱、炸葡萄干、炸杏仁、烤花生料、黄瓜皮丁、番茄丁等共300g。

制作步骤:

(1)将鸡剁成块，撒上盐、咖喱粉、胡椒粉拌匀。土豆切成块。

(2)将鸡块用色拉油煎上色，控净油，放入咖喱少司，如少司稠可加些鸡汤，并放入土豆块在微火上加热。也可加些奶油、椰酱等调味，并用油炒面粉调剂浓度，直至将土豆和鸡烩熟。

(3)盘边配上米饭，盛上咖喱鸡。咖喱小料单上。

菜肴特点:黄绿色，有光泽;块状均匀，表层裹满少司;浓香，辛辣，微咸;鸡肉软烂，少司细腻。

例2　匈牙利烩牛肉(hungarian goulash)(匈)

主料:牛胸肉或臀部肉800g。

辅料:葱头200g，青椒300g，番茄200g，土豆100g，油炒面粉20g。

调料:盐7g，牛膝草、红椒粉、小茴香各少量，色拉油50g，胡椒粉少量，酸奶油30g。

配菜:炒匈牙利面片或米饭300g。

制作步骤:

(1)将牛肉切成块，撒匀盐和胡椒粉，用色拉油煎上色，放入锅内，加适量水。葱头和番茄切块，放入锅内，再放入牛膝草、红椒粉和小茴香，用微火焖至七成熟。

(2)将土豆和青椒切成块，放入牛肉内，调入酸奶油，再用油面酱调剂浓度，将牛肉、土豆烩熟。

(3)盘边配上炒匈牙利面片或米饭，盛上烩牛肉即可。

菜肴特点:浅褐色;块状均匀，表层裹满少司;浓香，微咸;软烂不柴。

例3　莳萝烩海鲜(seafood stew with dill cream sauce)(法)

主料:新鲜净鱼肉300g，大虾150g，扇贝150g。

辅料:奶油少司350g，葱头80g，大蒜40g。

调料:黄油50g，白葡萄酒50ml，白兰地酒10ml，莳萝1g，奶油30g，盐7g。

配菜:黄油炒米饭350g。

制作步骤:

(1)将净鱼肉、大虾和扇贝切成丁，葱头和大蒜切成末。

(2)将葱头末、蒜末用黄油炒香，放入海鲜丁稍炒，烹入白兰地酒和白葡萄酒，放入奶油少司和莳萝热透，调入盐和奶油，开透即可。

(3)盘边配上米饭，盛入烩海鲜即可。

菜肴特点:乳白色，有光泽;均匀整齐不碎，表层裹满少司;鲜香，间有莳萝的香味及适口的酸咸味;鱼肉鲜嫩，少司细腻。

例4　橙汁烩鸭 (stewd duck with orange sauce) (法)

主料:嫩鸭600g。

辅料:鲜橙200g，葱头末50g，鸭烧汁200ml。

调料:橙子酒80ml，番茄酱50g，蜂蜜30g，盐7g，糖10g，黄油100g，色拉油100ml，胡椒粉少量。

配菜:烤土豆片及时令蔬菜。

制作步骤:

(1)将鲜橙去皮榨成汁，橙皮切细丝加清水煮软。

(2)将鸭子剁成块，撒匀盐、胡椒粉，用色拉油煎上色。

(3)用黄油炒葱头末、番茄酱，放入鸭块，加入鸭烧汁、橙皮水、橙汁、橙子酒、蜂蜜、盐、糖、胡椒粉，把鸭子烩熟。

(4)将烩鸭块放在盘中，浇上原汁，旁边放上配菜即好。

菜肴特点:棕红色有光泽;鸭块均匀整齐，表层裹满少司;香味浓郁，有明显的酒香和橙子香味;软烂不干。

例5　土豆烩羊肉 (stewed lamb with potato) (英)

主料:小羊前腿肉600g。

辅料:土豆200g，胡萝卜50g，洋白菜100g，葱头30g，奶油少司50g。

调料:黑胡椒粒5g，盐7g，胡椒粉、芫荽末、百里香各少量。

配菜:米饭350g。

制作步骤:

(1)将羊肉用清水加黑胡椒粒煮至七成熟，羊肉捞出切成块，黑胡椒用滤器滤出。

(2)将土豆、洋白菜和葱头切成块，胡萝卜切成段，和羊肉放在一起，用煮羊肉的原汤加热，沸后调入盐、胡椒粉和百里香，焖至羊肉熟透、蔬菜已软，放入奶油少司使汁液浓稠，撒上芫荽末。

(3)盘边配上米饭，均匀地盛上羊肉和蔬菜即好。

菜肴特点:浅褐色;块状均匀整齐，表层有少司;浓香，微咸;羊肉软烂不柴，蔬菜软而不烂。

例6　红酒烩兔肉 (hare stewed with red wine sauce) (法)

主料:兔肉800g。

辅料:葱头200g，胡萝卜200g，芹菜200g，李子干150g，培根150g，鸡汤100ml。

调料:干红葡萄酒100ml，红酒醋40ml，橄榄油40ml，色拉油100ml，盐7g，迷迭香、胡椒粉各少量。

配菜:黄油米饭及时令蔬菜各适量。

制作步骤:

(1)将兔肉加工成块，撒上盐和胡椒粉。将葱头、胡萝卜和芹菜切成丁。

(2)将一半蔬菜放在容器内，上面放兔肉，再放余下的蔬菜，然后放上干红葡萄酒、红酒醋和橄榄油腌 12 小时。

(3)将腌过的兔肉用色拉油煎上色，再放上培根片及腌肉的蔬菜炒熟，然后放入腌肉汁、迷迭香和鸡汤焖 30 ~ 40 分钟。

(4)将兔肉捞出，原汤放入李子干煮 5 分钟，加盐和胡椒粉调味，再放入兔肉烩熟。

(5)将黄油米饭盛在盘边，中间放兔肉及原汁，四周配时令蔬菜。

菜肴特点：暗红色有光泽；块状整齐，表面裹满少司；浓郁的酒香及适口的酸咸味；兔肉软烂不干。

(五)焖(braise)

1. 概念

焖就是将加工成形的原料，经初步熟处理加工，再放入基础汤，加上盖，在烤箱内进行加热，使之成熟的一种烹调方法。

焖的方法是以水和空气为传热介质。以对流与传导，并伴随有热辐射的方式进行传热的。

焖与烩的烹调方法相似，但是也有很多不同的地方，主要区别是：焖是将原料加工成大块或小块的形状，汤汁只是浸没到原料 1/2 或 1/3，原料成熟后再用原汁调制少司，在烤箱内加盖烹调。而烩是将原料加工成小块或丁的形状，少司完全浸没原料，原料与少司同时进行烩制，可以在烤箱内或炉灶上进行烹调。

2. 特点

因为焖制的菜肴烹调时间较长，所以焖制的菜肴一般都具有软烂、味浓、原汁、原味的特点。

3. 适用范围

焖的烹调方法适用范围广泛，既可制作质地鲜嫩的原料，也可制作结缔组织较多的原料。焖制时应根据原料的不同质地采用不同的火候进行烹调。

4. 操作要领

(1)焖制菜肴时基础汤的用量要适当；应根据不同的原料，使汤汁浸没原料的 1/2 或 1/3。

(2)菜肴在焖制前应用油对原料进行初步熟处理加工，使原料表层结成硬壳，以防止原料水分的流失。

(3)菜肴在焖制前要先在炉灶上将汤加热至沸，再加盖放入烤箱中焖制。

(4)菜肴焖制成熟后，再用原料调制少司。

5. 制作实例(用料以 4 人份计算)

例 1　焖牛肉卷(braised beef roll)(法)

主料：牛胸部肉 600g。

辅料：面包 40g，葱头 100g，番茄 100g，鸡蛋 1 个，油炒面粉 50g。

调料：盐 6g，百里香、柠檬皮、芫荽各少量，香叶 1 片，黄油 50g，胡椒粉微量。

配料：煮土豆榄 300g。

制作步骤：

(1)将面包切去四边撕成碎片，柠檬皮切碎，用黄油炒香，放入百里香、芫荽末、盐、胡椒粉及适量牛清汤热透。凉后放入鸡蛋液拌匀成馅。

(2)将牛肉去净筋皮，切成两块，摊平，抹上面包馅，卷成卷，用线绳扎紧。

(3)在肉卷表层撒匀盐、胡椒粉，用热油煎上色，放在焖锅内，加适量牛清汤，放上葱头片、番茄片、香叶，加盖放入烤箱焖熟。

(4)将配菜放在盘边，牛肉切成每份3片放在盘中央，蔬菜过滤器制成泥放回汤内，再用油炒面粉调剂浓度，淋在牛肉上即可。

菜肴特点:棕褐色;片状均匀一致;浓香，微咸;软烂不干。

例2 红酒汁焖猪排卷(braised pork loin roll with red wine sauce)(意)

主料:猪通脊肉1条。

辅料:菠菜叶50g，猪肥膘80g，葱头50g，胡萝卜50g，芹菜50g,鲜蘑20g，布朗少司200ml，基础汤200ml。

调料:黄油100g，色拉油100ml，干红葡萄酒100ml，葱头末50g，盐8g，胡椒粉少量。

配菜:黄油炒面条200g。

制作步骤:

(1)将葱头、胡萝卜、芹菜、鲜蘑切成丝，用黄油炒香，放入干红葡萄酒、盐、胡椒粉炒成馅。

(2)将通脊肉片成大片，撒匀盐、胡椒粉，码上肥膘，再铺上一层烫过的菠菜叶，再倒上炒好的馅，卷成卷，用线绳捆好。

(3)将肉卷用色拉油煎上色，放入烤箱盘，倒上基础汤，盖上锡纸，入炉焖熟。

(4)用干红葡萄酒煮葱头末，加布朗少司及焖肉原汁，放入盐、胡椒粉调口，放入黄油调浓度。

(5)将肉卷切成片，码在盘内，盘边配黄油炒面条，淋上布朗少司即成。

菜肴特点:肉为褐色，间有蔬菜的红绿色;厚片状，整齐不散;浓香、酒香，微咸;软嫩适口。

例3 罐焖牛肉(braised beef in crock)(俄)

主料:牛肉800g。

辅料:土豆200g，葱头100g，胡萝卜100g，芹菜50g，番茄80g，鲜蘑50g，豌豆50g，蒜蓉10g，布朗基础汤400ml，油炒面粉50g，色拉油100ml。

调料:番茄酱50g，红葡萄酒100g，辣酱油20g，盐7g，糖10g，胡椒粒2g，黄油80g，胡椒粉少量。

制作步骤:

(1)将牛肉切块，撒匀盐和胡椒粉，用色拉油煎上色，加入适量水，放上部分葱头、芹菜、胡萝卜、盐，沸后加盖，再放入180℃烤箱中焖至八成熟。

(2)将葱头、土豆、番茄、胡萝卜切成条，芹菜切成段，然后用黄油将葱头炒香，放入番茄酱，炒至油呈红色，倒入锅内，放入油炒面粉，倒入布朗基础汤，搅拌均匀，再放入胡萝卜、芹菜、蒜蓉，调入红葡萄酒、辣酱油、盐、糖，开透即成少司。

(3)在焖罐内依次放入土豆、牛肉，倒入少司，上面放番茄、豌豆、鲜蘑，加盖放在烤箱内，把肉焖熟。

菜肴特点：少司为红色，间有主辅料的多种颜色；汤汁呈稀少司状，没过牛肉，表层无浮油；浓香，酸、甜、咸各滋味协调；牛肉软烂不干，蔬菜软而不烂。

例4　焖牛舌（braised ox tongue tomato sauce）（**法**）

主料：牛舌600g。

辅料：葱头50g，芹菜50g，胡萝卜50g，番茄100g，培根100g，面粉50g，牛基础汤400ml。

调料：黄油80g，干红葡萄酒400ml，鲜百里香2支，香叶2片，盐8g，胡椒粉少量，番茄酱50g。

配菜：小葱头200g，时令蔬菜200g。

制作步骤：

（1）将牛舌加工干净，煮1小时，剥去外皮。番茄去皮切碎。

（2）将葱头、胡萝卜、芹菜、培根切成丝，和香叶一起用黄油炒香，加入面粉稍炒，放入番茄酱、番茄、干红葡萄酒、牛舌、牛基础汤、盐、胡椒粉煮透，放入180℃的烤箱中焖3~4小时。

（3）将小葱头根部切十字口，时令蔬菜切条用开水烫软，加少量焖牛舌的调味汁热透。

（4）将牛舌捞出，切厚片，放在盘中，汁液过滤器浇在牛舌上，小葱头及蔬菜配在盘边即好。

菜肴特点：色泽深红有光泽；牛舌呈厚片状，整齐不碎；浓香、酒香，微咸酸；牛舌软烂，少司细腻。

例5　奶油龙蒿焖鸡（braised chicken with cream tarragon sauce）（**法**）

主料：鸡腿4个。

辅料：奶油少司400ml，葱头80g。

调料：黄油50g，干白葡萄酒80ml，鸡基础汤200ml，鲜龙蒿50g，盐7g，胡椒粉少量，色拉油100ml。

配菜：黄油米饭200g，炒菠菜叶150g。

制作步骤：

（1）将鸡腿从关节处切断，调入盐、胡椒粉、龙蒿腌4小时，用色拉油煎上色。

（2）将葱头切成丝，和龙蒿一起用黄油炒出香味，放入白葡萄酒，待酒浓后放入煎好的鸡腿，再放入鸡基础汤，上火煮开后放入180℃烤箱内焖10分钟。

（3）将焖好的鸡放在少司锅内，汤汁过滤后加入锅中，再放入奶油少司、盐、胡椒粉热透。

（4）盘边放上黄油米饭和炒菠菜叶，盘中间放上鸡腿，浇上少司即好。

菜肴特点：色泽乳白，有光泽；块状整齐，少司为半流体；浓香、酒香、龙蒿香，微咸；软嫩多汁。

例6　焖比目鱼白酒汁（braised sole with white sauce）（**法**）

主料：净比目鱼肉4条，约600g。

辅料：葱头80g，番茄100g，鲜蘑50g，芫荽30g，大蒜2瓣，鱼基础汤300ml。

调料：黄油100g，干白葡萄酒200ml，鲜奶油200ml，盐7g，柠檬汁、胡椒粉各少量，色拉油100ml。

配菜：煮土豆及时令蔬菜共300g。

制作步骤：

(1)在鱼身上撒匀盐、胡椒粉，再将尾部折回，用色拉油煎上色。

(2)将大蒜汁液涂在烤盘上，再抹上一层黄油。

(3)将番茄、葱头、鲜蘑切成小丁，芫荽切成末撒在烤盘上，放上鱼，倒入鱼基础汤、干白葡萄酒，在炉灶上热开后盖上油纸，放入180℃烤箱内焖熟。

(4)将鱼肉取出，汁液过箩，放入鲜奶油、柠檬汁、盐、胡椒粉煮透，再调入软黄油，即成少司。

(5)将鱼肉放在盘中间，浇上少司，盘边配上煮土豆及时令蔬菜即好。

菜肴特点：色泽乳白有光泽；形态完整不碎；口味鲜香，酒味浓郁，微咸、酸；软嫩多汁。

例7　焖填馅小牛核(stuffed sueetbread with chicken meat)(法)

主料：牛仔核400g。

馅料：鸡胸肉200g，蛋清30g，鲜奶油200ml，开心果仁20g，红甜椒20g，黑菌15g。

少司料：葱头100g，芹菜80g，胡萝卜80g，香叶1片，百里香1g，干白葡萄酒150ml，鸡基础汤60ml，黄油50g，橄榄油50ml，盐7g，胡椒粉少量。

配菜：煮土豆榄及时令蔬菜共300g。

制作步骤：

(1)在小牛核一端切开一个口，呈袋状。

(2)将鸡胸肉用搅拌器制成泥，同时逐渐加入蛋清、奶油、盐、胡椒粉，再将开心果仁、红甜椒、黑菌切成小丁，放入鸡肉中搅匀。

(3)将鸡肉馅用挤袋挤入小牛核中，再撒上盐、胡椒粉，蘸上面粉。

(4)将小牛核用油煎上色，倒出多余的油，再放入黄油，然后放入葱头丁、胡萝卜丁、芹菜丁炒香，再放入干白葡萄酒、香叶、百里香、鸡基础汤，盖上盖放入180℃的烤箱中焖30分钟。

(5)将小牛核取出，在焖汁中放入鲜奶油调好口，过滤成少司。

(6)将小牛核切成片，码在盘中，边上配上土豆榄及时令蔬菜，周围浇上少司即可。

菜肴特点：色泽乳白，洁白光亮；口味浓香、奶香、酒香，微咸；口感软嫩。

三、以空气传热的烹调方式

以空气为传热介质的烹调方式，是通过空气的对流和热辐射作用将原料加热成熟的烹调方法。以空气传热的烹调方法在西餐烹调中使用非常广泛。用空气传热的烹调方法使用的温度范围很广，最低可在100℃以下，最高可达300℃以上。

以空气传热的烹调方法包括烤、焗、铁扒和串烧等。

(一)烤(roast)

1. 概念

烤就是将体积较大的生料，经过初步加工整形后，再用调味品腌渍入味，然后放入封闭的烤炉中，加热至上色，并达到规定火候的一种烹调方法。

烤是以空气作为传热介质的，以对流的形式进行传热。

2. 特点

封闭式烤法原料受热均匀，可使菜肴具有良好的特殊风味，并有外焦里嫩的特点。

3. 适用范围

封闭式烤法适宜制作体积较大的肉类、禽类原料，如嫩鸡、外脊肉、羊腿等。

4. 操作要领

(1)烤的温度范围在140℃～240℃。

(2)烤制不易成熟的原料时要先用较高的炉温，当原料表面结壳以后，再降低炉温。

(3)烤制易于成熟的原料时，可一直保持较高的炉温。

(4)如原料已上色或有的部分易于成熟，就要用锡纸盖上再烤。

(5)烤制过程中要不断往原料上刷油，或淋上烤肉流下的油脂和原汁。

5. 制作实例(用料以4人份计算)

例1　烤火鸡配苹果(roast turkey with apple)(美)

主料:火鸡1只。

馅料:熟栗子250g，培根200g，火鸡肝200g，面包心350g，迷迭香、马佐连各少量，葱末20g，黄油50g，白兰地酒30ml，鸡汤80ml。

调料:葱头100g，胡萝卜100g，芹菜100g，香叶2片，鸡烧汁80ml，红葡萄酒30ml，糖20g，盐15g，胡椒粉、玉桂粉各微量。

配料:烤苹果及时令蔬菜共200克。

制作步骤:

(1)用黄油将葱末炒香，放入培根丁、火鸡肝丁炒透，放入白兰地酒、盐、胡椒粉、迷迭香、马佐连、面包心、熟栗子丁，并加适量鸡汤焖透成馅。

(2)将火鸡洗净，撒上盐、胡椒粉及任意切碎的胡萝卜、葱头、芹菜、香叶稍腌，然后在火鸡表面均匀地抹上一层油，放入烤盘。

(3)将栗子馅瓤入火鸡嗉子，将嗉子捆紧，放入烤盘，连同火鸡一起放入烤炉，用较高的炉温烤，并将烤鸡流出的汁液不断淋回鸡上，再盖上锡纸，将鸡烤至成熟。

(4)将苹果核挖空，填上糖和玉桂粉放入烤箱内烤熟。

(5)将烤火鸡的原汁过滤，去掉浮油，加入鸡烧汁，上火开透，调入盐、红葡萄酒煮成原汁少司。

(6)将配菜码放在盘边，每份一块鸡腿、一块鸡脯、一片瓤馅，浇原汁少司即可。

菜肴特点:黄褐色;块状整齐;浓香微咸;肉质鲜嫩不柴。

注:此菜也可整只上。

例2　香草烤羊排(roast mutton chop with herb sauce)(法)

主料:羊排1条

辅料:香草面包蓉50g。

调料:芥末酱20g,盐、胡椒粉少量。

配料:烤土豆及时令蔬菜、香草少司各少量。

制作步骤:

(1)将羊排加工整齐,撒上盐、胡椒粉,用油炸上色,放在烤盘内用200℃的炉温烤至所需的火候。

(2)将羊排取出,抹上一层芥末酱,撒上香草面包蓉,及时放回炉内烤至面包蓉上色。

(3)将羊排切成每份2片,配上烤土豆和时令蔬菜即可,香草少司单跟。

另附香草面包蓉制作方法:

用料:蒜蓉、杂香草、面包蓉、黄油各少量。

制作步骤:用黄油将蒜蓉炒香,放入杂香草、面包蓉,拌匀即可。

菜肴特点:色泽深褐;厚片状,整齐均匀;香草味浓郁,微咸,辛辣;鲜嫩多汁。

例3 香醋汁烤鸡(roast spring chicken with rosemary sauce)(法)

主料:嫩鸡1只。

辅料:牛基础汤400ml。

调料:香醋汁200ml,黄油80g,盐8g,胡椒粉、奶油各少量。

配料:各种时令蔬菜400g。

制作步骤:

(1)将鸡加工成4大块,去掉大骨,撒上盐、胡椒粉,抹上一层奶油,用色拉油煎上色,放入180℃的烤炉内烤10~15分钟。

(2)将香醋汁倒入少司锅内煮干1/2,再倒入牛基础汤煮浓。

(3)将各种蔬菜切成丁,用沸水烫一下,用黄油炒熟,倒在盘中,将鸡块斜着片成片,放在蔬菜上面,浇上香醋汁即好。

菜肴特点:色泽金黄;斜片整齐均匀;醋香味浓郁,微咸;鲜嫩多汁。

例4 烤牛外脊(roast sirloin beef)(法)

主料:牛外脊1条。

辅料:葱头50g,芹菜50g,胡萝卜50g。

调料:红酒少司200ml,香叶2片,盐8g,胡椒粉少量。

配料:炸土豆条及时令蔬菜共300g。

制作步骤:

(1)将牛外脊加工整齐,抹匀胡椒粉,撒上切碎的葱头、胡萝卜、芹菜和香叶,稍腌。

(2)将牛外脊用色拉油煎上色,放在烤盘内,再将腌外脊的调料用黄油炒香,撒在外脊肉上,用200℃的炉温烤到所需火候。

(3)将外脊肉切成片,配菜装盘,浇上红酒少司即可。

菜肴特点:浅棕色,肉中间为浅红色;大片整齐均匀;鲜香微咸;鲜嫩多汁。

例5 烤鳕鱼青蛤汁(roast cad with clam sauce)(法)

主料:大块净鳕鱼片600g。

辅料:青蛤200g,火腿末50g,培根末50g,鱼基础汤500ml,葱头末、大蒜末、芫荽末、面包渣各少量，橄榄油适量。

调料：干白葡萄酒300ml，盐、胡椒粉、阿里根奴各适量。

配料：土豆橄榄及时令蔬菜共300g。

制作步骤：

(1)在鳕鱼片上撒匀盐、胡椒粉、阿里根奴，然后用橄榄油把培根末及部分葱头末炒香，撒在鱼片上，把鱼腌入味。

(2)用橄榄油将葱头末、大蒜末炒香，再放入青蛤稍炒，加入干白葡萄酒煮透，放入鱼基础汤，用小火煮45分钟。

(3)将青蛤汤倒入烤盘内，再将鳕鱼片放在青蛤上，撒上面包渣、火腿末、芫荽末，用200℃炉温烤约20分钟。

(4)将烤好的鱼取出，再将青蛤汤倒入锅内加热，加入干白葡萄酒、盐、胡椒粉调口，过滤，成青蛤少司。

(5)将鳕鱼切成块，码在盘中央，盘边配上煮土豆榄及时令蔬菜，周边浇上青蛤少司即可。

菜肴特点：鳕鱼肉色洁白，表层呈金黄色；大块整齐不碎；鲜香、酒香，微咸；鲜嫩多汁。

例6　迷迭香烤笋鸡（roast spring chicken with rosemary sauce）**（法）**

主料：笋鸡1只。

辅料：葱头50g，芹菜50g，胡萝卜50g，奶油30g。

调料：迷迭香、盐、胡椒粉、香叶各少量。

配料：炸土豆条及任意蔬菜各适量。

制作步骤：

(1)将笋鸡加工整形，撒上盐、胡椒粉、抹上一薄层奶油，在油锅内炸上色，捞出将油控净。

(2)在鸡面上撒匀迷迭香，烤盘内放上切碎的葱头、胡萝卜、芹菜、香叶，放入210℃的烤炉内烤约45分钟。烤制过程中将鸡翻转一次，并将烤鸡的原汁淋在鸡上。

(3)在盘内码好配菜，放入烤鸡(可整上也可切块)，浇上鸡汁即可。

菜肴特点：色泽金黄；鸡形完整；口味鲜香，并有浓郁的香草味和微咸味；鲜嫩多汁。

例7　佛罗伦萨式烤鱼（baked fish Florentine）**（意）**

主料：净鱼肉200g。

辅料：菠菜200g，奶油少司200g，鸡蛋黄2个，巴马奶酪40g，葱头50g。

调料：盐、胡椒粉、豆蔻粉、白葡萄酒、奶酪粉各适量。

制作步骤：

(1)将鱼片成两片，撒匀盐、胡椒粉，码在烤斗内(烤斗内抹黄油，撒葱末)，倒上鱼汤盖上纸，沸后送入烤炉烤10分钟。

(2)将菠菜用盐水煮烂冲凉、剁碎，用黄油加盐，豆蔻粉炒香，放烤斗内，上放鱼片。

(3)将奶油少司加鱼汤煮沸，调味并搅入蛋黄、奶酪粉浇在鱼上，再撒上奶酪用明火炉烤上色即可。

菜肴特点：色泽金黄；鱼表层平整不塌陷；浓香微咸；鱼肉鲜嫩，少司红腻。

（二）焗（bake）

1. 概念

焗是广州、香港一带的习惯用语，就是将各种经过初步加工成熟的原料，浇上不同的浓少司，用敞开式烤炉（明火烤炉）烤至成熟上色的一种烹调方法。

焗以空气为传热介质，其传热形式为热辐射。

2. 特点

焗制的菜肴表层盖有浓少司，可以保护主料质地鲜嫩，并能使菜肴具有气味芳香、口味浓郁的特点。

3. 适用范围

焗的烹调方法适宜制作质地鲜嫩的原料，如鱼、虾、嫩肉、蔬菜等。

4. 制作要领

（1）焗的温度较高，一般在 180～300℃，可以上下移动烤盘来调节烤炉温度。

（2）烤斗的底层要浇上一层较稀的少司。

（3）原料上面的少司要稠些，要浇得厚薄均匀平整。

5. 制作实例（用料以 4 人份计算）

例 1　焗锅牛（snails in shell lerb butter）（法）

主料：蜗牛 24 个。

辅料：蜗牛黄油少司 200g，黄油 80g，葱头、胡萝卜、芹菜各 50g，葱末、蒜末各少量。

调料：干白葡萄酒 30ml，白兰地 5ml，盐 5g，杂香草、胡椒粉各少量。

制作步骤：

（1）将葱头、胡萝卜、芹菜切碎，放入锅中加水煮沸，再放入蜗牛稍煮，捞出。

（2）将蜗牛肉挑出，去掉尾部，用煮蜗牛的原汁洗净。

（3）用黄油将葱末、蒜末炒香，蜗牛肉稍炒后烹入白兰地、干白葡萄酒，调入盐、胡椒粉炒匀。待蜗牛肉凉后用镊子放入原壳内，在壳内开口处塞上蜗牛黄油少司放在盘中，入炉焗上色即可。

菜肴特点：色泽金黄；浓香味美；鲜嫩爽口。

例 2　培根焗鲜贝（baked scallop with bacon）（意）

主料：鲜贝 400g，培根 80g。

辅料：菠菜 200g，面包渣 30g，葱头 30g，大蒜 20g，芫荽 10g。

调料：干白葡萄酒 100ml，奶油 50ml，柠檬汁 50ml，盐 5g，阿里根奴、玉桂粉、胡椒粉各少量。

制作步骤：

（1）用干白葡萄酒、柠檬汁、盐、胡椒粉将鲜贝腌渍入味，上面放上培根片，用牙签别好。

（2）将菠菜用沸水烫软后剁碎，葱头、大蒜、芫荽切成碎末。

（3）用黄油将葱头、大蒜炒香，再放入菠菜稍炒，调入盐、胡椒粉、奶油、玉桂粉炒透，倒入盘中。

(4)用油将鲜贝下半部煎熟，再撒上面包渣、芫荽末、阿里根奴，放入焗炉焗上色，码在炒菠菜上即可。

菜肴特点：色泽金黄；鲜贝整齐不碎；鲜香，微咸；鲜嫩多汁。

例3　奶酪焗猪排（baked pork chop with cheese）**（意）**

主料：净猪排肉600g。

辅料：巴马仙奶酪80g，番茄200g，葱头末40g，大蒜末30g。

调料：干红葡萄酒100ml，黄油100g，辣酱油ml，盐7g，罗勒、胡椒粉各少量。

配料：炒意大利面条200g。

制作步骤：

(1)将净猪排加工成厚片，撒匀盐、胡椒粉，奶酪切成薄片。番茄去皮，切成小丁。

(2)用黄油将葱头末、大蒜末炒香，放入番茄、干红葡萄酒、辣酱油、罗勒、盐、胡椒粉炒透。

(3)用色拉油将猪排煎上色，上面放奶酪片，入明火炉焗上色。

(4)将番茄倒在盘中，上面放猪排，盘边配上意大利面条。

菜肴特点：奶酪金黄，间有番茄的红色；厚片整齐均匀；浓香、奶酪香，微咸；鲜嫩多汁。

例4　番茄焗鱼片（baked fish with tomato）**（意）**

主料：净鱼肉400g。

辅料：番茄100g，鱼汤80ml。

调料：干白葡萄酒40ml，橄榄油40ml，鲜百里香4枝，盐5g，柠檬皮、罗勒、胡椒粉各少量。

制作步骤：

(1)将鱼肉斜片成片，番茄去皮切成小丁，百里香、柠檬皮切碎。

(2)用盐、胡椒粉、百里香、罗勒、柠檬皮将鱼片腌入味，均匀地码在盘上。

(3)在鱼片上浇上鱼汤、干白葡萄酒，撒上番茄丁，再淋上橄榄油，放入焗炉内焗熟。

菜肴特点：色泽乳白有光泽，间有番茄丁的红色；鱼肉呈片状，整齐不碎；口味鲜香，微咸酸；鲜嫩多汁。

例5　焗生菜牡蛎卷（baked oyster lettuce roll）**（法）**

主料：鲜牡蛎12个，生菜叶4片。

辅料：穆斯林少司300g，黑鱼子酱80g。

调料：干白葡萄酒300ml，奶油80ml，盐5g，粗盐50g，胡椒粉少量。

制作步骤：

(1)将鲜牡蛎肉撕下，用白干葡萄酒煮一下。

(2)将生菜叶用热水烫一下，放上牡蛎肉包好。

(3)将煮牡蛎的汁煮浓，加入奶油，再煮浓稠，然后倒入穆斯林少司内搅拌均匀。

(4)将牡蛎肉放在壳内，浇上穆斯林少司，放入焗炉焗上色。

(5)将牡蛎放在盘内，上面放上黑鱼子酱，盘内放些粗盐，以使牡蛎壳稳定。

菜肴特点:金黄色，间有鱼子的黑色;表面丰满不塌陷;口味鲜香，微酸咸;鲜嫩多汁。

例6　巴黎黄油焗牛外脊(baked sirloin with Paris butter)(法)

主料:牛外脊肉175g。

辅料:巴黎黄油50g。

调料:盐、胡椒粉各少量。

配料:烤土豆及任意蔬菜各适量。

制作步骤:

(1)将牛外脊肉撒上盐、胡椒粉，用油煎至所需要的火候，倒入余油放在盘内，上面放巴黎黄油，放入焗炉焗至上色即可。

(2)走菜时配烤土豆及任意蔬菜。

菜肴特点:色泽棕褐;口味鲜香，微咸;鲜嫩多汁。

例7　丁香焗火腿(baded whole hom with honey)(美)

主料:带皮火腿1个(约1500g)。

调料:蜂蜜100g，红糖50g，丁香5g。

配料:蜂蜜少司100g。

制作步骤:

(1)将火腿用水煮透，切去外皮，在肥膘上刺上花刀，插上丁香，抹上蜂蜜，撒上红糖，入炉焗上色即可。

(2)上菜时可以整上，也可切成每份3片，单跟蜂蜜少司。

菜肴特点:色泽棕红;口味浓香，咸甜可口。

(三)铁扒(grill)

1. 概念

铁扒就是将经过加工成形的原料腌渍调味后，放在扒炉上，扒成带有网状的焦纹，并达到规定的火候的一种烹调方法。

铁扒是以空气和金属为传热介质，传热形式是热辐射和传导。

2. 特点

因为铁扒这种烹调方法是用明火烤炙，温度高，能使原料表层迅速碳化，而原料内部的水分流失少，所以这种烹调方法制作出来的菜肴都具有非常明显的焦香气味，并有鲜嫩多汁的特点。

3. 适用范围

因为铁扒是一种温度高、时间短的烹调方法，所以适宜制作质地鲜嫩易于成熟的原料，如牛外脊肉、鱼、虾、笋鸡等。

4. 操作要领

(1)铁扒的温度范围一般在180℃~200℃。

(2)扒制较厚的原料时要先用较高的温度扒上色，再降低温度扒制到规定的成熟度。

(3)根据原料的厚度和顾客要求的成熟度掌握好扒制的火候，一般在4~10分钟。

(4)铁扒炉的金属条上要保持清洁，制作菜肴时要在铁条上先刷上油。

5. 制作实例(用料以4人份计算)

例1　铁扒外脊扒(grilled sirloin steak)(法)

主料:牛外脊肉720g。

调料:白兰地酒50ml，盐7g，胡椒粉、净植物油各少量。

辅料:奔尼士少司160g。

配菜:烤土豆及时令蔬菜共300g。

制作步骤:

(1)将牛外脊切成4片，横断面朝上，撒上盐、胡椒粉、白兰地酒，抹上一层植物油稍腌渍。

(2)将牛外脊肉放在扒炉上，扒上整齐的焦纹，至所需要的成熟度。

(3)将配菜放在盘中，放上外脊肉扒，浇上奔尼士少司即可。

菜肴特点:色泽棕褐，网状焦纹;长圆饼形;焦香，微咸;外焦里嫩。

例2　铁扒里脊(grilled fillet)(俄)

主料:牛里脊肉720g。

调料:葱头50g，植物油50g，盐7g，胡椒粉少量。

配料:紫生菜160g，酸黄瓜100g，鲜番茄100g。

制作步骤:

(1)将牛里脊肉切成8块，横断面朝上用拍刀拍成薄片，撒上盐、胡椒粉、葱头末，抹上植物油腌渍入味。

(2)将里脊肉放在扒炉上迅速扒上色，卷成筒形放在盘中，单配紫生菜、酸黄瓜、番茄用即可。

菜肴特点:色泽棕褐，有焦纹;圆筒形;焦香及适口的酸咸味;焦嫩多汁。

例3　铁扒鳕鱼(grilled cod)(法)

主料:净鳕鱼肉600g。

辅料:鱼基础汤200ml。

调料:黄油100g，干红葡萄酒100ml，干白葡萄酒50ml，盐7g，胡椒粉、柠檬汁少量。

配料:炸土豆丝及时令蔬菜丝300g。

制作步骤:

(1)将鳕鱼加工成8块，撒上干白葡萄酒、盐、胡椒粉、柠檬汁腌渍入味。

(2)将鳕鱼肉放在扒炉上，扒上焦纹，并加热至熟。

(3)将鱼基础汤倒在少司锅内上火煮浓，加入干红葡萄酒再煮浓，调入盐、胡椒粉，再放入软黄油即成红酒少司。

(4)将时令蔬菜丝放在盘子中间，上面放两块鳕鱼，炸土豆丝放在两块鱼肉中间，红酒少司浇在盘边即可。

菜肴特点:色泽浅褐，有焦纹;鱼肉整齐不碎;鲜香、酒香，微酸咸;焦嫩多汁。

例4　铁扒大虾(grilled prawns)(俄)

主料:大虾8只(约600g)。

辅料：面粉50g。

调料：黄油200g，干白葡萄酒100ml，奶油80ml，盐7g，胡椒粉少量。

配料：紫生菜100g，番茄100g，酸黄瓜100g。

制作步骤：

(1)将大虾的须、脚剪去，从背部片开，使其腹部相连，洗净沙肠，撒匀盐、胡椒粉。

(2)将大虾沾上一层薄薄的面粉，抹上奶油，用黄油煎上色，烹入干白葡萄酒，再放在扒炉上扒上焦纹。

(3)将大虾放在盘子中间，浇上煎虾的原汁，盘边配上紫生菜、番茄片、酸黄瓜角即可。

菜肴特点：大虾色泽橘红有光泽，带有焦纹；大虾呈半片状，平展完整；鲜香、酒香，微咸；鲜嫩多汁。

例5　铁扒杂拌（grilled mixed grill）（俄）

主料：牛里脊200g，猪通脊200g，牛肝200g。

辅料：培根80g，火腿80g，泥肠80g，布朗少司200ml。

调料：辣酱油50g，盐7g，胡椒粉少量。

配料：番茄120g，葱头120g，鸡蛋4个。

制作步骤：

(1)将牛里脊、猪通脊、牛肝加工成厚片，撒匀盐、胡椒粉调味，用油煎熟，烹上辣酱油、布朗少司，开透。

(2)将培根、火腿、泥肠、鸡蛋、葱头、番茄用色拉油煎上色。

(3)将铁扒烧热，上面码上牛里脊、猪通脊、牛肝，再码上培根、火腿泥肠、葱头、番茄，上面放煎鸡蛋，再将布朗少司倒在铁扒上的少司斗内，趁热上台。

菜肴特点：色泽棕褐有光泽；口味浓香，微咸；鲜嫩多汁。

例6　扒鹿柳（grilled deer fillet）（法）

主料：鹿里脊肉720g。

辅料：鹿烧汁300g，金巴伦汁50ml。

调料：干红葡萄酒150ml，杜松子4粒，金酒50ml，盐7g，玉桂粉、胡椒粉、糖、黑樱桃汁各少量。

配料：苹果300g。

制作步骤：

(1)将鹿肉加工成扒状，加盐、胡椒粉调味。

(2)鹿烧汁内加上4粒杜松子、金酒煮透，加盐、胡椒粉、黑樱桃汁调口，过滤，即成鹿少司。

(3)将苹果去皮、去核、切成角，加糖、玉桂粉、干红葡萄酒煮软。

(4)将鹿肉放在扒条上扒上色，并达到客人所需要的火候。

(5)将鹿肉放在盘中央，盘上放苹果角，上面倒点金巴伦汁，把鹿少司淋在鹿肉周围。

菜肴特点：色泽棕红有光泽；鹿肉扒整齐，上面有铁扒的焦纹；鹿肉特有的醇香，少司的浓香及酒香味；焦香鲜嫩。

（四）串烧（skewer）

1. 概念

串烧就是将已经加工成片或块形的原料经腌渍后，用金属钎串起来在明火上烧炙或用油煎制，使之成熟并上色的一种烹调方法。

2. 特点

因为串烧的菜肴都是经过腌制的，所以口味较浓，并有焦香鲜嫩的特点。同时串烧的菜肴形式上也较美观新颖。

3. 适用范围

因为串烧是用高温短时间加热的一种烹调方法，所以适宜制作质地鲜嫩易于成熟的原料。

4. 操作要领

（1）串烧菜肴要求原料成形刀工均匀一致。

（2）串烧的原料在烧制前要腌渍入味。

（3）肉串不能串得过紧过密，以便于加热成熟。

（4）肉串要串得平稳，以便于均匀受热。

5. 操作实例（用料以4人份计算）

例1　羊肉串（lamb skewer with herbs）（欧陆）

主料：嫩羊肉600g。

调料：黑胡椒2g，迷迭香1g，百里香1g，葱头末6g，盐7g，胡椒粉少量。

辅料：葱头50g，青椒50g。

配料：里昂土豆200g。

制作步骤：

（1）将羊肉剔净筋皮，切成24块放入容器内，加入所有调料腌渍入味。

（2）将葱头、青椒切成块。

（3）将羊肉、葱头、青椒相间串成串，放在扒炉上扒至所需的成熟度。

（4）将羊肉放在盘子中间，拔去扦子，配上里昂土豆即可。

菜肴特点：色泽棕褐；串状整齐不散；焦香及适口的浓香，微咸；外焦里嫩。

例2　杂肉串（mix skewer）（欧陆）

主料：猪肉160g，牛里脊肉160g，小牛肉160g，培根70g，小泥肠100g。

辅料：葱头100g，青椒100g，蘑菇100g。

调料：盐7g，胡椒粉少量。

配料：东方炒饭200g。

制作步骤：

（1）将猪肉、牛里脊肉、小牛肉切成块，撒上盐、胡椒粉稍腌入味。培根切成片后将小泥肠卷起来，葱头、青椒切成块。

（2）将加工好的猪肉、牛里脊肉、小牛肉、青椒、葱头、培根、小泥肠相间穿成8串，要将猪肉穿在顶端，以便容易成熟。

（3）将肉串放在扒炉上烤至所需的火候，上菜时配上东方炒饭即可。

菜肴特点:各色相间有焦纹;串状整齐不乱;焦香，微咸;外焦里嫩。

例3　鳜鱼串（mandarin fish skewer）（法）

主料:净鳜鱼肉600g。

辅料:葱头80g，青椒80g，红花奶油少司200ml。

调料:盐7g，胡椒粉少量。

配料:炸土豆条及时令蔬菜各适量。

制作步骤:

(1)将鳜鱼肉切成块，撒匀盐、胡椒粉，葱头、青椒切成块。

(2)将鳜鱼肉、葱头、青椒相间穿成串，用色拉油煎制成熟上色，放在盘内，撤去肉扦，浇上红花奶油少司即可。

菜肴特点:白、绿相间;串状整齐不碎;鲜香，微咸;鲜嫩多汁。

例4　海鲜串（seafood skewer）（法）

主料:净海鱼肉240g，大虾200g，扇贝160g。

辅料:葱头80g，青椒80g。

调料:干白葡萄酒50ml，柠檬汁10ml，盐7g，胡椒粉少量。

配料:莳萝少司200ml。

制作步骤:

(1)将鱼肉切成块，大虾切成段，葱头、青椒切成块。

(2)将鱼肉、大虾、扇贝撒上盐、胡椒粉、干白葡萄酒、柠檬汁稍腌渍，与葱头、青椒相间穿成4串。

(3)将海鲜串用色拉油煎熟，码放在盘内，撤去肉扦，浇上莳萝少司即可。

菜肴特点:白绿相间;串状整齐不碎;鲜香，微咸;鲜嫩多汁。

四、牛扒制作

（一）牛扒的一般概念

1. 牛扒的英文名称是Steak，也可译为牛排，但排的形状较薄，如鸡排、猪排等，为了区别，所以一般译为牛扒。

2. 牛扒是典型的西餐主菜，体现了西方人以肉食为主的饮食传统。

3. 牛扒是一种对原料要求严格的菜肴，要选用育肥良好、质地鲜嫩的牛里脊(Beef Fillet，又译为菲莉)或外脊(Sirloin，又译为沙浪)。

4. 每份牛扒的质量在150g~200g，其中零点的牛扒以质量为180g的为多。

5. 牛扒是传统菜肴，也是西餐中流传最广泛的菜肴，西餐厅几乎都经营牛扒。

（二）制作实例（用料以4人份计算）

例1　黑椒牛扒（black pepper steak）（法）

主料:牛里脊肉800g。

辅料:黑胡椒少司200g。

调料:干红葡萄酒100ml，盐5g，黑胡椒碎20g。

配料:炸土豆条300g，任意蔬菜200g。

制作步骤:

(1)将牛里脊肉加工成扒状，撒上盐和胡椒粉，加入干红葡萄酒，在牛里脊表面沾上黑胡椒碎。

(2)将油加热至170℃，放入牛扒煎至上色，并达到顾客要求的成熟度。

(3)盘内摆上配菜，放上牛扒，在牛扒上浇上黑胡椒少司即可。

菜肴特点：褐色；圆饼状，不裂边，面上浇有少司；鲜香、胡椒香，微咸；鲜嫩。

注意事项：

(1)牛肉注意选料，以牛外脊和里脊肉最佳。

(2)掌握煎制牛扒的火候，应先用大火定型，再用小火煎制到所需要的程度。

例2　煎牛扒牡蛎汁（pan fried beef steak with oyster sauce**）（法）**

主料：牛里脊肉720g。

辅料：牡蛎320g，布朗少司200ml，葱头末50g。

调料：黄油200g，白兰地酒30ml，干红葡萄酒80ml，盐5g，胡椒粉少量。

配菜：烤土豆及时令蔬菜共500g。

制作过程：

(1)将牛里脊加工成扒状，撒上盐、胡椒粉、白兰地酒调味，牡蛎切成小丁。

(2)用黄油炒葱头末、牡蛎丁，烹入白兰地酒，加入干红葡萄酒、布朗少司煮浓，将其中的2/3打成汁。

(3)将加工好的肉扒煎至要求的火候，放在盘中间，盘边放上配菜，将打好的汁倒在牛扒旁边，余下的汁浇在牛扒上即好。

菜肴特点：棕褐色有光泽；厚饼状，平整不裂；口味鲜香、酒香、微咸；鲜嫩多汁。

注意事项：

(1)牛肉注意选料，以牛外脊和里脊肉最佳。

(2)掌握煎制牛扒的火候，应先用大火定行，再用小火煎制到所需要的程度。

例3　煎牛扒玛莎拉少司（fried beef steak with marsala sauce**）（意）**

主料：牛里脊肉720g。

辅料：培根片40g，小牛肉汤200ml。

调料：黄油30g，玛莎拉酒50ml，盐7g，胡椒粉、净植物油各少量。

配菜：烤土豆片150g，黄油炒芦笋150g。

制作步骤：

(1)将牛里脊切成4等块，制成扒状，横断面朝上，撒上盐、胡椒粉，四周围上培根片，用食用线系好。

(2)用少量油慢慢将牛扒煎至要求的火候。

(3)将玛莎拉酒倒在少司锅内，煮干2/3水分，加入小牛肉汤，再煮干1/2水分，放入盐、胡椒粉，最后放入黄油搅匀即成玛莎拉少司。

(4)将配菜放在盘内，放上牛扒，解去食用线，浇上玛莎拉少司。

菜肴特点：色泽棕褐有光泽；圆饼状，平整，培根不散落；口味鲜香、酒香，微咸；鲜嫩多汁。

例4　铁扒带骨牛扒（grilled T－bone steak**）（法）**

主料：带骨牛脊肉800g。

辅料：布朗少司200ml。

调料：白兰地酒50ml，奶油80ml，盐6g，胡椒粉、净植物油各少量。

配菜：烤土豆及任意蔬菜共400g。

制作过程：

(1)将带骨牛脊肉分成4等块，横断面朝上，撒上盐、胡椒粉、白兰地酒，抹上一层植物油稍腌。

(2)将带骨牛脊肉放在扒炉上，扒上整齐的焦纹，至所要求的火候。

(3)将白兰地酒倒在少司锅内，放火上燃烧，加入布朗少司、奶油、盐、胡椒粉，将汁煮浓即成白兰地少司。

(4)将配菜放在盘内，放上带骨牛扒，浇上白兰地少司即好。

质量标准：

色泽：棕褐色，有网状焦纹。

形态：长圆饼形。

口味：焦香、酒香，微咸。

口感：外焦里嫩。

例5　鞑靼肉扒(steal tartare)(德)

主料：牛里脊肉600g。

辅料：鸡蛋黄4个。

调料：白兰地酒30ml，盐6g，胡椒粉少量。

配料：葱头50g，酸黄瓜50g，柠檬50g。

制作过程：

(1)将牛里脊肉用刀或竹片刮成碎末，加入盐、胡椒粉搅拌均匀，做成4个圆饼。

(2)将葱头、酸黄瓜切成碎末，柠檬切成角。

(3)将肉饼放在盘中，上面按一个坑，坑内放一个鸡蛋黄，四周配上葱头末、酸黄瓜末、柠檬角，上面淋上白兰地酒即好。

质量标准：

色泽：牛里脊肉的原色。

形态：圆饼状，鸡蛋黄不散。

口味：肉本身的鲜美味和适口的酸咸味。

口感：绵软、细腻、鲜嫩。

五、菜肴练习

(一)炸火腿奶酪猪排

1. 内容及操作要求

将猪排拍开、拍平；表面放火腿丝、奶酪丝；卷成卷，包好，撒上盐、胡椒粉；沾上面粉；挂上蛋液；再沾上面包粉；入油锅内炸制上色、成熟。装盘，配菜，浇上番茄少司。

2. 准备工作

(1)原料准备。主料：净西猪排400g，奶酪40g，火腿10g；辅料：鲜面包蓉100g，鸡蛋液100g，面粉50g；调料：盐5g，胡椒粉少量；配料：炒意大利面条200g，时令蔬菜

100g，番茄少司 100g。

(2)设备、工具和器皿准备:燃气灶、拍刀、菜板、分刀、油锅、铲子、不锈钢盘、餐盘。

3. 考核时限

(1)基本时间:30 分钟。

(2)时间允差:每超过 1 分钟，从总分中扣除 2 分，不足 1 分钟，按 1 分钟计。超时 10 分钟不得分。

4. 评分项目及标准(见表 9－1)

表 9－1

评分项目	考核要素	配分	评分标准
色泽	①猪排金黄色，均匀一致 ②少司鲜红色，有光泽	15 分	①猪排色泽过浅或过深，酌情扣 1～10 分 ②少司色泽过浅、无光泽，酌情扣 1～5 分
形态	①椭圆形，薄厚均匀 ②少司浓度适中	15 分	①猪排形状不整、薄厚不均匀、破裂，酌情扣 1～10 分 ②少司浓度过稠或过稀，酌情扣 1～5 分
口味	①猪排浓香、微咸 ②计司香味浓郁 ③少司酸咸	25 分	①猪排咸味过重或过淡，酌情扣 1～10 分 ②缺少计司香味、鲜香味不足，酌情扣 5～10 分 ③少司口味过酸咸或偏淡，酌情扣 1～5 分
口感	①外焦里嫩，鲜嫩多汁 ②少司细腻	25 分	①猪排过火，肉质干柴、少汁，酌情扣 5～15 分 ②计司未完全熔化，酌情扣 1～5 分 ③少司粗糙、不细腻，酌情扣 1～5 分
装盘	装盘合理;主、配料搭配适当;色彩协调;外观整齐美观	10 分	不符合要求，酌情扣 1～10 分
卫生	个人卫生、器皿卫生及操作卫生符合食品卫生要求	10 分	不符合要求，酌情扣 1～10 分

(二)面糊炸鱼柳

1. 内容及操作要求

将鱼柳切成手指粗细的条;调味后，挂上啤酒糊;放入油锅，炸制成金黄色，成熟;装盘，配菜;单跟鞑靼少司。

2. 准备工作

(1)原料准备:主料:净鱼肉 500g;辅料:面粉 200g，啤酒 150ml，鸡蛋 3 个;调料:干白葡萄酒 20ml，柠檬汁 10ml，盐 6g，胡椒粉少量;配料:炸土豆条 200g，柠檬角 80g，鞑靼少司 100g。

(2)设备、工具和器皿准备:煤气灶、炸锅、分刀、不锈钢盆、蛋抽、少司盅、餐盘。

3. 考核时限

(1)其本时间:40 分钟。

(2)时间允差:每超过 1 分钟从总分中扣除 2 分，不足 1 分钟，按 1 分钟计。超时 10 分钟不得分。

4. 评分项目及标准(见表 9-2)

表 9-2

评分项目	考核要素	配分	评分标准
色泽	①鱼柳金黄色，均匀一致 ②少司白中带黑点	15 分	①鱼柳色泽过深或偏浅，酌情扣 1 ~10 分 ②少司色泽未达到要求，酌情扣 1 ~5 分
形态	①鱼柳呈长条状、指形;面糊膨松，表层光滑 ②少司浓度适中	15 分	①鱼柳粗细不匀，面糊干硬、粗糙，酌情扣 1 ~10 分 ②少司浓度过稠或过稀，酌情扣 1 ~5 分
口味	鲜香，适口的酸咸味	25 分	①口味过咸或偏淡，酌情扣 1 ~10 分 ②鲜香味不足、有异味，酌情扣 5 ~ 10 分 ③少司口味过酸咸或偏淡，酌情扣 1 ~5 分
口感	①鱼柳外焦里嫩 ②少司绵软、细腻	25 分	①鱼柳干柴、少汁，酌情扣 5 ~10 分 ②外表面糊不焦脆，酌情扣 5 ~10 ③少司粗糙、不绵软，酌情扣 1 ~5 分
装盘	装盘合理;主、配料搭配适当;色彩协调;外观整齐美观	10 分	不符合要求，酌情扣 1 ~10 分
卫生	个人卫生、器皿卫生及操作卫生符合食品卫生要求	10 分	不符合要求，酌情扣 1 ~10 分

(三)奶油炸虾球

1. 内容及操作要求

将虾肉切成小丁;与稠奶油少司混合，调味后，制成球状;挂上面粉、蛋液、面包粉;炸至成熟上色;装盘、配菜。

2. 准备工作

(1)原料准备。主料:净大虾肉 200g;辅料:稠奶油少司 300g，鲜面包渣 100g，面粉 20g，鸡蛋 1 个;调料:干白葡萄酒 50ml，盐 5g，胡椒粉少量;配料:炸土豆丝 200g，时令蔬菜200g。

(2)设备、工具和器皿准备:煤气灶、菜板、少司锅、油锅、分刀、不锈钢盘、餐盘。

3. 考核时限

(1)基本时间:30分钟。

(2)时间允差:每超过1分钟,从总分中扣除2分,不足1分钟,按1分钟计。超时15分钟不得分。

4. 评分项目及标准(见表9-3)

表9-3

评分项目	考核要素	配分	评分标准
色泽	金黄色,均匀一致	15分	①色泽过深或偏浅,酌情扣1~5分 ②颜色不均匀或黑糊,酌情扣1~10分
形态	球状,大小均匀,不破、不裂	15分	①形状不整、大小不均匀,酌情扣1~5分 ②形态破损、开裂,酌情扣5~10分
口味	微咸,鲜香,有浓厚奶香、酒香味	25分	①口味过咸或偏淡,酌情扣1~10分 ②鲜香味、酒香味、奶香味不足,酌情扣5~15分
口感	外焦里嫩,少司细腻、松软,虾肉鲜嫩、多汁,外皮松脆	25分	①少司发黏,有疙瘩或过稠、不松软,酌情扣5~10分 ②虾肉发硬,酌情扣1~10分 ③外皮不松脆,酌情扣1~5分
装盘	装盘合理;主、配料搭配适当;色彩协调;外观整齐美观	10分	不符合要求,酌情扣1~10分
卫生	个人卫生、器皿卫生及操作卫生符合食品卫生要求	10分	不符合要求,酌情扣1~10分

(四)黄油柠檬煎鱼

1. 内容及操作要求

将鱼柳切片;加盐、胡椒粉、干白葡萄酒腌至入味;小火煎熟;装盘、配菜;浇上黄油柠檬汁。

2. 准备工作

(1)原料准备。主料:净鱼肉600g;辅料:水瓜纽10g,番茄丁10g,鱼汤30g;调料:黄油20g,干白葡萄酒30ml,盐5g,胡椒粉、香叶、胡椒粉各少量;配料:煮土豆200g,柠檬片50g,时令蔬菜200g。

(2)设备、工具和器皿准备:煤气灶、煎盘、铲子、餐盘。

3. 考核时限

(1)基本时间:30分钟。

(2)时间允差:每超过1分钟，从总分中扣除2分，不足1分钟，按1分钟计。超时15分钟不得分。

4. 评分项目及标准(见表9－4)

表9－4

评分项目	考核要素	配分	评分标准
色泽	鱼片乳黄;少司橙黄、鲜艳、有光泽	15分	①鱼肉色泽过深或未上色，酌情扣1～10分 ②少司色泽浅、暗淡，无光泽，酌情扣1～5分
形态	①鱼片整齐、不碎 ②少司水、油融合不澥	15分	①鱼片破损、碎散，酌情扣1～10分 ②少司发澥，水、油不融合，酌情扣1～5分
口味	①鱼肉鲜香，微咸 ②少司咸酸适口，酒香味浓郁	25分	①鱼肉口味过咸或偏淡，酌情扣1～10分 ②鱼肉鲜香味不足，有异味，酌情扣5～10分 ③少司无酒香味、咸酸味过重或偏淡，酌情扣1～5分
口感	①鱼肉鲜嫩多汁 ②少司细腻、嫩滑	25分	①鱼肉干柴、少汁，酌情扣5～15分 ②少司粗糙、不爽滑，酌情扣5～10分
装盘	装盘合理;主、配料搭配适当;色彩协调;外观整齐美观	10分	不符合要求，酌情扣1～10分
卫生	个人卫生、器皿卫生及操作卫生符合食品卫生要求	10分	不符合要求，酌情扣1～10分

(五)煎鲜贝

1. 内容及操作要求

将鲜贝腌渍入味，用少量油慢慢煎熟;将奶油菠菜泥制作好，放于盘内;上放煎好的鲜贝，配菜;四周浇上红椒少司。

2. 准备工作

(1)原料准备。主料:鲜贝500g;辅料:菠菜200g，红柿椒100g，洋葱末、大蒜末各30g，奶油少司50g;调料:干白葡萄酒100ml，柠檬汁30ml，奶油50ml，黄油80g，盐5g，红椒粉、杂香草、胡椒粉各少量;配料:煎土豆丝饼200g。

(2)设备、工具和器皿准备:煤气灶、煎盘、铲子、分刀、菜板、不锈钢盘、餐盘。

3. 考核时限

(1)基本时间:40分钟。

(2)时间允差:每超过 1 分钟，从总分中扣除 2 分，不足 1 分钟，按 1 分钟计。超时 15 分钟不得分。

4. 评分项目及标准(见表 9－5)

表 9－5

评分项目	考核要素	配分	评分标准
色泽	①鲜贝淡黄色;少司浅红色，鲜艳有光泽 ②菠菜泥淡绿色，有光泽	15 分	①鲜贝色泽发黑或未上色，酌情扣 1～10 分 ②菠菜泥色泽暗淡、发黄;少司色浅、无光泽，酌情扣 1～5 分
形态	①鲜贝完整不碎，码放整齐不乱 ②少司浓度适中	15 分	①鲜贝破损、碎散，酌情扣 5～10 分 ②菠菜泥和少司过稠、过稀，酌情扣 1～5 分
口味	①鲜贝鲜香、微咸 ②少司味咸酸，有浓郁的酒香味和香草香味	25 分	①鲜贝鲜香味不足、咸味过重或偏淡，酌情扣 5～10 分 ②少司咸酸味不足或过重，酒香味和香草味不足，酌情扣 5～15 分
口感	①鲜贝鲜嫩多汁 ②菠菜泥嫩滑 ③少司细腻	25 分	①鲜贝干柴、无汁，酌情扣 5～15 分 ②菠菜泥粗糙、发涩，酌情扣 1～5 分 ③少司粗糙、不细腻、不爽滑，酌情扣 1～5 分
装盘	装盘合理;主、配料搭配适当;色彩协调;外观整齐美观	10 分	不符合要求，酌情扣 1～10 分
卫生	个人卫生、器皿卫生及操作卫生符合食品卫生要求	10 分	不符合要求，酌情扣 1～10 分

(六)米兰煎猪排

1. 内容及操作要求

将猪排加工成厚片状;调味，沾面粉挂上百里香、计司粉、蛋液混合物;用少量油煎熟后装盘;表面放上炒好的火腿丝、牛舌丝、蘑菇丝;配以意大利面条。

2. 准备工作

(1)原料准备。主料:猪西排 600g;辅料:火腿丝 80g，牛舌丝 80g，蘑菇丝 60g，计司粉 20g，鸡蛋液 200g，面粉 50g;调料:干红葡萄酒 50ml，盐 4g，白里香、胡椒粉少量;配料:炒意大利面条 200g。

(2)设备、工具和器皿准备:燃气灶、煎盘、铲子、不锈钢盘、菜板、分刀。

3. 考核时限

(1)基本时间:30 分钟。

(2)时间允差:每超过 1 分钟，从总分中扣除 2 分，不足 1 分钟，按 1 分钟计。超时 15 分钟不得分。

4. 评分项目及标准(见表 9－6)

表 9－6

评分项目	考核要素	配分	评分标准
色泽	猪排金黄色，带绿色斑点，均匀一致	15 分	①猪排色泽过深、黑煳或过浅，酌情扣 1～10 分 ②颜色不均匀，酌情扣 1～5 分
形态	厚片状，鸡蛋糊不脱落	15 分	①形态偏薄、过厚或薄厚不均匀，酌情扣 1～5 分 ②表面蛋糊脱落，酌情扣 1～10 分
口味	浓香，微咸，奶酪和香草香味浓郁	25 分	①口味过淡或过咸，酌情扣 1～10 分 ②奶酪香味、香草香味、浓香味不足，酌情扣 5～15 分
口感	猪排软嫩多汁	25 分	①猪排干柴、少汁，酌情扣 5～10 分 ②猪排未完全成熟，酌情扣 10～15 分
装盘	装盘合理；主、配料搭配适当；色彩协调；外观整齐美观	10 分	不符合要求，酌情扣 1～10 分
卫生	个人卫生、器皿卫生及操作卫生符合食品卫生要求	10 分	不符合要求，酌情扣 1～10 分

(七)煎瓤鸡胸

1. 内容及操作要求

将鸡胸片制成口袋状，填入鸡肉馅；沾面粉，用小火、少量油煎至上色；再入烤箱制成熟；切成片，装盘；浇上少司，再配以蔬菜等。

2. 准备工作

(1)原料准备。主料：去骨鸡胸 4 块；辅料：奶油少司 300g，煮胡萝卜泥 50g；馅料：净鸡胸肉 100g，鸡蛋 20g，奶油 20g，干白葡萄酒 20ml，洋葱末、杂香草、盐、胡椒粉各少量；配料：煮土豆及时令蔬菜 200g。

(2)设备、工具和器皿准备：燃气灶、煎盘、铲子、不锈钢盘、菜板、少司锅、分刀、餐盘。

3. 考核时限

(1)基本时间：40 分钟。

(2)时间允差：每超过 1 分钟，从总分中扣除 2 分，不足 1 分钟，按 1 分钟计。超时15分钟不得分。

4. 评分项目及标准(见表9-7)

表9-7

评分项目	考核要素	配分	评分标准
色泽	鸡胸浅黄色，少司橙黄，有光泽	15分	①鸡胸色泽偏淡或过深、黑煳，酌情扣1~10分 ②少司色泽暗淡、无光泽，酌情扣1~5分
形态	①鸡胸斜片状，均匀、整齐 ②少司浓度适中	15分	①鸡胸肉大小不一、薄厚不匀、碎散，刀口不整，酌情扣1~10分 ②少司浓度过稀或过稠，酌情扣1~5分
口味	①鸡胸鲜香、微咸 ②少司奶香味浓郁	25分	①鸡片口味过咸或过淡，鲜香味不足，酌情扣5~15分 ②少司口味过咸或过淡，缺少奶香味，酌情扣1~10分
口感	①鸡胸鲜嫩适口 ②少司细腻	25分	①鸡肉干柴无汁，酌情扣5~15分 ②少司粗糙、有疙瘩，酌情扣5~10分
装盘	装盘合理;主、配料搭配适当;色彩协调;外观整齐美观	10分	不符合要求，酌情扣1~10分
卫生	个人卫生、器皿卫生及操作卫生符合食品卫生要求	10分	不符合要求，酌情扣1~10分

(八)俄式炒牛肉丝

1. 内容及操作要求

将牛里脊肉切成丝，用旺火炒至变色;放入洋葱、青椒、酸黄瓜、番茄等，加入酸奶油、布朗少司、干红葡萄酒等调味，炒透;装盘;配以黄油米饭、时令蔬菜。

2. 准备工作

(1)原料准备。主料:牛里脊肉500g;辅料:洋葱60g，青椒60g，番茄40g，蘑菇片40g，酸黄瓜40g，布朗少司200ml;配料:黄油炒米饭200g，时令蔬菜100g。

(2)设备、工具和器皿准备:燃气灶、煎盘、铲子、不锈钢盘、菜板、分刀、餐盘。

3. 考核时限

(1)基本时间:30分钟。

(2)时间允差:每超过1分钟,从总分中扣除2分,不足1分钟,按1分钟计。超时15分钟不得分。

4. 评分项目及标准(见表9-8)

表9-8

评分项目	考核要素	配分	评分标准
色泽	①牛肉浅褐色 ②少司深红色,间有各种蔬菜的鲜艳色泽	15分	①少司色泽偏淡,酌情扣1~10分 ②蔬菜色泽不鲜艳,酌情扣1~5分
形态	①菜肴的汤汁与主辅料混合均匀,盘内有少量余汁 ②牛肉粗细均匀,挂满少司,少司浓度适中	15分	①牛肉、蔬菜丝粗细不均匀,酌情扣1~10分 ②少司浓度过稠或过稀,酌情扣1~5分
口味	浓香,微咸酸	25分	①口味过咸或过淡,酌情扣1~10分 ②无酸味或酸味过重,酌情扣1~5分 ③菜肴鲜香味不足,酌情扣5~10分
口感	牛肉鲜嫩适口,蔬菜熟而不烂	25分	①肉丝干柴,酌情扣5~15分 ②蔬菜软烂、不脆嫩,酌情扣1~10分
装盘	装盘合理;主、配料搭配适当;色彩协调;外观整齐美观	10分	不符合要求,酌情扣1~10分
卫生	个人卫生、器皿卫生及操作卫生符合食品卫生要求	10分	不符合要求,酌情扣1~10分

(九)炒意大利面条

1. 内容及操作要求

将意大利面条煮熟;用冷水过凉后,再用黄油将面条炒透,放入盘中;浇上肉末少司,撒上计司粉。

2. 准备工作

(1)原料准备。意大利面条125g,牛肉末75g,洋葱末10g,蒜蓉5g,胡萝卜10g,芹菜1根,盐、胡椒粉、番茄酱、黄油、百里香、计司粉各适量。

(2)设备、工具和器皿准备:燃气灶、煎盘、铲子、不锈钢盘、菜板、少司锅、分刀、餐盘。

3. 考核时限

(1)基本时间:30分钟。

(2)时间允差:每超过1分钟,从总分中扣除2分,不足1分钟,按1分钟计。超时10分钟不得分。

4. 评分项目及标准(见表9-9)

表9－9

评分项目	考核要素	配分	评分标准
色泽	面条浅黄色，少司深红色	15分	①面条色泽发白，无光泽，酌情扣1～10分 ②肉末少司色泽偏浅，酌情扣1～5分
形态	①面条整齐不碎、利落、不黏 ②少司颗粒均匀、浓度适中	15分	①面条形态散乱，发黏，酌情扣1～10分 ②少司颗粒不匀、浓度过稀，酌情扣1～5分
口味	鲜香，酸咸适口	25分	①口味过咸或偏淡，酌情扣1～10分 ②酸味过重或无酸味，酌情扣1～5分 ③鲜香味不足，酌情扣5～10分
口感	①面条熟而不糟，有韧性 ②牛肉末烂而不干	25分	①面条软烂发糟，酌情扣5～15分 ②肉末干硬、不烂，酌情扣5～10分
装盘	装盘合理；主、配料搭配适当；色彩协调；外观整齐美观	10分	不符合要求，酌情扣1～10分
卫生	个人卫生、器皿卫生及操作卫生符合食品卫生要求	10分	不符合要求，酌情扣1～10分

（十）铁扒带骨牛排

1. 内容及操作要求

将带骨牛排用盐、胡椒粉、白兰地酒调味，抹上一层植物油稍腌；放入铁扒炉上，扒至所需火候；用白兰地酒、布朗少司等制作白兰地少司；将煎好的带骨牛排装盘，配菜，浇上白兰地少司。

2. 准备工作

（1）原料准备。主料：带骨牛脊肉800g；辅料：布朗少司200ml；调料：白兰地酒50ml，奶油80ml，盐6g，胡椒粉、植物油各少量；配菜：烤土豆丝及任意蔬菜400g。

（2）设备、工具和器皿准备：燃气灶、煎盘、铲子、分刀、不锈钢盘、餐盘。

3. 考核时限

（1）基本时间：30分钟。

（2）时间允差：每超过1分钟，从总分中扣除2分，不足1分钟，按1分钟计。超时10分钟不得分。

4. 评分项目及标准(见表9－10)

表9－10

评分项目	考核要素	配分	评分标准
色泽	棕褐色，有网状焦纹	15分	①色泽过浅或网状焦纹凌乱，酌情扣1～10分 ②少司色泽过淡、无光泽或发黑，酌情扣1～5分
形态	长圆饼形	15分	形态不符合要求，酌情扣1～15分
口味	焦香、酒香，微咸	25分	①口味过咸或无咸味，酌情扣1～10分 ②焦香味、酒香味不足，酌情扣5～15分
口感	外焦里嫩	25分	①肉质干柴、少汁，酌情扣5～15分 ②外表未结壳、不焦香，酌情扣1～10分
装盘	装盘合理;主、配料搭配适当;色彩协调;外观整齐美观	10分	不符合要求，酌情扣1～10分
卫生	个人卫生、器皿卫生及操作卫生符合食品卫生要求	10分	不符合要求，酌情扣1～10分

(十一)煎牛排黑胡椒少司

1. 内容及操作要求

将牛里脊肉加工成形、调味;煎至所需的火候;用黑胡椒、白兰地、布朗少司等调制黑胡椒少司;将牛排装盘，浇上黑胡椒少司，并配菜。

2. 准备工作

(1)原料准备:主料:牛里脊750g;辅料:洋葱末50g，蒜末50g，布朗少司200毫升;调料:黄油200g，黑胡椒碎粒80g，白兰地酒50毫升，鲜奶油80毫升，盐5g，胡椒粉少量;配菜:炸土豆条300g，时令蔬菜200g。

(2) 设备、工具和器皿准备:燃气灶、煎盘、分刀、不锈钢盘、蛋抽、餐盘。

3. 考核时限

(1)基本时间:30分钟。

(2)时间允差:每超过1分钟，从总分中扣除2分，不足1分钟，按1分钟计。超时10分钟不得分。

4. 评分项目及标准(见表9－11)

表 9－11

评分项目	考核要素	配分	评分标准
色泽	①牛排棕褐色 ②少司有光泽	15 分	①牛排色泽过深、发黑或焦煳，酌情扣 1～10 分 ②少司色泽过深、无光泽，酌情扣 1～5 分
形态	厚饼状，整齐、不裂边	15 分	①形态薄厚不均匀，酌情扣 1～5 分 ②周边开裂、不整，酌情扣 5～10 分
口味	鲜香，胡椒香，微咸	25 分	①口味过咸或无咸味，酌情扣 5～10 分 ②缺乏胡椒香味和鲜香味，酌情扣 5～15 分
口感	鲜嫩多汁	25 分	①未达到规定的火候，酌情扣 5～15 分 ②口感干柴、无汁，酌情扣 5～10 分
装盘	装盘合理；主、配料搭配适当；色彩协调；外观整齐美观	10 分	不符合要求，酌情扣 1～10 分
卫生	个人卫生、器皿卫生及操作卫生符合食品卫生要求	10 分	不符合要求，酌情扣 1～10 分

（十二）煮鱼鸡蛋少司

1. 内容及操作要求

将净鱼肉切成块，调味；放入 90℃左右的基础汤中，调入白醋，温煮至鱼肉成熟；装盘，配菜，浇上鸡蛋少司。

2. 准备工作

（1）原料准备。主料：净鱼肉 600g；辅料：鸡蛋少司 300g，鸡基础汤 400g；调料：洋葱 20g，胡萝卜 10g，芹菜 10g，柠檬 10g，香叶 1 片，盐 6g，白醋、胡椒粉各少量。

（2）设备、工具和器皿准备：燃气灶、汤锅、不锈钢盆、煎盘、分刀、蛋抽、餐盘。

3. 考核时限

（1）基本时间：30 分钟。

（2）时间允差：每超过 1 分钟，从总分中扣除 2 分，不足 1 分钟，按 1 分钟计。超时 10 分钟不得分。

4. 评分项目及标准（见表 9－12）

表 9－12

评分项目	考核要素	配分	评分标准
色泽	①鱼肉乳白色 ②少司白中带绿、有光泽	15 分	①鱼肉色泽暗淡、发黑，酌情扣 1～10 分 ②少司色泽发黑、无光泽，酌情扣 1～5 分
形态	块状，整齐不碎	15 分	①鱼肉形态破损、碎散，酌情扣 1～10 分 ②鸡蛋片碎散，酌情扣 1～5 分
口味	鲜香、微咸、微酸	25 分	①口味过咸、过酸或无咸味、无酸味，酌情扣 5～15 分 ②少司鲜香味不足，酌情扣 1～5 分
口感	①鱼肉软嫩、多汁 ②少司细腻适口	25 分	①鱼肉欠火候或发硬、少汁，酌情扣 5～15 分 ②少司粗糙不爽滑、有疙瘩，酌情扣 1～10 分
装盘	装盘合理；主、配料搭配适当；色彩协调；外观整齐美观	10 分	不符合要求，酌情扣 1～10 分
卫生	个人卫生、器皿卫生及操作卫生符合食品卫生要求	10 分	不符合要求，酌情扣 1～10 分

（十三）煮红酒牛排

1. 内容及操作要求

将牛里脊加工成牛排状。把干红葡萄酒放入布朗少司内，再加入香叶、洋葱煮沸；至酒精挥发后，放入牛排，用温煮方法将牛排加工至所需火候。装盘，配菜，浇上原汁。

2. 准备工作

（1）原料准备。主料：牛里脊 600g；辅料：布朗少司 100g，黄油 50g；调料：干红葡萄酒 100g，香叶 2 片，洋葱 50g，百里香、盐、胡椒粉各少量；配菜：煮土豆 200g，黄油炒荷兰豆 100g，胡萝卜 100g。

（2）设备、工具和器皿准备：燃气灶、汤锅、不锈钢盆、煎盘、分刀、蛋抽、餐盘。

3. 考核时限

（1）基本时间：30 分钟。

（2）时间允差：每超过 1 分钟，从总分中扣除 2 分，不足 1 分钟，按 1 分钟计。超时 10 分钟不得分。

4. 评分项目及标准（见表 9－13）

表9－13

评分项目	考核要素	配分	评分标准
色泽	棕褐色，少司有光泽	15分	①色泽暗淡、发黑，酌情扣1～10分 ②少司无光泽，酌情扣1～5分
形态	①圆饼状，完整不碎 ②表面均匀地挂有一层少司	15分	①形态不规整、周边开裂，酌情扣1～15分 ②表面未挂上少司，酌情扣1～5分
口味	鲜香、微咸，酒香味浓郁	25分	①口味过咸或无咸味，酌情扣1～5分 ②酒香味不浓、鲜香味不足，酌情扣1～10分 ③酒精未完全挥发，酌情扣5～10分
口感	①牛排鲜嫩多汁 ②少司细腻、爽滑	25分	①牛排未达到所需火候，酌情扣5～15分 ②牛排干硬、少汁，酌情扣5～10分
装盘	装盘合理；主、配料搭配适当；色彩协调；外观整齐美观	10分	不符合要求，酌情扣1～10分
卫生	个人卫生、器皿卫生及操作卫生符合食品卫生要求	10分	不符合要求，酌情扣1～10分

（十四）煮牛胸配蔬菜

1. 内容及操作要求

将牛胸肉洗净，放入牛基础汤中加热、至沸；除去浮沫，再加入洋葱、芹菜等其他调料，用微火煮制。待牛肉快熟时，加入切成块的其他蔬菜，直至牛肉完全成熟。切片，装盘，配菜，浇上原汁；配辣根少司。

2. 准备工作

（1）原料准备：主料：牛胸肉720g；辅料：牛基础汤2000ml；调料：盐10g，胡椒粒1g，香叶2片，洋葱50g，芹菜50g；配菜：圆白菜200g，土豆200g，胡萝卜200g，辣根少司100g。

（2）设备、工具和器皿准备：燃气灶、汤锅、不锈钢盆、煎盘、分刀、蛋抽、餐盘。

3. 考核时限

（1）基本时间：100分钟。

（2）时间允差：每超过5分钟，从总分中扣除2分，不足1分钟，按5分钟计。超时50分钟不得分。

4. 评分项目及标准（见表9－14）

表 9 – 14

评分项目	考核要素	配分	评分标准
色泽	牛肉呈淡棕褐色，蔬菜呈本色，淡雅	15 分	①牛肉色泽过深，酌情扣 1 ~ 10 分 ②蔬菜色泽发黄或失去本色，酌情扣 1 ~ 5 分
形态	①牛肉为片状、薄厚均匀 ②蔬菜整齐、不碎、不烂	15 分	①牛肉薄厚不均匀，酌情扣 1 ~ 10 分 ②蔬菜散乱、不整齐，酌情扣 1 ~ 5 分
口味	①牛肉清香、微咸 ②少司辛辣	25 分	①口味过咸或无咸味，酌情扣 5 ~ 10 分 ②牛肉清鲜味不足，酌情扣 5 ~ 15 分
口感	牛肉烂而不柴；蔬菜软而不烂	25 分	①牛肉发硬、不烂或干柴、少汁，酌情扣 5 ~ 15 分 ②蔬菜未烂或过火，酌情扣 5 ~ 10 分
装盘	装盘合理；主、配料搭配适当；色彩协调；外观整齐美观	10 分	不符合要求，酌情扣 1 ~ 10 分
卫生	个人卫生、器皿卫生及操作卫生符合食品卫生要求	10 分	不符合要求，酌情扣 1 ~ 10 分

（十五）蒸瓤馅三文鱼、比目鱼

1. 内容及操作要求

将三文鱼、比目鱼鱼肉片成片，放在保鲜纸上。把净鱼肉绞成细馅，加入其他馅料、搅打上劲；放于鱼片上包好，入蒸箱蒸熟。装盘，配菜，浇上少司。

2. 准备工作

（1）原料准备。主料：三文鱼 300g，比目鱼 300g；馅料：净鱼肉 300g，干白葡萄酒 80g，奶油 80g，蛋清 80g，洋葱末、杂香草、盐、胡椒粉各少量；少司料：奶油少司 200g，时令蔬菜 200g。

（2）设备、工具和器皿准备：燃气灶、汤锅、不锈钢盆、煎盘、分刀、蛋抽、餐盘。

3. 考核时限

（1）基本时间：45 分钟。

（2）时间允差：每超过 1 分钟，从总分中扣除 2 分，不足 1 分钟，按 1 分钟计。超时 10 分钟不得分。

4. 评分项目及标准（见表 9 – 15）

表 9－15

评分项目	考核要素	配分	评分标准
色泽	①三文鱼艳红，比目鱼洁白 ②少司粉红	15 分	①鱼肉色泽暗淡、变色，酌情扣 1～10 分 ②少司色泽发黄、发白，酌情扣 1～5 分
形态	①圆球状，整齐、不碎、不裂，大小一致 ②表层有光泽	15 分	①形态不圆，大小不一，酌情扣 1～5 分 ②外表破损、开裂，酌情扣 5～10 分
口味	①味微咸、鲜美 ②奶香、酒香味浓郁	25 分	①口味过咸或无咸味，酌情扣 5～10 分 ②缺少奶香、酒香味，酌情扣 5～15 分
口感	柔嫩适口，细腻多汁	25 分	①口感干柴，肉质发硬、少汁，酌情扣 5～15 分 ②少司粗糙、不细腻、不爽滑，酌情扣 5～10 分
装盘	装盘合理；主、配料搭配适当；色彩协调；外观整齐美观	10 分	不符合要求，酌情扣 1～10 分
卫生	个人卫生、器皿卫生及操作卫生符合食品卫生要求	10 分	不符合要求，酌情扣 1～10 分

（十六）莳萝烩海鲜

1. 内容及操作要求

将海鲜切成丁；洋葱、大蒜切成末。用黄油将葱、蒜末炒香；放入海鲜丁；烹入白兰地、干白葡萄酒；放入奶油少司、莳萝，热透，调味。装盘，配菜。

2. 准备工作

（1）原料准备。主料：新鲜净鱼肉 300g，大虾 150g，扇贝 150g；辅料：奶油少司 350g，葱 80g，大蒜 40g；调料：黄油 50g，干白葡萄酒 50g，白兰地酒 10g，莳萝 1g，奶油 30g，盐 7g；配菜：黄油米饭 350g。

（2）设备、工具和器皿准备：燃气灶、汤锅、不锈钢盆、煎盘、分刀、蛋抽、餐盘。

3. 考核时限

（1）基本时间：30 分钟。

（2）时间允差：每超过 1 分钟，从总分中扣除 2 分，不足 1 分钟，按 1 分钟计。超时 10 分钟不得分。

4. 评分项目及标准(见表9－16)

表9－16

评分项目	考核要素	配分	评分标准
色泽	①海鲜肉色泽艳丽 ②少司乳白色，间有莳萝的绿色	15分	①海鲜肉色泽暗淡，酌情扣1～5分 ②少司色泽发黑、无光泽，酌情扣5～10分
形态	海鲜肉刀口均匀，大小一致，整齐不碎，表层均匀挂满少司	15分	①海鲜丁大小不匀、碎散，酌情扣1～10分 ②表层未均匀挂满少司，酌情扣1～5分
口味	鲜香，间有莳萝的香味和适口的酸咸味	25分	①口味过咸酸或过淡，酌情扣1～10分 ②奶香味不足，莳萝香味不够，酌情扣5～15分
口感	①海鲜肉鲜嫩多汁 ②少司细腻、爽滑	25分	①鱼肉碎散、干柴、少汁，酌情扣5～15分 ②少司粗糙、不爽滑，酌情扣1～10分
装盘	装盘合理;主、配料搭配适当;色彩协调;外观整齐美观	10分	不符合要求，酌情扣1～10分
卫生	个人卫生、器皿卫生及操作卫生符合食品卫生要求	10分	不符合要求，酌情扣1～10分

(十七)咖喱鸡

1. 内容及操作要求

将鸡剁成块，加盐、胡椒粉、咖喱粉调味，用油煎至上色;加入咖喱少司及土豆块，微火烩制;直至鸡块、土豆成熟。装盘，配菜。

2. 准备工作

(1)原料准备。主料:净鸡800g;辅料:咖喱少司100ml，盐8g，咖喱粉、胡椒粉少量;配菜:黄油炒米饭750g;咖喱小料:炸干葱、炸葡萄干、炸杏仁、烤花生粒、黄瓜皮丁、番茄丁等共300g。

(2)设备、工具和器皿准备:燃气灶、汤锅、不锈钢盆、煎盘、分刀、蛋抽、餐盘。

3. 考核时限

(1)基本时间:60分钟。

(2)时间允差:每超过1分钟，从总分中扣除1分，不足1分钟，按1分钟计。超时20分钟不得分。

4. 评分项目及标准(见表9－17)

表9－17

评分项目	考核要素	配分	评分标准
色泽	黄绿色，有光泽	15分	①色泽偏黄或偏绿，酌情扣1~5分 ②少司暗淡、无光泽，酌情扣5~10分
形态	①块状，大小均匀，整齐不碎 ②表层均匀挂满少司	15分	①刀口不整、大小不匀，鸡肉碎散，酌情扣1~5分 ②表层未挂上少司，酌情扣5~10分
口味	浓香，辛辣，微咸，有适口的咖喱香味	25分	①咖喱香味不足，酌情扣5~10分 ②无辛辣味或辛辣味不够，酌情扣5~15分
口感	鸡肉软烂，少司细腻	25分	①鸡肉干柴或肉质较硬，酌情扣5~15分 ②少司粗糙、发涩，酌情扣1~10分
装盘	装盘合理；主、配料搭配适当；色彩协调；外观整齐美观	10分	不符合要求，酌情扣1~10分
卫生	个人卫生、器皿卫生及操作卫生符合食品卫生要求	10分	不符合要求，酌情扣1~10分

（十八）匈牙利烩牛肉

1. 内容及操作要求

将牛肉切成块，加盐、胡椒粉调味，用油煎至上色；加入适量的水、洋葱块、番茄块、牛膝草、红椒粉、小茴香、微火焖至七成熟；再放入土豆块、青椒块，调入酸奶油；用油炒面粉调节浓度，直至将牛肉焖至成熟。装盘，配菜。

2. 准备工作

（1）原料准备。主料：牛胸肉或臀部肉800g；辅料：洋葱200g，青椒300g，番茄200g，土豆100g，油炒面粉20g；调料：盐7g，牛膝草、红椒粉、小茴香少量，色拉油50g，胡椒粉微量，酸奶油30g；配菜：炒匈牙利面片或米饭300g。

（2）设备、工具和器皿准备：燃气灶、汤锅、不锈钢盆、煎盘、分刀、烤箱、蛋抽、餐盘。

3. 考核时限

（1）基本时间：90分钟。

（2）时间允差：每超过5分钟，从总分中扣除3分，不足5分钟，按5分钟计。超时30分钟不得分。

4. 评分项目及标准（见表9－18）

表9－18

评分项目	考核要素	配分	评分标准
色泽	①浅褐色，少司有光泽 ②蔬菜色泽鲜艳	15 分	①色泽过深或过浅，酌情扣 1～5 分 ②少司无光泽，酌情扣 1～5 分 ③蔬菜暗淡、发黄，酌情扣 1－5 分
形态	①块状，均匀一致 ②表层均匀挂满少司	15 分	①刀口不整，大小不一，酌情扣 1～5 分 ②表层未挂上少司，酌情扣 5～10 分
口味	浓香，微咸，微辣	25 分	①口味过咸或无咸味，辣味偏重或缺少辣味，酌情扣 1～15 分 ②浓香味不足，淡而无味，酌情扣 5～10 分
口感	①牛肉烂而不柴 ②蔬菜软而不烂 ③少司细腻、爽滑	25 分	①牛肉发硬、干柴，酌情扣 5～15 分 ②蔬菜烂而无形，酌情扣 1～5 分 ③少司粗糙、有疙瘩，酌情扣 1～5 分
装盘	装盘合理；主、配料搭配适当；色彩协调；外观整齐美观	10 分	不符合要求，酌情扣 1～10 分
卫生	个人卫生、器皿卫生及操作卫生符合食品卫生要求	10 分	不符合要求，酌情扣 1～10 分

(十九)红酒汁焖猪排

1. 内容及操作要求

将洋葱、胡萝卜、芹菜、蘑菇切成丝，用黄油炒香，调味制成馅；通脊肉片成片，调味；放上肥肉片，铺上烫软的菠菜叶，加上炒好的馅卷，用线绳捆扎成形，用油煎至上色；加入基础汤，入炉，焖熟；用干葡萄酒煮洋葱，浓缩后加原汁、布朗少司，调味；放黄油，调浓度；将肉卷切厚片，装盘，配菜，浇上原汁少司。

2. 准备工作

(1)原料准备。主料：猪通脊肉 1 条；辅料：菠菜叶 50g，猪肥膘 80g，洋葱 50g，胡萝卜 50g，芹菜 50g，鲜蘑 20g，布朗少司 200ml，基础汤 200ml；调料：黄油 100g，色拉油 100ml，干红葡萄酒 100ml，洋葱末 50g，盐 8g，胡椒粉少量；配菜：黄油炒面条 200g。

(2) 设备、工具和器皿准备：燃气灶、汤锅、不锈钢盆、煎盘、分刀、蛋抽、餐盘、烤箱。

3. 考核时限

(1)基本时间：60 分钟。

(2)时间允差：每超过 5 分钟，从总分中扣除 2 分，不足 5 分钟，按 5 分钟计。超时 30 分钟不得分。

4. 评分项目及标准(见表 9－19)

表 9－19

评分项目	考核要素	配分	评分标准
色泽	①肉卷为浅褐色，间有蔬菜的红绿色 ②少司棕红色，有光泽	15分	①肉卷色泽过深，酌情扣1～5分 ②少司色泽发黑、暗淡无光泽，酌情扣5～10分
形态	①通脊肉薄厚均匀，整齐不散 ②少司浓度适中	15分	①少司浓度过稀，酌情扣1～5分 ②肉卷层次不分明，薄厚不匀、散碎，酌情扣1～15分
口味	微咸，浓香，酒香味浓郁	25分	①口味过咸或过淡，酌情扣1～5分 ②鲜香味不足，酌情扣1～10分 ③酒精未能完全挥发，酌情扣5～10分
口感	①肉卷鲜嫩多汁 ②蔬菜软而不烂 ③少司细腻滑爽	25分	①肉质干柴、少汁，酌情扣5～10分 ②蔬菜软烂，酌情扣1～10分 ③少司粗糙、不爽滑，酌情扣1～5分
装盘	装盘合理；主、配料搭配适当；色彩协调；外观整齐美观	10分	不符合要求，酌情扣1～10分
卫生	个人卫生、器皿卫生及操作卫生符合食品卫生要求	10分	不符合要求，酌情扣1～10分

（二十）奶油龙蒿焖鸡

1. 内容及操作要求

将鸡腿整形，用盐、胡椒粉、龙蒿腌渍4小时入味，用油煎至上色；用黄油炒洋葱丝、龙蒿，出香味后，放入干白葡萄酒，浓缩；再放入煎好的鸡腿及鸡基础汤，入烤箱，焖熟；将汁过罗，加奶油少司，制成原汁少司；鸡腿装盘，配菜，浇上原汁少司。

2. 准备工作

（1）原料准备。主料：鸡腿4个；辅料：奶油少司400ml，洋葱80g；调料：黄油50g，干白葡萄酒80ml，鸡基础汤200ml，鲜龙蒿50g，盐7g，胡椒粉少量，色拉油100ml；配菜：黄油米饭200g，炒菠菜叶150g。

（2）设备、工具和器皿准备：燃气灶、汤锅、不锈钢盆、煎盘、分刀、蛋抽、烤箱、餐盘。

3. 考核时限

（1）基本时间：50分钟。

（2）时间允差：每超过5分钟，从总分中扣除2分，不足5分钟，按5分钟计。超时30分钟不得分。

4. 评分项目及标准（见表9－20）

表9－20

评分项目	考核要素	配分	评分标准
色泽	乳白色，有光泽	15分	①色泽发黑、暗淡，酌情扣1～10分 ②少司无光泽，酌情扣1～5分
形态	①块状，整齐不碎 ②少司为半流体状	15分	①形态不整、碎散，酌情扣1～10分 ②少司浓度过稠或过稀，酌情扣1～5分
口味	浓香，微咸，酒香味、龙蒿香味浓郁	25分	①口味偏咸或咸味不足，酌情扣1～5分 ②酒香味和龙蒿香味不浓郁，酌情扣5～10分 ③酒精未能完全挥发，酌情扣5～10分
口感	①鸡肉软嫩多汁 ②少司细腻爽滑	25分	①鸡肉干柴、少汁，酌情扣5～15分 ②少司粗糙、不爽滑，酌情扣1～10分
装盘	装盘合理；主、配料搭配适当；色彩协调；外观整齐美观	10分	不符合要求，酌情扣1～10分
卫生	个人卫生、器皿卫生及操作卫生符合食品卫生要求	10分	不符合要求，酌情扣1～10分

(二十一)烤牛外脊

1. 内容及操作要求

将牛外脊加工整形，用盐、胡椒粉、洋葱、芹菜、胡萝卜、香叶稍腌。入油煎至上色；将蔬菜、香料炒香，撒于牛外脊上；入烤箱，烤到所需火候。切片，配菜，浇上红酒少司。

2. 准备工作

(1)原料准备。主料：牛外脊1条；辅料：洋葱50g，芹菜50g，胡萝卜50g；调料：红酒少司200ml，香叶2片，盐8g，胡椒粉少量；配料：炸土豆条及任意蔬菜各适量。

(2) 设备、工具和器皿准备：燃气灶、汤锅、汤勺、煎盘、烤箱、分刀、菜板、汤盘。

3. 考核时限

(1)基本时间：50分钟。

(2)时间允差：每超过1分钟，从总分中扣除2分，不足1分钟，按1分钟计。超时10分钟不得分。

4. 评分项目及标准(见表9－21)

表9－21

评分项目	考核要素	配分	评分标准
色泽	①牛肉浅红色，表层浅褐色 ②少司深红色，有光泽	15分	①牛肉色泽过深或未达到规定色泽要求，酌情扣1~10分 ②少司色泽浅、无光泽，酌情扣1~5分
形态	①牛肉大片状，整齐均匀 ②少司浓度适中	15分	①牛肉形状不整、薄厚不匀、碎散，酌情扣1~5分 ②少司浓度过稀或过稠，酌情扣1~5分
口味	鲜香微咸，酒香味浓郁	25分	①咸味过重或偏淡，酌情扣1~10分 ②牛肉鲜香味不够、酒香味不足或酒精未完全挥发，酌情扣5~15分
口感	牛肉鲜嫩多汁，少司细腻	25分	①牛肉未达到规定火候或干柴、少汁，酌情扣5~15分 ②少司粗糙、不细腻，酌情扣1~10分
装盘	装盘合理；主、配料搭配适当；色彩协调；外观整齐美观	10分	不符合要求，酌情扣1~10分
卫生	个人卫生、器皿卫生及操作卫生符合食品卫生要求	10分	不符合要求，酌情扣1~10分

（二十二）计司焗猪排

1. 内容及操作要求

将猪排加工成形，调味，用油煎至上色；表面放计司片，入焗炉焗上色。用黄油将葱末、蒜末炒香；再放番茄丁、干红葡萄酒、辣酱油、罗勒、盐、胡椒粉，炒透；倒于盘内，上放猪排，配菜。

2. 准备工作

（1）原料准备：主料：净猪排肉600g；辅料：巴马仙计司80g，番茄200g，葱末40g，大蒜末30g；调料：干红葡萄酒100g，黄油100g，辣酱油200ml，盐7g，罗勒、胡椒粉各少量；配料：炒意大利面条200g。

（2）设备、工具和器皿准备：燃气灶、汤锅、汤勺、煎盘、烤箱、分刀、菜板、汤盘。

3. 考核时限

（1）基本时间：30分钟。

（2）时间允差：每超过1分钟，从总分中扣除2分，不足1分钟，按1分钟计。超时10分钟不得分。

4. 评分项目及标准（见表9－22）

表9－22

评分项目	考核要素	配分	评分标准
色泽	表面计司呈金黄色，间有番茄的红色	15分	表面计司未上色或色泽过深、黑烟，酌情扣1～15分
形态	猪排厚片状，整齐均匀	15分	猪排形状不整、薄厚不匀，周边碎散、开裂，酌情扣1～15分
口味	猪排浓香，微咸，有明显的计司香味	25分	①口味过咸或偏淡，酌情扣5～10分 ②浓香味缺乏，计司香味不足，酌情扣5～15分
口感	猪排鲜嫩多汁	25分	猪排发硬、干柴、少汁，酌情扣5～25分
装盘	装盘合理；主、配料搭配适当；色彩协调；外观整齐美观	10分	不符合要求，酌情扣1～10分
卫生	个人卫生、器皿卫生及操作卫生符合食品卫生要求	10分	不符合要求，酌情扣1～10分

(二十三)番茄焗鱼片

1. 内容及操作要求

将鱼肉斜片成片，番茄去皮、切丁，百里香、柠檬皮切碎。用盐、胡椒粉、百里香、柠檬皮、罗勒将鱼片腌入味，码放于盘内，浇上鱼汤、干白葡萄酒，撒上番茄丁，淋上橄榄油，入焗炉焗熟。

2. 准备工作

(1)原料准备。主料：鲜贝400g，培根80g；辅料：菠菜200g，面包渣30g，洋葱30g，大蒜20g，芫荽10g；调料：干白葡萄酒100ml，奶油50ml，柠檬汁50ml，盐5g，阿里根奴、玉桂粉、胡椒粉各少量。

(2)设备、工具和器皿准备：燃气灶、汤锅、汤勺、煎盘、烤箱、分刀、菜板、汤盘。

3. 考核时限

(1)基本时间：30分钟。

(2)时间允差：每超过1分钟，从总分中扣除2分，不足1分钟，按1分钟计。超时10分钟不得分。

4. 评分项目及标准(见表9－23)

表 9－23

评分项目	考核要素	配分	评分标准
色泽	乳白色、有光泽，间有番茄的红色	15 分	鱼肉色泽发黑、暗淡无光泽，酌情扣 1～15 分
形态	鱼肉片状、整齐不碎	15 分	鱼肉片形状不整、大小不等、薄厚不匀、碎散，酌情扣 1～15 分
口味	鲜香，微咸酸	25 分	①口味过咸、过酸或偏淡、无酸味，酌情扣 5～10 分 ②鲜香味不足，有异味，酌情扣 5～15 分
口感	鲜嫩多汁	25 分	鱼肉肉质干柴、少汁，酌情扣 5～25 分
装盘	装盘合理；主、配料搭配适当；色彩协调；外观整齐美观	10 分	不符合要求，酌情扣 1～10 分
卫生	个人卫生、器皿卫生及操作卫生符合食品卫生要求	10 分	不符合要求，酌情扣 1～10 分

（二十四）铁扒牛排

1. 内容及操作要求

将牛外脊切成厚片；撒上盐、胡椒粉、白兰地；抹上植物油；入扒炉扒至所需的火候。装盘，配菜，浇上班尼士少司。

2. 准备工作

（1）原料准备。主料：牛外脊肉 720g；调料：白兰地酒 50ml，盐 7g，胡椒粉、植物油各少量；辅料：班尼士少司 160g；配菜：烤土豆及任意蔬菜 300g。

（2）设备、工具和器皿准备：燃气灶、汤锅、汤勺、煎盘、烤箱、分刀、菜板、汤盘。

3. 考核时限

（1）基本时间：15 分钟。

（2）时间允差：每超过 1 分钟，从总分中扣除 2 分，不足 1 分钟，按 1 分钟计。超时 10 分钟不得分。

4. 评分项目及标准（见表 9－24）

表 9－24

评分项目	考核要素	配分	评分标准
色泽	①牛肉棕褐色，有网状焦纹 ②少司浅黄色，间有绿色，有光泽	15分	①牛肉色泽黑煳，网状焦纹凌乱、不清晰，酌情扣5~10分 ②少司色泽暗淡、无光泽，酌情扣1~5分
形态	①厚片状，薄厚均匀，不变形 ②少司浓度适中	15分	①牛肉形状不整、薄厚不匀、卷曲、变形，酌情扣1~10分 ②少司浓度过稠或过稀，酌情扣1~5分
口味	①牛肉焦香，微咸 ②少司味酸咸，有浓郁的他拉根香草和酒香味	25分	①牛肉焦香味不足，口味过咸或偏淡，酌情扣5~15分 ②少司酸咸味过重或偏淡，他拉根香草和酒香味不足，酌情扣5~10分
口感	①牛肉外焦里嫩 ②少司绵软细腻	25分	①牛肉未达到规定火候，酌情扣5~15分 ②少司粗糙、不细腻，酌情扣1~10分
装盘	装盘合理;主、配料搭配适当;色彩协调;外观整齐美观	10分	不符合要求，酌情扣1~10分
卫生	个人卫生、器皿卫生及操作卫生符合食品卫生要求	10分	不符合要求，酌情扣1~10分

(二十五)铁扒鳕鱼

1. 内容及操作要求

将鳕鱼切块，用干白葡萄酒、盐、胡椒粉、柠檬汁腌入味;将腌好的鳕鱼块放入扒炉扒至上色成熟;用鱼基础汤、干红葡萄酒等制作红酒少司;将鱼装盘，配菜，浇上红酒少司。

2. 准备工作

(1)原料准备。主料:净鳕鱼600g;辅料:鱼基础汤200ml;调料:黄油100g，干红葡萄酒100ml，干白葡萄酒50ml，盐7g，胡椒粉、柠檬汁少量;配料:炸土豆丝及时令蔬菜丝300g。

(2)设备、工具和器皿准备:燃气灶、汤锅、汤勺、煎盘、烤箱、分刀、菜板、汤盘。

3. 考核时限

(1)基本时间:20分钟。

(2)时间允差:每超过1分钟，从总分中扣除2分，不足1分钟，按1分钟计。超时10分钟不得分。

4. 评分项目及标准(见表9-25)

表9-25

评分项目	考核要素	配分	评分标准
色泽	①鱼肉浅褐色，有焦纹 ②少司深红色、有光泽	15分	①鱼肉色泽发黑，焦纹不清楚、凌乱，酌情扣1~10分 ②少司色泽偏淡、无光泽，酌情扣1~5分
形态	①鱼肉块状，整齐不碎 ②少司浓度适中，水、油融合，不澥	15分	①鱼肉形态不整、碎散，酌情扣1~5分 ②少司澥、散，水、油未融合，酌情扣5~10分
口味	①鱼肉鲜香，微咸 ②少司酸咸，酒香浓郁	25分	①鱼肉口味过咸或偏淡，鲜香味不足或有异味，酌情扣5~15分 ②少司酒香味不浓郁或酒精未完全挥发，酌情扣5~10分
口感	①鱼肉鲜嫩多汁 ②少司酸咸，酒香味浓郁	25分	①鱼肉肉质发硬、干柴、少汁，酌情扣5~15分 ②少司不细腻，酌情扣1~10分
装盘	装盘合理；主、配料搭配适当；色彩协调；外观整齐美观	10分	不符合要求，酌情扣1~10分
卫生	个人卫生、器皿卫生及操作卫生符合食品卫生要求	10分	不符合要求，酌情扣1~10分

（二十六）海鲜串

1. 内容及操作要求

将鱼块、虾段、扇贝撒上盐、胡椒粉、干白葡萄酒、柠檬汁稍腌；与洋葱、青椒相间串成串。用油煎至上色、成熟；码于盘内，撤去肉钎；配菜，浇上莳萝少司。

2. 准备工作

（1）原料准备。主料：净海鱼肉240g，大虾200g，扇贝160g；辅料：洋葱80g，青椒80g；调料：干白葡萄酒50ml，柠檬汁10ml，盐7g，胡椒粉少量；配料：莳萝少司200ml。

（2）设备、工具和器皿准备：燃气灶、汤锅、汤勺、煎盘、烤箱、分刀、菜板、汤盘。

3. 考核时限

（1）基本时间：25分钟。

（2）时间允差：每超过1分钟，从总分中扣除2分，不足1分钟，按1分钟计。超时10分钟不得分。

4. 评分项目及标准（见表9-26）

表9-26

评分项目	考核要素	配分	评分标准
色泽	①海鲜串白、绿相间 ②少司乳白色，间有莳萝绿色，有光泽	15分	①海鲜串色泽过深、有黑点，酌情扣1~10分 ②少司色泽暗淡、无光泽，酌情扣1~5分
形态	①串状，整齐不碎 ②少司浓度适中	15分	①海鲜串形状不整，块大小不一、碎散，酌情扣1~10分 ②少司浓度过稠或过稀，酌情扣1~5分
口味	①海鲜串鲜香，微咸 ②少司浓度适中	25分	①海鲜肉咸味过重或偏淡，鲜香味不足，酌情扣5~15分 ②少司酸咸味过重或偏淡，莳萝香味不足，酌情扣5~10分
口感	①海鲜鲜嫩多汁，蔬菜清脆不烂 ②少司细腻爽滑	25分	①海鲜肉干柴、少汁，酌情扣5~10分 ②蔬菜过烂、无形，酌情扣1~5分 ③少司粗糙、不细腻，酌情扣1~5分
装盘	装盘合理；主、配料搭配适当；色彩协调；外观整齐美观	10分	不符合要求，酌情扣1~10分
卫生	个人卫生、器皿卫生及操作卫生符合食品卫生要求	10分	不符合要求，酌情扣1~10分

(二十七)羊肉串

1. 内容及操作要求

将羊肉剔净筋皮，切块，腌渍入味；将羊肉块、青椒块、洋葱块相间穿成串，放入扒炉扒至成熟；码于盘内，撤去肉钎；配菜。

2. 准备工作

(1)原料准备。主料：嫩羊肉600g；调料：黑胡椒2g，迷迭香1g，百里香1g，洋葱末6g，盐7g，胡椒粉少量；辅料：洋葱50g，青椒50g；配料：里昂土豆200g。

(2) 设备、工具和器皿准备：燃气灶、汤锅、汤勺、煎盘、烤箱、分刀、菜板、汤盘。

3. 考核时限

(1)基本时间：15分钟。

(2)时间允差：每超过1分钟，从总分中扣除2分，不足1分钟，按1分钟计。超时10分钟不得分。

4. 评分项目及标准(见表9－27)

表 9－27

评分项目	考核要素	配分	评分标准
色泽	棕褐色	15 分	色泽发黑、发煳，酌情扣 1～15 分
形态	串状，整齐不碎	15 分	形态不整，块大小不一、碎散，酌情扣 1～15 分
口味	浓香，微咸，焦香味浓郁	25 分	①口味过咸或偏淡，酌情扣 5～10 分 ②浓香味不足、缺少焦香味，酌情扣 5～15 分
口感	①羊肉外焦里嫩 ②蔬菜熟而不烂	25 分	①羊肉干柴、少汁，酌情扣 5～15 分 ②蔬菜未熟或熟烂，酌情扣 5～10 分
装盘	装盘合理；主、配料搭配适当；色彩协调；外观整齐美观	10 分	不符合要求，酌情扣 1～10 分
卫生	个人卫生、器皿卫生及操作卫生符合食品卫生要求	10 分	不符合要求，酌情扣 1～10 分

（二十八）苹果煎鹅肝

1. 内容及操作要求

将鹅肝片成片；苹果去皮、去核切成片。鹅肝撒上盐、胡椒粉；苹果撒上玉桂粉。用黄油将鹅肝、苹果慢慢煎熟；码于盘内；配菜，淋上少司。

2. 准备工作

（1）原料准备。主料：鹅肝 400g；辅料：苹果 320g，葡萄少司 240ml；调料：黄油 200g，盐 6g，胡椒粉、玉桂粉各少量；配料：煮土豆榄及时令蔬菜 200g。

（2）设备、工具和器皿准备：燃气灶、汤锅、汤勺、煎盘、烤箱、分刀、菜板、汤盘。

3. 考核时限

（1）基本时间：25 分钟。

（2）时间允差：每超过 1 分钟，从总分中扣除 2 分，不足 1 分钟，按 1 分钟计。超时 10 分钟不得分。

4. 评分项目及标准（见表 9－28）

表 9－28

评分项目	考核要素	配分	评分标准
色泽	①鹅肝棕红色，苹果浅黄色 ②少司淡紫色，有光泽	15分	①鹅肝、苹果色泽过深或过浅，酌情扣1～10分 ②少司色泽过浅、暗淡无光泽，酌情扣1～5分
形态	①鹅肝、苹果为片状，整齐不碎 ②少司浓度适中	15分	①鹅肝、苹果形状不整，薄厚不匀、破碎，酌情扣1～10分 ②少司浓度过稀或过稠，酌情扣1～5分
口味	①鹅肝鲜香、微咸 ②苹果酸甜 ③少司甜中带咸	25分	①鹅肝口味过咸或过淡，鲜香味不足，酌情扣5～15分 ②少司口味不符合要求，酌情扣5～10分
口感	①鹅肝鲜嫩多汁 ②苹果软熟不烂 ③少司细腻	25分	①鹅肝发硬、少汁，酌情扣5～10分 ②苹果未熟或熟烂，酌情扣5～10分 ③少司粗糙、不细腻，酌情扣1～5分
装盘	装盘合理；主、配料搭配适当；色彩协调；外观整齐美观	10分	不符合要求，酌情扣1～10分
卫生	个人卫生、器皿卫生及操作卫生符合食品卫生要求	10分	不符合要求，酌情扣1～10分

◆ 复习思考题

一、概念题

炸、煎、炒、温煮、沸煮、蒸、烩、焖、烤、焗、铁扒、串烧

二、判断题（下列判断题中正确的请打“√”，错误的请打“×”。）

1. 沙司与少司都是英文sauce的译音。（ ）
2. 炸的传热形式是对流与传导。（ ）
3. 炸制的菜肴有外焦里嫩的特点。（ ）
4. 煎制的菜肴成品不一定完全成熟。（ ）
5. 沸煮的传热形式主要是传导。（ ）
6. 蒸是以水为介质的传热形式的发展。（ ）
7. 焖制菜肴时应把原料加工成小块或丁。（ ）
8. 焖的传热介质有水，也有空气。（ ）
9. 用空气传热的烹调方法使用的温度范围很广。（ ）
10. 铁扒烹调方法的传热形式是热辐射与传导。（ ）

11. 炸制裹面糊的原料时油温要高些。 ( )

12. 炒制菜肴的原料形状要小。 ( )

三、单项选择题(下列每题有4个选项,其中只有1个选项是正确的,请将正确的答案代号填在横线空白处。)

1. 下列烹调方法中,用油进行传热的是____。
A. 烩　B. 焖　C. 煎　D. 烤

2. 煎的传热形式主要是____。
A. 对流　B. 传导　C. 对流与传导　D. 交流转换

3. 下列原料中____适宜煎制。
A. 牛胸肉　B. 猪前腿　C. 鸭掌　D. 鸡胸

4. 下列原料中____适宜炒制。
A. 牛肉块　B. 猪通脊丝　C. 厚猪通脊片　D. 排骨

5. 炒制的菜肴一般具有____等特点。
A. 外焦里嫩　B. 脆嫩鲜香　C. 鲜嫩多汁　D. 软嫩多汁

6. ____是煎制前对原料进行适当的前处理。
A. 原料裹上鸡蛋液　B. 原料裹上面糊
C. 原料沾上面包渣　D. 原料沾上面粉、鸡蛋液

7. 用水传热的烹调方法制作的菜肴一般具有____的特点。
A. 软嫩浓香　B. 脆嫩多汁　C. 清淡爽口　D. 口味浓厚

8. 焖制菜肴一般在____内进行加热。
A. 烤箱　B. 焗炉　C. 灶台　D. 蒸箱

9. ____适宜用烤的烹调方法加工。
A. 体积较大的生料　B. 经过加工的半成品
C. 小块的生料　D. 带汁的熟料

10. 下列烹调方法中____是用空气进行传热的。
A. 蒸　B. 烩　C. 焗　D. 沸煮

11. 炸制____时油温要高些。
A. 啤酒糊炸鱼条　B. 瓤馅猪排　C. 黄油鸡卷　D. 鸡排

12. 面糊炸鱼条的配料少司习惯上用____。
A. 奶油少司　B. 鞑靼少司　C. 咖喱少司　D. 番茄少司

13. 煎的烹调方法使用的温度范围一般在____之间。
A. 120℃ ~170℃　B. 100℃ ~150℃　C. 140℃ ~160℃　D. 135℃ ~155℃

14. 煎制____时油温要低些。
A. 较小的鸡排　B. 较薄的猪排
C. 裹鸡蛋液的猪排　D. 较薄的鱼片

四、简答题

1. 烹调中热传递的方式有哪些?

2. 原料进行热加工时需要掌握的基本原则是什么?

3. 以油传热的烹调方法有哪些?

4. 以水传热的烹调方法有哪些？

5. 以空气传热的烹调方法有哪些？

五、分析题

1. 举例说明烩与焖的联系与区别有哪些？

2. 举例说明烤与焗有什么区别？

参考答案

判断题

1. √　2. √　3. √　4. √　5. ×　6. √　7. ×　8. √　9. √　10. √　11. ×　12. √

单项选择题

1. C　2. B　3. D　4. B　5. B　6. D　7. C　8. A　9. A　10. C　11. D　12. B　13. A　14. C

第十章 汤菜制作

● **学习重点：**

汤菜的分类和各类汤菜的具体制作。

● **教学目的：**

本章主要介绍西餐各种汤类菜肴的制作。通过对西餐各种汤类菜肴的学习与制作，使学生了解汤菜的分类，理解汤菜在西餐中的作用，掌握各种清汤、特制清汤和特殊风味汤的制作工艺和操作关键。

第一节 汤菜概述

一、汤菜的概述

1. 汤菜的含义

在欧美人的饮食习惯中，常将汤作为一道菜。故汤菜也就是常说的汤。汤菜以原汤为主要原料配以海鲜、肉类或蔬菜等，经过调味，盛装在汤盅或汤盘内。

西餐汤风味别致，花色多样，世界各国部有其著名的代表性汤菜。例如：法国的洋葱汤、意大利的蔬菜汤、俄罗斯的罗宋汤、美国的奶油海鲜巧达汤、英国的牛肉茶配忌斯条等。汤除了主料以外，常常在汤面上放一些小料加以补充和装饰。常用的有以下几种：(1)炸面包丁。将面包切成丁放入黄油中炸或炒成金黄色。(2)蛋羹丁。将鸡蛋羹切成小方块。(3)菜丝。将蔬菜切成很细的丝。(4)菜丁。将块茎类蔬菜切成丁。(5)奶酪。把吉司切成小片或碎末或把奶酪涂在面包上烤黄。(6)无味的饼干，如苏打饼等。(7)荷兰芹(番茄碎)。(8)咸猪肉片(培根切片炒香)等都可作汤的配料使用，以增加汤的整体效果。别看这些小配料，往往会起到画龙点睛的作用，达到意想不到的效果。

2. 汤的重要作用

汤既可作为西餐中的开胃菜、辅助菜，又可作为主菜。在西餐中，汤菜担当着重要角色，由于大都含有丰富的鲜味物质和有机酸等，有刺激胃液分泌、增加食欲的作用。由于它有营养，易于消化和吸收，汤菜常出现在欧美人日常生活的食谱上和饭店的菜单上。另外，它成本低，家庭和饭店可以充分利用某些食品原料，厨师们也可以充分展示自己的才智。当今，人们对饮食的爱好趋向简单、清淡和富有营养，基于这些因素，汤菜愈加被当代欧美人所青睐。由于汤菜以原汤作为主要原料，因此，汤菜的质量依赖于原汤的质量。

二、汤的种类

汤的种类有许多，分类方法也各不相同。我们可将汤分为三大类，即清汤、浓汤和特殊风味汤。

（一）清汤（clear soup）

清汤，顾名思义，是指清澈透明的液体。通常，它以白色牛原汤、棕色牛原汤、鸡原汤为原料，经过调味，配上适量的蔬菜和熟肉制成的一种清澈、透明、味道鲜美的汤品。清汤又可分为三种：

1. 原汤清汤（broth）

由原汤直接制成的汤，通常不过滤。

2. 浓味清汤（bouillon）

将原汤过滤，调味后制成的汤。

3. 特制清汤（consomme）

将原汤经过特别加工制成的汤。通常，将牛肉丁与鸡蛋清、胡萝卜块、洋菜块、香料和冰块进行搅拌，然后放入牛原汤中，用低温再炖2～3小时，使牛肉味道再一次溶解在汤中，并使汤中的漂浮小颗粒黏连在鸡蛋牛肉上，经过滤，汤变得格外清澈和香醇。这种汤适用于扒房（高级西餐厅）。

（二）浓汤（thick soup）

浓汤是不透明的液体。其主要原料是以原汤配上奶油、油面酱（用油煸炒的面粉）或菜泥等。浓汤又可分为四种：

1. 奶油汤（cream soups）

奶油汤通常以汤中的配料命名。例如，鲜蘑奶油汤，以鲜蘑为配料；芦笋奶油汤，以芦笋为配料等。其制作方法是先制作油面酱（油炒面粉），使用微火，用黄油煸炒面粉并加上适量洋葱作调味品。炒至淡黄色出香味时即可。然后，将白色牛原汤或鸡原汤慢慢倒在炒好的面粉中，用木铲和抽子不断搅拌，煮沸后，用微火将汤煮至黏稠，过滤，放鲜奶油或牛奶，调味，使汤成为发亮的、带有黏性的汤汁，放上装饰品即成。奶油汤呈浅黄色，味鲜美，有奶油的鲜味。

2. 菜泥汤（puree soups）

菜泥汤是将含有淀粉质的蔬菜（土豆、胡萝卜、豌豆等）放入原汤中煮熟，然后，放在碾磨机中碾磨，将碾磨好的蔬菜泥与原汤放在一起，经过滤，调味，放装饰品而成。菜泥汤不像奶油汤那样有光泽，菜泥汤可以放牛奶，也可不放牛奶。菜泥汤的颜色美观，其颜色随着蔬菜颜色不同而异，味鲜美，营养丰富。

3. 海鲜汤（bisques）

海鲜汤和奶油汤很相似，它是以海鲜，如龙虾、虾、蟹肉为配料烹制出的浓汤。海鲜汤中的洋葱和胡萝卜等只用于调味，不作为配料。

4. 什锦汤（chowders）

什锦汤也称为杂拌汤，其制作方法各异，有鱼什锦汤、海鲜什锦汤、蔬菜什锦汤等。什锦汤中常有动物性和植物性两种原料，并且它的配料品种和数量没有具体规定。什锦汤与奶油汤也很相似，但是，许多什锦汤中配有大量的动植物原料，而且有些汤中的原料尺寸较大，像烩菜一样。

（三）特殊风味汤（special soups）

特殊风味汤是指根据世界各民族饮食习惯和烹调艺术特点制作的汤。特殊风味汤最大的特点是制作方法或原料比一般的汤更具有代表性和特殊性。如法国洋葱汤（french Onion Soup）、意大利面条汤（minestrone）、西班牙凉菜汤（gazpacho）及秋葵浓汤（gumbo）等。

第二节 汤菜制作

1. 汤菜制作要点

汤菜的质量主要来自原料和加工工艺。优质汤菜必须由新鲜的、浓度适合的原汤作为原料，选择优质新鲜的蔬菜、海鲜或肉类作配料。煮汤时，应使用微火、低温，这样长时间加热，使原料中的鲜美呈味物质溶于汤中，这样可以保持汤的味道香醇，并使汤具备适当的浓度。在制汤中，蔬菜必须煮透，同时，应不时地用木铲或金属抽子轻轻地搅拌，防止汤中的配料互相粘连，或粘连在煮锅的底部。此外，还应不断地撇去汤中的浮沫，以保持汤的味道、颜色和外观。调味是制汤的另一关键，口味过重或过于清淡的汤都不会成为优质汤。

2. 制汤实例

例 1　蔬菜清汤（clear vegetable soup）

用料：黄油 170 克，洋葱丁 680 克，胡萝卜丁 450 克，西芹丁 450 克，白萝卜丁 340 克，鸡原汤 6 升，西红柿丁 450 克，盐、白胡椒粉各少许。

制作过程：

1. 将黄油放在汤锅中，用小火熔化。

2. 将洋葱丁、胡萝卜丁、西芹丁、白萝卜丁放在汤锅中，用小火煸炒至半熟，不要使它们着色。

3. 将鸡原汤倒入汤锅中，烧开后撇去浮沫，然后用小火炖。

4. 将西红柿丁放入汤锅中，炖 5 分钟。

5. 撇去浮沫，用适量盐和白胡椒粉调味。

例 2　蘑菇大麦仁汤（mushroom varley soup）

用料：大麦 230 克，蘑菇块 900 克，洋葱丁 280 克，鸡原汤 5 升，胡萝卜丁 140 克，白胡椒粉适量，白萝卜丁 140 克，盐少许，黄油或鸡油 60 克。

制作过程：

1. 在沸腾的热水中把大麦仁煮软，滤干水。

2. 把黄油放在厚壁的调料锅或汤锅里，将洋葱、胡萝卜、白萝卜放在油中煸炒至半熟为止，不要将它们煸炒成棕色。

3. 加入鸡汤，烧开，然后降低温度，用小火慢煮，直至蔬菜熟透。

4. 用低温煮汤的同时，另一锅煸炒蘑菇，不要煸炒成棕色。

5. 将蘑菇放在汤中，将煮好的大麦仁也放入汤中，用低温再煮 5 分钟。

6. 撇去汤上的油脂，加入适量的盐、胡椒粉调味。

例 3　牛尾汤(oxtail soup)

用料:牛尾 2700 克，洋葱块 280 克，香料袋一个(香叶 1 片、香草少许、胡椒 6 个、丁香 2 个、大蒜 1 瓣)，西芹 140 克，棕色牛原汤 6 升，胡萝卜块 140 克，雪利酒(Sherry)60 毫升，胡萝卜丁 570 克，胡椒粉、盐各少许，白萝卜丁 570 克，去籽的西红柿 280 克，韭葱(leek)段 280 克(葱白部分)，黄油 110 克。

制作过程:

1. 用砍刀将牛尾砍切成段。

2. 将牛尾放在烤盘上，放入烤箱内烤。当它们部分烤成棕色后，加入洋葱块、西芹块、胡萝卜块和牛尾一起烤成棕色。

3. 将烤好的牛尾、洋葱、西芹、胡萝卜和棕色牛原汤一起放入汤锅里。

4. 将烤盘上的浮油去掉，加入一些原汤，搅拌后，再倒入汤锅中。

5. 将汤煮至沸腾后，撇出浮沫，用小火慢煮，然后加入香料袋。

6. 煮约 3 小时后，用小火慢煮，直至将牛尾煮熟。在煮汤的过程中应加入少许水，使牛尾全部浸在水中。

7. 把牛尾从清汤中捞出后，将肉从骨头上刮下并切成丁，放入一个小平底锅内，倒入少许清汤，牛尾汤煮好后保温或冷却后待用。

8. 过滤，撇去浮油。

9. 用黄油煸炒胡萝卜丁、白萝卜丁和韭葱段，煸炒至半熟。

10. 加入牛尾汤，用低温煮，直至将各种萝卜丁煮熟。

11. 加入西红柿丁、牛尾肉丁，再煮几分钟。

12. 加入雪利酒，用盐和胡椒粉调味。

例 4　芦笋奶油汤(cream asparagus soup)

用料:鸡汁奶油汤 1000 毫升，嫩芦笋 150 克，奶油 125 毫升或牛奶 250 毫升，烤面包丁 25 克，盐适量。

制作过程:

1. 嫩芦笋切成长 1.5 厘米的段。

2. 奶油汤内加入牛奶或奶油、芦笋段，煮透，调味。

3. 上菜时，撒上烤面包丁即可。

例 5　奶油鲜蘑汤(cream of mushroom soup)

用料:黄油 340 克，洋葱末 340 克，面粉 250 克，鲜蘑末 680 克，白色牛原汤或鸡原汤 4.5 升，奶油 750 克，热牛奶 5 升，鲜蘑丁或鲜蘑丝 170 克，盐、白胡椒各少许。

制作过程:

1. 将黄油放厚底调味汁锅中加热，用微火使其熔化。

2. 将洋葱末和鲜蘑末放在黄油中，用微火煸炒片刻，使其出味，不要使它们成棕色。

3. 将面粉放人调味锅中，与洋葱末和鲜蘑末混合在一起煸炒数分钟，再用微火炒至浅黄色。

4. 将白色牛原汤或鸡原汤逐渐放入炒面粉中，并使用抽子不断搅拌，使原汤和面粉完全融合在一起，烧开，使汤变稠，不要将洋葱和鲜蘑煮过火。

5. 撇去浮沫。

6. 将汤放入电碾磨中碾一下，然后过滤。

7. 将热牛奶放入过滤好的汤中，使其保持一定的温度。

8. 保持汤的热度，但是不要将它煮沸，用盐和白胡椒调味。

9. 上桌前，将奶油放在汤中，搅拌均匀。

10. 用原汤将170克鲜蘑丁或鲜蘑丝略煮后放在汤中，做装饰品。

例6　胡萝卜泥汤(puree of carrot soup)

用料：黄油110克，胡萝卜1800克，洋葱丁450克，鸡原汤或白色牛原汤5000克，盐、胡椒粉各少许。

制作过程：

1. 将黄油放入厚底调味汁锅中，用小火加热，使其熔化。

2. 加入胡萝卜丁和洋葱丁，用小火煸炒至半熟，不要使它们变色。

3. 将原汤倒入装有胡萝卜和洋葱丁的调味汁锅中，放入土豆丁，并将汤烧开(沸腾)，使胡萝卜和土豆丁成嫩熟状。不要使它们变色。

4. 汤和胡萝卜丁、土豆丁一起倒入碾磨机中，经过碾磨，呈菜泥状，再放回锅中，用小火炖，如果汤太浓，可以再放一些原汤稀释。

5. 放盐和胡椒粉调味。

6. 根据顾客口味，上桌前可放一些热浓牛奶。

例7　土豆茸汤(potato puree soup)

原料：白色基础汤1200毫升，土豆500克，洋葱50克，青蒜50克，黄油25克，香草束、芫荽末、烤面包丁、盐、胡椒粉各适量。

制作过程：

1. 洋葱、青蒜切成丝，土豆去皮，洗净，切成片。

2. 黄油炒洋葱、青蒜，加盖至软。

3. 放入基础汤、土豆片和香草束，小火微沸，将土豆煮烂。

4. 汤汁过滤，土豆过细筛，压成细蓉，放入过滤后的汤汁内。

5. 上火继续煮至所需的浓度，用盐、胡椒粉调味。

6. 上菜时撒上芫荽末和烤面包丁即可。

例8　虾汤(shrimp bisque)

用料：黄油30克，洋葱丁60克，胡萝卜丁60克，带皮鲜虾450克，香叶1片，百里香少许，香菜梗4根，番茄酱30克，白兰地酒30克，白葡萄酒180克；鱼原汤1500克，炒好的黄油面粉适量，盐、胡椒粉各少许。

制作过程：

1. 将黄油放入调味汁锅中，用微火熔化。

2. 将洋葱丁和胡萝卜丁放入煸炒，使其成为金黄色。

3. 放虾、百里香、香叶、香菜梗，将虾煸炒成红色。

4. 加番茄酱搅拌。

5. 将白兰地酒放在另一个锅中加热，仔细地操作，使其着火，去掉酒精，然后倒入炒好的虾中。

6. 将白葡萄酒倒入煸炒好的虾中，用小火炖，使其减少水分。

7. 将虾捞出、去皮，虾肉切成丁，放在一边作装饰品，虾皮仍放回虾汤中。

8. 将炒好的面粉和鱼原汤搅拌、加热，制成浓汤，放入虾皮溶液中，用小火炖10～15分钟，过滤，继续用小火炖。

9. 上桌前，将虾肉和奶油放入汤中。

例9　曼哈顿蛤肉汤(manhattan clam chowder)

用料:海蛤60个，咸猪肉末200克，洋葱丁570克，水3800克，胡萝卜225克，西芹丁225克，土豆丁(去皮)910克，韭葱(leek)丁225克(葱白部分)，番茄丁1500克，大蒜末少许，香袋(内装干牛肉少许)1个，辣酱油少许。

制作过程:

1. 将海蛤洗净，放在一个容器内，放水、煮熟。

2. 剥出蛤肉，将蛤肉放在一边待用，将蛤肉原汤过滤保留。

3. 将土豆放入蛤肉汤中，煮熟，捞出待用，汤过滤后待用。

4. 煸炒咸肉末，放洋葱丁、胡萝卜丁、西芹丁、韭葱丁和青椒丁一起煸炒，放大蒜，直至煸出香味(不用油，利用咸猪肉肉中的油)。

5. 加番茄酱一起煸炒，放入蛤肉汤、香袋，烧开后，用小火炖30分钟。

6. 除去香袋，撇去浮油，放蛤肉和土豆。

7. 用盐、白胡椒粉调味和辣酱油调味。

例10　法国洋葱汤(french onion soup gratinee)

用料:黄油120克，洋葱片2500克，盐、胡椒各少许，雪利酒150毫升，白色牛原汤或红色牛原汤6500克，法国面包适量，瑞士奶酪680克。

制作过程:

1. 将黄油放在汤锅内，用小火熔化，加洋葱煸炒，煸至金黄色或棕色，用小火煸炒约30分钟，使洋葱颜色均匀，不可用旺火。

2. 将原汤放在煸炒好的洋葱中，烧开，然后用小火炖约20分钟，直至将洋葱味道全部炖出。

3. 用盐和胡椒调味，加雪利酒并保持温度。

4. 将法国面包切成1厘米厚，根据需要每份汤可放1～2片。

5. 将面包放烤箱中烤成金黄色。

6. 将汤放在装洋葱汤的专门陶器中，上面放面包，面包上面放切碎的奶酪，然后放在西式单面烤炉内，将奶酪烤成金黄色时，即可上桌。

例11　意大利面条汤(minestrone)

用料:橄榄油120克，洋葱片(薄)450克，西芹丁230克，胡萝卜小丁230克，大蒜末4克，白菜丝230克，小南瓜丁230克，去皮西红柿丁450克，白色牛原汤5000克，罗勒(Basil)1克，香菜末15克，菜豆680克，短小的空心意大利面条170克，盐、胡椒粉各少许，奶酪适量。

制作过程:

1. 将黄油放厚底调味汁锅中，用小火熔化。

2. 将洋葱、西芹、胡萝卜和大蒜放在黄油中，煸炒3~5分钟，不要使它们着色。然后将白菜、小南瓜加入，继续煸炒5分钟，注意用小火。

3. 将西红柿、白色牛原汤和罗勒放在煸炒的蔬菜中，用小火炖，不要将蔬菜煮过火。

4. 将意大利面条放入，用小火煮，直至将面条煮熟，加入菜豆，继续煮，并将菜豆煮熟。

5. 将香菜、胡椒粉、盐放在汤中。

6. 上桌前，汤中放上奶酪末即成。

例12　西班牙冷蔬菜汤(gazpaecho)

用料:去皮西红柿末1100克，红酒醋(red wine vinegar)90毫升，去皮黄瓜末450克，橄榄油120克，洋葱末230克，盐、胡椒粉少许，青椒末110克，柠檬汁少许，大蒜末1克，辣椒粉少许，装饰品180克(洋葱丁、黄瓜丁、青椒丁各60克)，新鲜白面包末60克，冷开水500克。

制作过程:

1. 将西红柿末、黄瓜末、青椒末、大蒜末及面包末放在打碎机中打碎，然后过滤，与冷开水搅拌，制成冷汤。

2. 将橄榄油慢慢倒入冷汤中，用抽子抽打。

3. 用盐、胡椒(辣椒)粉、柠檬汁、醋调味，然后冷藏。

4. 上桌时，每份冷汤放约15克装饰品(洋葱丁、黄瓜丁和青椒丁)。

例13　牛肉汤(beef broth)

原料:白色牛基础汤1000毫升，大麦粒25克，蔬菜香料(胡萝卜、洋葱、芹菜、白萝卜、青蒜)200克，香草束、芫荽末、盐、胡椒粉各适量。

制作过程:

1. 大麦粒洗净，蔬菜香料去皮，洗净，切成小丁。

2. 基础汤中加入大麦粒、盐、胡椒粉，煮1小时左右。

3. 再将蔬菜丁、香草束加入基础汤中。

4. 上火煮开，撇沫，改小火微沸，直至将大麦粒煮熟起胶。

5. 调味，去香草束，加入芫荽末即可。

例14　莫斯科罗宋汤(russian borsch)

原料:牛基础汤1000毫升，红菜头200克，胡萝卜50克，洋葱50克，洋白菜100克，土豆200克，番茄100克，熟牛腩肉100克，火腿50克，泥肠50克，芹菜末25克，黄油100克，番茄酱50克，砂糖50克，白糖50毫升，酸奶油100毫升，蒜泥5克，干辣椒2个，盐、香叶、胡椒粉各适量。

制作过程:

1. 红菜头、胡萝卜、洋葱切成丝，放入部分砂糖、盐、白糖，腌渍30分钟。

2. 用黄油将洋葱、胡萝卜、红菜头、香叶稍炒，加入番茄酱炒透，再加入少量汤焖至表面出红油。

3. 洋白菜切丝用沸水烫一下，土豆切条煮熟，放在焖好的汤码上，倒入牛肉汤，放入西红柿块和所有调料，开透即好。

4. 煮牛肉、火腿、泥肠切成片，用汤热透，放于汤盘内，盛上汤，浇上酸奶油，撒上芹菜末即可。

例 15　奶油芹菜汤（celery soup with cream ）

原料：鲜芹菜 2 根，牛奶 2 杯，脂肪奶粉 2/3 杯，葱花 1/2 杯，盐适量，奶油 1/4，胡椒粉适量，乳酪 1/3 杯，清水 1 杯，面粉 1 大匙。

制作过程：

1. 芹菜去叶，切成段。把芹菜段、葱花、奶油和青菜汤放到铁锅内，煨 15 分钟，使芹菜变色卷曲。

2. 用另一个小碗，把面粉和水调匀。

3. 加入煨煮好的芹菜，调成稠状物质，再加入牛奶、奶粉、盐和胡椒粉调成糊。若太稠，可加点水再调。

4. 在吃用前的 15 分钟，加入乳酪，放到炉子上煮，直到乳酪熔化，再次调味。最后撒上点装饰用的鲜芹即可。

例 16　希腊式什锦汤（chowder of greece）

原料：清水 2 杯，菜豆（煮熟）2/3 杯，葱头丁 10 ~ 12 个，胡椒粉适量，土豆丁 2 杯，盐适量，胡萝卜丝 12 杯，乳酪适量，西红柿 6 个。

制作过程：

1. 把水烧开，加入葱头丁，用小火焖煮 30 分钟。

2. 加入土豆丁、胡萝卜丝，再焖 15 分钟。

3. 再加菜豆，烧开后加盐和胡椒粉。

4. 调好味后，加入乳酪，即可出锅吃用。

例 17　华盛顿浓汤（washington puree soup）

原料：洋葱 1/4 个，鸡胸肉 50 克，青椒、红萝卜各少许，玉米粒少许，香菇 1 朵，鲜奶、甜红椒各少许，白浓汤适量，盐、味精各少许。

制作过程：

1. 将甜红椒、鸡胸肉、青椒、洋葱、红萝卜、香菇切丁备用。

2. 所有材料置于备好的白浓汤内，加少许鲜奶、盐和味精在锅内煮沸。

3. 煮沸后的浓汤盛入汤盘即可食用。

例 18　西红柿冷汤（cold tomato soup）

原料：牛基础汤 2000 毫升，西红柿 200g，煮牛肉 200g，黄瓜 200g，土豆 260g，青葱末 100g，茴香末 50g，奶油 200 毫升，白醋 70 毫升，糖 50g，盐适量。

制作过程：

1. 土豆用擦床擦成丝，放人牛基础汤中，煮沸，过滤，凉凉后放入冰箱内冷却。

2. 西红柿去皮、去籽切成小丁，煮牛肉、黄瓜切成小丁。

3. 将切好的西红柿丁、煮牛肉丁、黄瓜丁放入锅内，倒入冷却的牛基础汤，加入部分奶油、青葱末、白醋、糖、盐搅拌均匀。

4. 将汤盛入汤盘内，浇上余下的奶油，撒上茴香末即可。

例 19　水果冷汤(cold fruit soup)

原料:清水 1000 毫升，苹果 500 克，草莓 250 克，玉米粉 100 克，白糖 200 克，桂皮 10 克，盐适量。

制作过程:

1. 苹果、梨去皮，切成小橘子瓣状，草莓洗净切成两半。

2. 清水加糖煮沸，放入梨，煮 10 分钟，再放入苹果、草莓，沸后用玉米粉调剂浓度，晾凉后，放入冰箱冷却即可。

例 20　奶油菠菜汤(spinach soup with cream)

原料:菠菜 500 克，鸡蛋 75 克，油面粉 25 克，奶油 50 克，鸡清汤 750 克，盐适量，豆蔻粉、胡椒粉各少许。

制作过程:

1. 将菠菜洗净用沸水烫软，挤干切末。

2. 鸡蛋煮老切片，备用。

3. 将鸡清汤倒入锅内煮沸，放入油面粉调匀，加入盐、豆蔻粉、胡椒粉调好口味后，倒入菠菜末煮至微沸，放入奶油调匀即可。食用时，先在汤盘内放上鸡蛋片，然后盛汤即可。

例 21　皇室清汤(consommé royal)

原料:熟鸡脯肉 150 克，熟火腿肉 150 克，鸡蛋 200 克，炸面包丁少许，雪梨酒 100 克，鸡清汤、盐、胡椒粉各适量。

制作过程:

1. 将熟鸡肉、熟火腿切丁;鸡蛋煮老切丁;备用。

2. 将鸡清汤倒入锅内煮沸后，加入盐、胡椒粉调好口味，再放入鸡丁、火腿丁、鸡蛋丁稍煮。

3. 食用前倒入雪梨酒，撒上炸面包丁即可。

例 22　羊肉牛奶蛋黄汤(mutton soup with milk and egg)

原料:羊肉 350 克，羊骨 750 克，牛奶蛋黄汁 150 克，大米 100 克，葱头 75 克，胡萝卜 50 克，芹菜叶 50 克，羊油 80 克，大蒜 15 克，胡椒 5 粒，干辣椒 2.5 克，香叶 1 片，精盐 6 克。

制作过程:

1. 将羊肉、羊骨洗净放入锅内用冷水煮沸，除去浮沫，放入 25 克煎上色的葱头、胡萝卜、芹菜(25 克)煮沸过箩做成羊肉汤。取出羊肉切丁，备用。

2. 将大米洗净控干，葱头洗净切丁。

3. 芹菜叶、大蒜洗净切末。

4. 将锅烧热后加入羊油(40 克)，待熔化后放入葱头炒至微黄，加入香叶、干辣椒、胡椒焖熟，备用。

5. 将锅烧热后加入羊肉(40 克)，炒香后放入大米炒至黄色时，倒入羊肉汤，炒黄的葱头煮沸，加盐、大蒜末调好口味，再放入羊肉丁微沸，盛汤时浇上牛奶蛋黄汁，撒上芹菜叶末即可食用。

例 23　农夫蔬菜汤(vegetable soup peasant style)

原料：牛基础汤1000毫升，土豆300克，洋葱50克，大葱白75克，嫩扁豆50克，胡萝卜50克，芹菜30克，洋白菜50克，西红柿50克，培根50克，面包4小片，奶酪30克，盐、胡椒粉各适量。

制作过程：

1. 土豆、洋葱、大白菜、嫩扁豆、胡萝卜、芹菜、洋白菜、西红柿、培根均切成小丁。
2. 用黄油将蔬菜丁炒香，加入少量牛基础汤，焖制20分钟左右直至成熟。
3. 再倒入余下的牛基础汤煮开，放入盐、胡椒粉调味。
4. 将奶酪切成丝，撒在面包片上，放入烤箱内烤黄。
5. 将汤盛于汤盅内，上面放上面包片即可。

例24　鸡肉汤(chicken broth)

原料：带骨鸡肉300克，大米25克，蔬菜香料(胡萝卜、洋葱、芹菜、白萝卜、青蒜)200克，清水1000毫升，香草束、芫荽末、盐、胡椒粉各适量。

制作过程：

1. 将带骨鸡肉放入汤锅中，加冷水煮开，撇沫，微沸煮1小时左右。
2. 加入蔬菜丁、香草束、大米小火微沸再继续煮1小时。
3. 取出鸡肉、香草束，将鸡肉切成丁，再放入锅中。
4. 调味，加入芫荽末即可。

例25　皇后式奶油汤(cream a la reine)

原料：鸡汁奶油汤1000毫升，大米100克，煮鸡肉100克，奶油12毫升，盐适量。

制作过程：

1. 鸡肉切成小丁，大米用水洗净，用清汤热透，盛于汤盘内。
2. 奶油汤内加入奶油或牛奶，煮透，调味。
3. 上菜时，加入米饭粒、鸡肉丁，再在汤面上浇上鲜奶油即可。

◆ 复习思考题

一、填空题

1. 我们常将汤分为______、______、______三大类。
2. 浓汤的具体品种有：______、______、______、______等。

二、简答题

1. 制作汤菜有什么要点？
2. 汤菜的作用是什么？

三、实践题

自己动手制作罗宋汤一款，并填写下列实验报告。

菜品名称	罗宋汤
选料：	
制作过程：	
操作关键：	
心得体会：	

参考答案：

一、填空题

1. 清汤、浓汤、特色汤　2. 奶油汤、菜泥汤、海鲜汤、什锦汤

二、简答题

1. 答：汤菜的质量主要来自原料和加工工艺。优质汤菜必须由新鲜的、浓度适合的原汤作为原料，选择优质新鲜的蔬菜、海鲜或肉类作配料。煮汤时，应使用微火、低温，这样可以保持汤的味道香醇，并使汤具备适当的浓度。在制汤中，蔬菜必须煮透，同时，应不时地用木铲或金属抽子轻轻地搅拌，防止汤中的配料互相粘连，或粘连在煮锅的底部。此外，还应不断地撇去汤中的浮沫，以保持汤的味道、颜色和外观。调味是制汤的另一关键，口味过重或过于清淡的汤都不会成为优质汤。

2. 答：汤既可作为西餐中的开胃菜、辅助菜，又可作为主菜。在西餐中，汤菜担当重要角色，由于大都含有丰富的鲜味物质和有机酸等，有刺激胃液分泌、增加食欲的作用。由于它有营养，易于消化和吸收，汤菜常出现在欧美人日常生活的食谱上和饭店的菜单上。

三、实践题

略。

第十一章　冷开胃菜、冷菜基础知识

● **学习重点：**

西餐各种冷开胃菜和沙拉的制作方法。

● **教学目的：**

通过学习掌握西餐冷开胃菜和沙拉的制作方法和冷菜的装盘方法。

西餐冷菜是西餐中非常重要的组成部分，西餐冷菜主要以冷开胃菜和沙拉为主，通常情况下是用来作为正餐的第一道菜，有些冷开胃菜和沙拉也可以作为第一道主菜。西餐中的冷餐酒会、鸡尾酒酒会多以冷菜为主，冷菜深受西方人的喜爱。

一、西餐冷菜的特点

西餐冷菜尤其是冷开胃菜大都具备以下特点：

1. 外观。色调清新、和谐，造型美观，令人赏心悦目，诱人食欲。
2. 口味。以酸、咸、辛辣为主，能开胃爽口，增加食欲。
3. 形状。小块、易食。
4. 可以提前制作，供应迅速。

二、西餐冷菜制作的基本要求

1. 冷菜是直接入口的菜肴，从制作到拼摆装盘的每一个环节都要求注意清洁卫生，严防有害物质的污染。

2. 选料要讲究，各种蔬菜、海鲜、禽肉蛋类等都要求质地新鲜、外观完好，对于生食的原料还要进行消毒处理。

3. 冷菜制作时一般应选用熔点低的植物油，而不要过多地使用动物性油脂，以免因油脂凝结影响菜肴的质量。

4. 制作好的冷菜应凉至5℃～8℃后，再冷藏保存。冷菜在切配后应尽快食用，食用时的温度以10℃～12℃为宜。

三、冷菜的分类

西餐中冷菜品种很多，大体上可以分为冷开胃菜和沙拉两大类。

冷开胃菜又包括胶冻类、批类、冷肉类和其他开胃小吃等品种。

沙拉又分为主菜沙拉和开胃沙拉两种。

第一节 冷开胃菜

一、胶冻类菜肴

胶冻类菜肴是用加工好的动物胶质将加工成熟的原料制成透明的冻状类冷菜。

1. 胶冻类菜肴的一般制作步骤

(1)将原料烹调成熟到一定的火候。

(2)用胶质丰富的原料制作胶冻汁。

(3)将烹调成熟的原料切配并拼摆成一定的形状，在原料上浇上胶冻汁，放入冰箱中冷却至凝固成冻即可。

2. 适用范围

适宜制作质地鲜嫩的各种原料，如鸡、鱼、虾等。

3. 制作原理

胶冻类菜肴的制作主要是利用了蛋白质的凝胶作用。制作胶冻的胶质是从肉皮、鱼皮等原料中提炼的明胶。明胶能溶于热水，形成胶体溶液。一般溶液的整个体系是均匀的，但胶体溶液是不均匀的，分为连续相与分散相。在胶冻中蛋白质是连续相，其分子结成长链，形成网状结构；水分子是分散相，分散在蛋白质颗粒之间，冷却后可以牢固地保持在蛋白质的网状结构中，从而形成胶冻状态。

4. 胶冻汁的制作

制作胶冻汁的原料主要是鱼胶粉和琼脂两种，其调制方法大体相同。

用料：鱼胶粉50g，煮料原汤500ml，蛋清1个。

制作步骤：

(1)将鱼胶粉放入锅中，加入煮料原汤。或将琼脂用冷水泡软后控去水分，放入原汤中。

(2)将蛋清略微搅至有泡沫时放入汤内。

(3)用小火加热至汤中的鱼胶粉或琼脂完全溶解，杂质与蛋清结为一体时用纱布过滤即可。

5. 制作实例

例1 火腿猪肉冻(ham pork in aspic)

主料：火腿500g，猪通脊肉500g。

辅料：胶冻汁500mg，豌豆50g，黄瓜100g，胡萝卜50g，葱头50g，芹菜25g。

调料：盐、胡椒粒、香叶各适量，辣根少司100ml。

制作步骤：

(1)将猪通脊肉放入锅内，加水、香叶、胡椒粒、盐及胡萝卜、葱头、芹菜等煮熟，凉凉。

(2)将火腿、熟猪肉切成丁。

(3)在圆模底部浇上一层冻汁，冷藏凝固后取出。在胶冻上贴上胡萝卜片、黄瓜片及豌豆等装饰出花纹，再浇上一层胶冻汁，入冰箱冷藏，凝固后取出。

(4)再放上火腿丁、猪肉丁，然后用胶冻汁将圆模注满，入冰箱冷藏，使其完全凝固。

(5)食用时，将圆模浸入温水中稍烫，扣出肉冻，单跟辣根少司。

菜肴特点:色泽鲜艳，晶莹透明;圆形固定不散;口味鲜香、微咸;肉质鲜嫩，胶冻挺实。

例2　鸡丁结力糕(chicken in jelly)

主料:熟鸡胸肉200g。

辅料:胶冻汁50ml，胡萝卜50g，蘑菇50g，豌豆50g，土豆50g。

调料:马乃司少司100ml，盐、胡椒粉各适量。

制作步骤:

(1)将胡萝卜、土豆去皮后切成丁，蘑菇切成片，熟鸡肉切成丁。

(2)用盐水将胡萝卜丁、土豆丁、豌豆、蘑菇煮熟，晾凉。

(3)将鸡肉丁与蔬菜混合，加入马乃司少司、盐、胡椒粉和冻汁，搅拌均匀。

(4)将混合物放入抹油的圆模内压实，入冰箱冷藏，使其凝固。

(5)食用时扣于盘内即好。

菜肴特点:色泽鲜艳淡黄;圆形整齐不散;口味鲜香，有适口的咸酸味;鸡肉鲜嫩，清凉爽口。

例3　龙虾冻(lobster in aspic)

主料:龙虾1只，胶冻汁750ml。

辅料:马乃司少司150g，黑鱼子100g，红鱼子100g，煮鸡蛋4个，生菜叶适量。

调料:盐10g，胡椒粒10粒，香叶1片，白醋适量，蔬菜香料(胡萝卜、芹菜、洋葱)75g。

制作步骤:

(1)将龙虾洗净，放入锅内，加入水、蔬菜香料、香叶、胡椒粒、盐、白醋煮熟，并在原汤内晾凉，剥去龙虾壳，将虾肉取出。

(2)将龙虾肉切成圆片，入冰箱凉透。

(3)将100ml的胶冻汁加入马乃司少司搅匀，浇在龙虾肉上，再入冰箱冷藏使其冻结。

(4)冻结后的龙虾肉用蔬菜点缀上图案。然后放回龙虾壳内，再浇上一层胶冻汁，入冰箱冷藏冻结。

(5)将剩余的胶冻汁浇在盘底，冻结后再把龙虾放上，周围配上黑鱼子、红鱼子、煮鸡蛋、生菜叶等作为装饰。

菜肴特点:色泽鲜艳，晶莹透明;整龙虾状，图案美丽;口味鲜香，微咸酸;龙虾肉鲜嫩，胶冻挺实。

例4　海鲜蔬菜结力冻(seafood vegetable in aspic)

主料:大虾200g，鲜贝200g。

辅料:西兰花400g，胡萝卜200g，胶冻汁500ml。

调料:盐、胡椒粒各适量，干白葡萄酒50ml，蔬菜香料(胡萝卜、葱头)、香叶各适量。

制作步骤:

(1)将西兰花洗净后切成小朵，胡萝卜去皮后切成约0.5cm厚的宽片。分别用盐水煮熟，清水冲凉，再用布擦干水分。

(2)将鲜贝、大虾洗净，放锅内，加水、胡萝卜、葱头、胡椒粒、盐、干白葡萄酒、香叶煮熟，并在原汤内晾凉。

(3)将鲜贝取出，横切成两片;将大虾剥去外壳，剔除沙肠。

(4)将长方形模具擦净，在模具底部将西兰花朵朝下摆满一层。然后往上依次摆上胡萝卜片、鲜贝、大虾，最后再用西兰花朝上摆满一层。将胶冻汁浇入模具内。

(5)在模具上部盖上保鲜膜，然后压上重物，入冰箱冷藏，使其完全凝结。

(6)食用时，将模具放入温水中浸泡数秒，扣出模具，切成2cm厚的片装盘即可。

菜肴特点:色泽鲜艳，晶莹透明;片状整齐不碎;口味鲜香微咸;清凉爽口。

例5　鹅肝冻(foie gras in aspic)

主料:鹅肝750g，胶冻汁250ml。

辅料:猪肥膘肉500g，鲜奶油200ml，基础汤750ml，黄油250g，洋葱100g，胡萝卜、芫荽、糖色各少量。

调料:雪利酒50ml，盐、胡椒粉、豆蔻粉各适量。

制作步骤:

(1)将鹅肝去筋、去胆，洗净后切成块。猪肥膘肉切块，洋葱切块。

(2)将猪肥膘肉放入煎锅内，中火煎熬，当熬出部分油脂后加入洋葱块炒软，再加入鹅肝稍炒，加入豆蔻粉、盐、胡椒粉、雪利酒、基础汤，小火焖3小时左右至熟，然后冷却。

(3)将焖熟的鹅肝去掉洋葱，放入绞肉机绞碎，过细筛，剔除粗质。加入黄油和打起的鲜奶油调和均匀，放入冰箱冷藏。

(4)将模子擦净，加入少许胶冻汁打底，放入冰箱冷藏。待胶冻汁将凝结时取出，用胡萝卜、芫荽等装饰成花纹贴在胶冻上，再倒上一层胶冻汁，将花纹盖没，再入冰箱冷藏。

(5)待胶冻凝结后，倒满鹅肝酱压实。再浇一层稍厚的加入糖色的胶冻汁，放入冰箱冷藏，使其完全凝结。

(6)食用时将模子放入温水内稍泡，脱出模子装盘即可。

菜肴特点:咖啡色，通体透明;块状整齐不散;口味鲜香微咸;爽滑细腻。

例6　鳜鱼冻(cold mandarin fish in aspic)

主料:鲜鳜鱼1条。

辅料:虾150g，面包100g，牛奶150ml，蛋黄1个，马乃司少司500ml，胶冻汁750ml，装饰用的蔬菜适量。

调料:盐、胡椒粉各适量。

制作步骤:

(1)将鳜鱼去内脏、去鳞、去鳃、剪去背鳍，保留头尾，洗净后用热水稍烫，以去除其黏液。

(2)将虾去壳去沙肠，剁成泥。面包用牛奶浸软后滤干。

(3)将虾泥、面包、蛋黄、盐、胡椒粉放在一起搅匀、上劲，塞入鱼肚内，然后用干净纱布将鱼包好。

(4)入蒸箱，大火蒸20分钟左右至熟，取出冷却后小心去掉纱布，放入冰箱内冷藏。

(5)将马乃司少司与部分胶冻汁混合，拌匀。

(6)将鱼从冰箱中取出，浇上马乃司少司与胶冻汁的混合物，要将鱼身浇满、浇匀，然后入冰箱冷藏凝结。

(7)待其凝结后取出，用蔬菜等在其上装饰出鱼嘴、鱼眼、鱼鳞等，再浇上剩下的胶冻汁，入冰箱冷藏。

菜肴特点：色泽鲜艳，晶莹通透；鱼形整齐不碎；口味鲜香微咸；鱼肉鲜美爽口。

二、批类菜肴

1. 肉批类

批是英文"pie"的译音，法文称为"paté"（指用脂肪炼制的各种肉酱）。在西餐冷菜中泛指肉批，就是将各种肉类、禽类等经腌渍后制成馅料，再用批面包裹，放入模具内，经烘烤成熟后，灌入胶冻汁经过冷藏而制成的冷食。

2. 制作实例

例1　野兔肉批（hare pie）

主料：兔腿肉500g，猪脊肉200g，小牛肉200g。

辅料：肥培根肉200g，火腿50g，开心果50g，蘑菇50g，胶冻汁500ml。

调料：奶油200ml，白兰地酒10g，盐、胡椒粉、混合香料各适量。

批面：面粉800g，黄油400g，蛋黄2个，盐、水各适量。

制作步骤：

(1)将兔腿肉、猪脊肉、小牛肉切成丁，用盐、胡椒粉、白兰地酒及混合香料腌制12小时。

(2)将腌制好的肉用绞肉机绞成馅，放入盐、胡椒粉、奶油搅打上劲，再加入火腿丁、蘑菇丁、开心果混合均匀。

(3)将面粉过筛，加入盐、黄油、蛋黄搓匀，再加入适量冷水揉成面团。

(4)将面团擀成5mm厚的片，分成大小两片。取小片面做面盖，并在面盖上戳2个直径2cm～3cm的圆孔。

(5)将大片面放入抹有黄油的长方形模具内垫平，挤出四周及底部的空气，然后将肥培根肉片平摆在面上。

(6)将肉馅填入模具内压实，再用肥培根肉片包严，最后盖上面盖，并用蛋液将其与模内的面片粘严。

(7)用锡纸做两个圆筒，撑在面盖的圆孔内，以便排气。然后用面再在面盖上捏些花纹作装饰，表面刷上蛋黄。

(8)入230℃～250℃烤箱烘烤10分钟后降温至180℃～200℃，并用锡纸盖住表面，以防将表面烤焦。

(9)待成熟后取出，凉至温热时，从排气孔内浇入一部分胶冻汁，然后入冰箱冷藏。

(10)待其完全冷却后，再浇入剩余的胶冻汁直至浇满为止，后入冰箱冷藏。

(11)上菜时，将肉批从模内扣出，切成1.5cm~2cm厚的片，配辣根少司、生菜即可。

菜肴特点:外皮金黄，肉色浅褐;厚片整齐不碎;口味浓香微咸;软烂不干。

例2 猪肉批(pork pie)

主料:猪后臀肉1000g，鹅(鸭)肝300g。

辅料:火腿100g，豌豆50g，鸡蛋2个，蔬菜香料(洋葱、胡萝卜、芹菜)100g，胶冻汁500ml。

调料:黄油100g，玛德拉酒75ml，糖、盐、胡椒粉、香叶、百里香、芫荽梗、豆蔻粉各适量。

批面:面粉800g，黄油400g，蛋黄2个，水、盐各适量。

制作步骤:

(1)将猪后臀肉剔除多余的脂肪及筋质，切成条，用盐、胡椒粉、玛德拉酒、豆蔻粉、蔬菜香料、香叶、百里香、芫荽梗等腌渍12小时。

(2)鹅肝用黄油轻煎，稍微上色即可。

(3)将腌渍好的猪肉与煎好的鹅肝一起用绞肉机绞成很细的肉酱，加入鸡蛋搅打上劲。

(4)将火腿切成丁，豌豆煮熟，放入肉酱内搅拌均匀，用盐、胡椒粉调味。

(5)将面粉过筛，加入黄油、蛋黄搓匀，再加入盐与适量的水揉成面团。

(6)将批面擀成4mm~5mm厚的面片，再分成大、小两片。

(7)将大片面片放入抹有黄油的长方形模具内垫平，再放入冰箱冷藏1小时，以防烘烤时面片收缩过大。

(8)将模具取出后放入肉酱，压实。

(9)将小片面片戳2个2cm~3cm的圆孔，放在模具上作面盖，并用蛋液与大片面片粘严。

(10)用锡纸做两个圆筒，撑在面盖上的圆孔上，再捏些花纹在面盖上作装饰，刷上蛋液。

(11)入200℃烤箱，先烘烤20分钟左右，然后再降温至170℃~180℃，直至成熟。

(12)取出放至温热，从排气孔内注入部分胶冻汁，入冰箱冷藏，待其冷却后，再将剩余的胶冻汁浇入模内，直至浇满为止，再入冰箱冷藏，使其完全冷却。

(13)食用时，将其从模内扣出，切成2cm厚的片，配酸黄瓜即可。

菜肴特点:外皮金黄，肉色浅红;厚片整齐不碎;口味鲜香微咸;软嫩不干。

例3 小牛肉火腿批(veal and ham pie)

主料:小牛肉800g，烟熏火腿650g。

辅料:冬葱100g，胶冻汁500ml。

调料：盐、胡椒粉各适量，白兰地酒50ml，黄油50g。

批面：面粉800g，黄油400g，蛋黄2个，水、盐各适量。

制作步骤：

（1）将小牛肉切成薄片，用盐、胡椒粉、白兰地酒腌渍入味。

（2）将面粉与黄油、蛋黄搓匀，加入盐及适量水揉成面团。

（3）将火腿切成薄片，冬葱切成末，用黄油炒香。

（4）将面团擀成5mm厚的面片，分成大、小两片。

（5）将大片面片放入抹有黄油的长方形模具内垫平，然后将腌好的小牛肉与火腿片相间叠放在模具内，并撒上炒香的冬葱末，直至将模具码满。

（6）将小片面片上戳2个2cm～3cm的圆孔，放在模具上作面盖，并用蛋液将其与大片面片粘严。

（7）用锡纸做两个圆筒，撑在面盖上的圆孔内，并在面盖上随意捏些图案作装饰，刷上蛋液。

（8）入200℃烤箱烤25分钟左右，然后降温至170℃～180℃，直至成熟，取出。

（9）待其放至温热时，从排气孔内浇入部分胶冻汁，入冰箱冷藏。

（10）当完全冷却后，再将剩余的胶冻汁浇入，直至浇满为止，再入冰箱冷藏。

（11）上菜时，将肉批扣出，切成2cm厚的片即可。

菜肴特点：外皮金黄，肉色棕褐；厚片整齐不碎；口味浓香微咸；软烂不干。

3. Terrine类

“Terrine”原意为陶瓷模具，就是指将各种肉类、禽类、海鲜、鱼类及蔬菜等经过腌渍调味后，加工成条、片或馅泥状等。放入模具内，利用鸡蛋、鱼胶及肉类原料自身的蛋白质胶凝作用而加工制成的冷食。因其制成后大多切成厚片状，故习惯上也将此类冷菜称为批类。这类冷菜大多采用隔水烤的方法进行烹调加工。

4. 制作实例

例1　皇室式蔬菜批（Ierrine of vegetable royal）

主料：嫩扁豆200g，胡萝卜200g，嫩西葫芦150g，西兰花250g，菜花150g。

辅料：奶油200ml，鸡蛋6个。

调料：盐、胡椒粉、豆蔻粉各适量。

制作步骤：

（1）将蔬菜洗净，嫩扁豆撕去筋，胡萝卜去皮切成长条，西葫芦去皮、去籽切成长条，西兰花、菜花分为小朵。

（2）将蔬菜用盐水煮至软，取出，控干水分。

（3）将奶油与鸡蛋混合，加盐、胡椒粉、豆蔻粉调味，搅拌均匀。

（4）将长方形模具内抹油，然后依次在模具内摆放上一层嫩扁豆、胡萝卜条、西葫芦条，最后将菜花根部朝上、西兰花根部朝下分别摆好。

（5）将奶油与鸡蛋的混合物浇入模具内，将原料浸没。

（6）入120℃～130℃烤箱，隔水烤。模具内液体混合物的温度应保持在70℃左右，以防温度过高、出现气孔，影响菜肴质量。

（7）用牙签别住至熟，至其完全凝固后取出，凉凉，放入冰箱冷藏2小时。

(8)上菜时，从模具内扣出，切成1cm厚的片，配香草计司汁即可。

菜肴特点:色泽浅黄，艳丽多彩;片状整齐不碎;口味浓香微咸;软嫩可口。

例2　海鲜批(terrine of seafood)

主料:白色鱼柳300g，鲜贝肉100g。

辅料:三蕃鱼鱼柳100g，鸡蛋6个，奶油200ml。

调料:干白葡萄酒50ml，盐、胡椒粉、豆蔻粉各适量。

制作步骤:

(1)将白色鱼柳切成小块，用绞肉机打碎，过细筛，去除刺及筋，使呈细蓉状。

(2)在鱼蓉内逐渐加入奶油、蛋白及干白葡萄酒，用力搅打上劲，再用盐、胡椒粉及少量豆蔻粉调味。

(3)将三蕃鱼切成2cm见方的条。

(4)将长方形模具内抹油，垫上一层保鲜膜，挤出空气。

(5)在模具内放上一层鱼肉泥，抹平后放上两条三蕃鱼鱼肉，再压上一层鱼肉泥，抹平后再放上两条三蕃鱼鱼肉，直至将模具填满，最后将表面抹平。

(6)盖上锡纸，放入烤盘，烤盘内倒入温水，入150℃烤箱隔水烤，直至成熟。

(7)取出模具，上压重物，入冰箱冷藏12小时。

(8)上菜时从模具内扣出，切成1.5cm厚的片，配千岛少司即可。

菜肴特点:色泽洁白;厚片整齐不碎，表面光洁;口味鲜香微咸;细腻软嫩。

例3　冷鸡肉批(terrine of chicken)

主料:鸡胸肉250g，猪通脊肉200g，猪肥膘150g，鸡肝100g。

辅料:火腿100g，蘑菇50g，开心果50g，鸡肝4块。

调料:奶油100ml，白兰地酒25ml，干白葡萄酒50ml，盐、胡椒粉、豆蔻粉、植物油各适量。

制作步骤:

(1)将主料用绞肉机绞成肉馅，然后逐渐加入奶油、白兰地酒、干白葡萄酒搅打上劲，用盐、胡椒粉、豆蔻粉调味，搅成肉胶状，用保鲜膜包严，入冰箱冷藏12小时。

(2)用植物油将辅料中的鸡肝煎上色，开心果用热水略烫去皮，火腿、蘑菇切成丁，并与肉馅混合搅匀。

(3)将肉馅放入抹油的长方形模具内，填满压实。

(4)模具上盖锡纸，入180℃烤箱隔水烤，直至成熟。

(5)取出模具，冷却后压上重物，入冰箱冷藏12小时。

(6)食用时，扣出模具，切成1cm厚的片，配酸黄瓜即可。

菜肴特点:色泽浅褐，表面光洁;厚片整齐不碎;口味鲜香微咸;软嫩肥润。

三、冷肉类菜肴

西餐冷菜中所用冷肉类食品一般可分为两个部分，一部分是食品加工厂加工好的冷肉成品。由于西方各国的食品加工工业比较发达，各种肉制品很多，常见的有各种火腿、肉肠、腌制或熏制的鱼类、肉类及鱼子酱等，这些肉制品都可直接加工切配食用。另一部分是由厨师加工制作的，主要是烤、焖的肉类、禽类等，其加工制作方法有很多与热菜的加工制作方法相同，如冷烤牛肉、各种肉酱、冷肉卷、冷填馅鸡、冷填馅鱼等。

例1 冷烤牛外脊（cold roast sirloin beef）

主料：牛外脊肉1条（约2000g～2500g）。

辅料：植物油200g。

调料：干红葡萄酒、盐、胡椒粉、黑胡椒粒、生菜、辣根少司各适量。

制作步骤：

（1）将牛外脊去筋及多余的油脂，撒匀干红葡萄酒、盐、胡椒粉、黑胡椒粒淹渍调味，用棉线捆扎定好型，放入烤盘内。

（2）入烤箱，先高温230℃～250℃烤大约30分钟后，根据情况降温至180℃～200℃。烤制过程中应随时往牛肉上抹油。

（3）将牛肉烤至四五成熟或七八成熟。

（4）取出凉凉，切成0.5cm厚的片。

（5）食用时，配生菜和辣根少司即可。

菜肴特点：四周呈浅褐色，中间鲜红；片状，中间带血汁；口味醇香微咸；鲜嫩不干。

例2 冷鸡肉卷（galantine of chicken）

主料：净鸡1只（约800g～1000g）。

辅料：牛肉150g，猪肉150g，火腿100g，豌豆50g，鸡蛋1个，奶油100ml。

调料：干白葡萄酒50ml，盐、胡椒粉、鼠尾草、香叶、蔬菜香料各适量。

制作步骤：

（1）将净鸡背开，剔去胸骨、腿骨、翅骨等，平放于板上，并用刀将硬筋剁断，撒上盐、胡椒粉调味。

（2）用绞肉机将牛肉、猪肉绞成馅，然后逐渐加入奶油、鸡蛋、干白葡萄酒搅打上劲，并用盐、胡椒粉、鼠尾草调味。

（3）将肉馅平铺在鸡肉上，撒上火腿丁和煮熟的豌豆。然后将鸡肉卷成卷，用纱布包紧，用线绳捆扎好。

（4）将鸡卷放入汤锅中，加入水、蔬菜香料、香叶，水沸后改小火微沸，煮至成熟，大约1小时。

（5）取出，冷却，去除线绳及纱布，将鸡卷码于盘内，用蔬菜等在鸡卷表面做上装饰图案，然后浇上胶冻汁，入冰箱冷藏。

（6）待其完全冷却后取出，切成1.5cm～2cm厚的片即可。

菜肴特点：色泽浅黄；圆筒形，切片后整齐不碎；口味浓香微咸；软嫩适口，不干柴。

例3 冷填馅鸡（cold stuffed chicken）

主料：整鸡1只。

辅料：蛋清150g，牛奶200ml，豌豆100g，胡萝卜100g。

调料：盐、胡椒粉、豆蔻粉、鼠尾草各适量，蔬菜香料200g，香叶、胡椒粒各适量。

制作步骤：

（1）将整鸡脱骨，将整只鸡皮从颈部小心脱下，去除内脏，把净肉剔下、洗净。

(2)将鸡肉绞成馅，逐渐加入蛋清、牛奶搅打上劲，用盐、胡椒粉、豆蔻粉、鼠尾草调味，再加入豌豆、胡萝卜丁拌匀。将肉馅填入鸡皮内并用线缝好，再用纱布包紧，捆扎牢固。

(3)将鸡放入汤锅内，加水、蔬菜香料、香叶、胡椒粒，上火煮熟，取出。

(4)待鸡凉透后，去掉纱布，抽出缝线，切成1.5cm~2cm厚的片。

菜肴特点：肉色浅黄，红绿相间；片状整齐不碎；口味鲜香微咸；软嫩适口，不干柴。

例4　肝酱(liver paté)

主料：禽类肝脏1000g。

辅料：瘦猪肉500g，肥膘肉500g，培根100g。

调料：黄油250g，洋葱100g，大蒜25g，盐、胡椒粉、百里香、豆蔻粉各适量。

制作步骤：

(1)将肝去筋、去胆，洗涤干净并切成块。将洋葱、大蒜切碎，猪肉切成块。

(2)用黄油将葱末、蒜末炒至软后，放入百里香和肝，炒至肝变硬，凉凉。

(3)将炒好的肝、洋葱、蒜等同猪肉一起用绞肉机绞碎、绞细，再用细筛滤去粗质。

(4)用盐、胡椒粉、豆蔻粉调味，搅拌均匀。

(5)将陶瓷模具内垫上肥培根肉片，然后将混合物放入陶瓷模具内，再盖上培根肉片。

(6)将模具放入注有一半水的烤盘内，放入180℃~200℃烤箱隔水烤，大约1小时，直至成熟。

(7)凉凉后去掉培根肉。

(8)上菜时与吐司面包一同食用。

菜肴特点：深棕色；酱状表面有一层脂肪；口味鲜香微咸；细腻肥润。

四、其他冷菜

在西餐冷菜中还有一些腌制菜肴、冷头盘及油浸菜肴等。

例1　大虾头盘(prawn cocktail)

主料：大虾100g。

辅料：千岛少司或海鲜盘少司125ml，生菜叶2片，柠檬片1片。

制作步骤：

(1)将大虾煮熟，取肉，剔除沙肠。

(2)将生菜叶洗净，控干水分，撕成碎片，放入2厘米深的鸡尾酒杯中。

(3)杯中加入大虾肉及千岛少司。

(4)柠檬片放在杯子边作为装饰。

菜肴特点：口味鲜香，微酸咸；虾肉鲜嫩，滑爽适口。

例2　瓤馅鸡蛋(stuffed egg)

主料：煮鸡蛋2个。

辅料：马乃司20ml。

调料：盐、胡椒粉、黄油各适量。

制作步骤：

(1)将鸡蛋去皮，用刀横切，一分为二。

(2)取出蛋黄，并将蛋黄过细筛，然后加入马乃司、黄油、盐、胡椒粉拌匀。

(3)用挤袋将蛋黄馅挤入蛋白内即可。

菜肴特点：花形整齐，均匀；口味鲜香，微咸；绵软细腻。

例 3　咖喱油菜花(cauliflower in curry)

主料：菜花 1500g。

调料：咖喱粉 50g，植物油 150g，洋葱 50g，姜 20g，蒜 15g，香叶 1 片，干辣椒 1 个，盐、清汤各适量。

制作步骤：

(1)菜花洗净后，分成小朵，用水煮熟、断脆，控干水分，加盐拌匀入味。

(2)将洋葱、姜、蒜切成末，用植物油、干辣椒、咖喱粉炒香，再加入清汤，在微火上煮至浓稠，过筛后即成咖喱油。

(3)将咖喱油浇在菜花上，搅拌均匀。

(4)食用时，将菜花码在碗内或扣于盘上，周围用生菜装饰。

菜肴特点：色泽金黄；口味清鲜，香郁，微咸、辣；脆嫩可口。

例 4　泡菜 (pickle vegetable)

主料：洋白菜 2500g，菜花 500g，胡萝卜 500g，洋葱 500g，黄瓜 500g，芹菜 500g，青椒 500g。

调料：砂糖 500g，醋精 250ml，丁香 5g，香叶 5 片，干辣椒 10g，盐适量。

制作步骤：

(1)将洋白菜、胡萝卜、洋葱、黄瓜、青椒切成片，芹菜切成段，菜花分成小朵。

(2)将蔬菜分别用水烫熟、断脆，捞出，用冷水冲凉，滤净水分，装入耐酸容器内。

(3)将香叶、丁香、干辣椒放入锅内，用水煮 1 小时，并加入砂糖、盐调味。凉凉后倒入装菜的容器内，并用重物压实。入冰箱冷藏 24 小时后即可食用。

菜肴特点：色泽艳丽；口味酸、甜适口；脆嫩爽口。

例 5　莳萝腌三文鱼 (salmon with dill)

主料：净三文鱼 1500g。

调料：鲜莳萝 10g，黑、白胡椒末 10g，粗盐 15g，砂糖 10g，色拉油 50g。

配菜：生菜叶、柠檬片各适量。

制作步骤：

(1)将三文鱼去骨，带皮洗净。

(2)将粗盐、砂糖、黑胡椒末、白胡椒末、莳萝撒在鱼肉上搓匀。用保鲜膜封好，压上重物，入冰箱冷藏 24 小时。

(3)取出后去掉保鲜膜，再浇上色拉油腌 24 小时。

(4)食用时，将三文鱼切成薄片，配上生菜叶和柠檬片。

菜肴特点：鱼肉粉红，莳萝深绿；鱼为薄片，整齐不碎；口味清香，辛辣，微咸；软嫩多汁。

五、菜肴练习

(一)鸡丁结力糕

1. 内容及操作要求

将胡萝卜、土豆去皮，切成丁;蘑菇切成片，熟鸡肉切丁;用盐水将胡萝卜丁、土豆丁、豌豆、蘑菇煮熟，凉凉，与熟鸡肉丁混合，加入马乃司，与盐、胡椒粉、结力汁混合;入模具压实，入冰箱冷藏，使其凝固;食用时，扣于盘内，配菜。

2. 准备工作

(1)原料准备。主料:熟鸡胸肉 200g;辅料:结力汁 50ml，胡萝卜 50g，蘑菇 50g，豌豆 50g，土豆 50g;调料:马乃司 100ml，盐、胡椒粉适量。

(2) 设备、工具和器皿准备:燃气灶、汤锅、不锈钢盆、煎盘、分刀、蛋抽、冰箱、餐盘。

3. 考核时限

(1)基本时间:100 分钟。

(2)时间允差:每超过 5 分钟，从总分中扣除 2 分，不足 5 分钟，按 5 分钟计。超时 30 分钟不得分。

4. 评分项目及标准(见表 11 - 1)

表 11 - 1

评分项目	考核要素	配分	评分标准
色泽	淡黄色，间有蔬菜的鲜艳本色	15 分	①色泽过深或过浅，酌情扣 1 ~ 5 分 ②蔬菜色泽失去其艳丽本色，酌情扣 1 ~ 10 分
形态	圆形，整齐不碎	15 分	形态不整、碎散，酌情扣 1 ~ 15 分
口味	鲜香及适口的咸酸味	25 分	①口味过咸或偏淡，酌情扣 5 ~ 10 分 ②口味过酸或无酸味，酌情扣 5 ~ 10 分 ③鲜香味不足，酌情扣 1 ~ 5 分
口感	鸡肉鲜嫩，蔬菜软嫩，清凉爽口	25 分	①鸡肉干柴、无汁，酌情扣 5 ~ 10 分 ②蔬菜软烂或发硬，酌情扣 5 ~ 10 分 ③油腻、不爽口，酌情扣 1 ~ 5 分
装盘	装盘合理;主、配料搭配适当;色彩协调;外观整齐美观	10 分	不符合要求，酌情扣 1 ~ 10 分
卫生	个人卫生、器皿卫生及操作卫生符合食品卫生要求	10 分	不符合要求，酌情扣 1 ~ 10 分

(二)海鲜蔬菜结力冻

1. 内容及操作要求

将西兰花分成小朵，胡萝卜切成厚片，用盐水煮熟，凉凉;大虾、鲜贝放入锅内加水、胡萝卜、洋葱、胡椒粒、盐、干白葡萄酒、香叶煮熟，鲜贝取出片成两半，大虾剥去外壳，剔去沙肠;将西兰花、胡萝卜、鲜贝、大虾依次放于长方形模具内，浇上结力汁，入冰箱冷藏，直至其凝固；食用时，从模具中扣出，切成2厘米厚的片。

2. 准备工作

(1)原料准备。主料：大虾200g，鲜贝200g；辅料：西兰花400g，胡萝卜200g，结力汁500ml；调料：盐、胡椒粉各适量，干白葡萄酒50ml，蔬菜香料(胡萝卜、洋葱)、香叶各适量。

(2) 设备、工具和器皿准备：燃气灶、汤锅、不锈钢盆、煎盘、分刀、蛋抽、餐盘。

3. 考核时限

(1)基本时间：60分钟。

(2)时间允差：每超过5分钟，从总分中扣除2分，不足5分钟，按5分钟计。超时30分钟不得分。

4. 评分项目及标准(见表11－2)

表11－2

评分项目	考核要素	配分	评分标准
色泽	鲜艳，晶莹透明	15分	①结力汁色泽暗淡、浑浊、不透明，酌情扣5～10分 ②蔬菜、海鲜色暗淡，失去艳丽色泽，酌情扣1～5分
形态	片状、整齐不碎、层次分明	15分	形态不整、碎散、开裂，酌情扣1～15分
口味	鲜香，微咸	25分	①口味过咸或偏淡，酌情扣5～10分 ②鲜香不足、有异味，酌情扣10～15分
口感	海鲜鲜嫩、蔬菜软嫩，清凉爽口	25分	①海鲜过火，肉质发硬或未熟，酌情扣5～10分 ②蔬菜软烂或未断脆，酌情扣5～10分 ③质感发软、无弹性，酌情扣1～5分
装盘	装盘合理；主、配料搭配适当；色彩协调；外观整齐美观	10分	不符合要求，酌情扣1～10分
卫生	个人卫生、器皿卫生及操作卫生符合食品卫生要求	10分	不符合要求，酌情扣1～10分

(三)大虾头盘

1. 内容及操作要求

将大虾煮熟，剥去外壳，剔去沙肠；生菜洗净，撕成碎片，放入鸡尾酒杯中；再放入大虾肉、千岛少司；最后用柠檬片装饰。

2. 准备工作

(1)原料准备。主料:大虾 100g;辅料:千岛少司或海鲜头盘少司 125ml，生菜叶 2 片，柠檬 1 片。

(2) 设备、工具和器皿准备:燃气灶、汤锅、不锈钢盆、煎盘、分刀、蛋抽、鸡尾酒杯。

3. 考核时限

(1)基本时间:25 分钟。

(2)时间允差:每超过 2 分钟，从总分中扣除 1 分，不足 2 分钟，按 2 分钟计。超时 20 分钟不得分。

4. 评分项目及标准(见表 11－3)

表 11－3

评分项目	考核要素	配分	评分标准
色泽	红绿相间、粉中带绿	15 分	①少司色泽过淡或过深，酌情扣 1～10 分 ②大虾、蔬菜色泽暗淡，酌情扣 1～5 分
形态	①刀口整洁、大小均匀、整齐不碎 ②少司浓度适中	15 分	①刀口不整、大小不匀，酌情扣 1～5 分 ②少司浓度过稠或过稀，酌情扣 1～10 分
口味	鲜香，味微咸酸	25 分	①口味过咸或偏淡，过酸或无酸味，酌情扣 5～15 分 ②鲜香不足、有异味，酌情扣 1～10 分
口感	虾肉鲜嫩、少司爽滑适口	25 分	①虾肉过火或发硬，酌情扣 5～15 分 ②少司粗糙、不爽滑，酌情扣 5～10 分
装盘	装盘合理;主、配料搭配适当;色彩协调;外观整齐美观	10 分	不符合要求，酌情扣 1～10 分
卫生	个人卫生、器皿卫生及操作卫生符合食品卫生要求	10 分	不符合要求，酌情扣 1～10 分

(四)海鲜批

1. 内容及操作要求

将白色鱼柳切小块，绞碎成细蓉;加入干白葡萄酒、蛋清、奶油搅打上劲;再加入盐、胡椒粉、豆蔻粉调味。将鱼蓉放入抹油的模具内，用三文鱼鱼条装饰;盖上锡纸，入烤箱隔水烤，直至成熟。取出后压上重物，放入冰箱冷藏。上菜时，从模具内扣出、切片、装盘，配菜跟少司。

2. 准备工作

(1)原料准备。主料:白色鱼柳 300g，鲜贝肉 100g;辅料:三文鱼鱼柳 100g，鸡蛋 6

~7 个，奶油 200ml；调料：干白葡萄酒 50ml，盐、胡椒粉、豆蔻粉各适量。

（2）设备、工具和器皿准备：燃气灶、汤锅、汤勺、煎盘、烤箱、分刀、菜板、汤盘。

3. 考核时限

（1）基本时间：2 小时。

（2）时间允差：每超过 5 分钟，从总分中扣除 2 分，不足 5 分钟，按 5 分钟计。超时 20 分钟不得分。

4. 评分项目及标准（见表 11－4）

表 11－4

评分项目	考核要素	配分	评分标准
色泽	①鱼蓉洁白，间有三文鱼的红色 ②少司粉红色	15 分	①鱼肉发黑、不洁白，酌情扣 1～10 分 ②少司色泽偏淡或过深，酌情扣 1～5 分
形态	①厚片状，整齐不碎，表面光洁 ②少司浓度适中	15 分	①海鲜批形状不整、破散、开裂，表面粗糙，酌情扣 1～10 分 ②少司浓度过稠或过稀，酌情扣 1～5 分
口味	①海鲜批鲜香、微咸 ②少司酸甜，微咸	25 分	①海鲜批口味过咸或偏淡，鲜香味不足、有异味，酌情扣 5～20 分 ②少司口味不符合要求，酌情扣 1～5 分
口感	①海鲜批软嫩、细腻 ②少司绵软、滑嫩	25 分	①海鲜批粗糙、干柴、少汁，酌情扣 10～20 分 ②少司粗糙、绵软不足，酌情扣 1～5 分
装盘	装盘合理；主、配料搭配适当；色彩协调；外观整齐美观	10 分	不符合要求，酌情扣 1～10 分
卫生	个人卫生、器皿卫生及操作卫生符合食品卫生要求	10 分	不符合要求，酌情扣 1～10 分

（五）猪肉批

1. 内容及操作要求

将猪肉切条，用调料腌渍 12 小时。将鹅肝轻煎上色，猪肉同鹅肝一起绞成细肉馅，加入鸡蛋搅打上劲。将面粉、鸡蛋、黄油揉成面团，擀成大小两片，将大片面片放入抹油的模具内垫底，再放入肉馅，压实。盖上小面片，戳气孔，刷蛋液，入烤箱烤至成熟。取出，凉晾，从气孔处灌入结力汁，入冰箱冷藏。食用时，从模具内扣出，切厚片，装盘，配菜。

2. 准备工作

（1）原料准备。猪后腿肉 1000g，鹅肝 30g，蔬菜香料（羊葱、芹菜、胡萝卜）100g，结力汁500ml,黄油50g,玛德拉酒75ml,鸡蛋蛋2个,火腿丁100g,肥肉50g,面粉1000g,盐、糖、胡椒粉适量,香叶2片,百里香2g、番芫荽梗5g、豆寇粉5g。

(2) 设备、工具和器皿准备:燃气灶、汤锅、汤勺、煎盘、烤箱、分刀、菜板、汤盘。

3. 考核时限

(1)基本时间:2小时。

(2)时间允差:每超过5分钟,从总分中扣除2分,不足5分钟,按5分钟计。超时20分钟不得分。

4. 评分项目及标准(见表11-5)

表11-5

评分项目	考核要素	配分	评分标准
色泽	面皮金黄,肉色色泽浅褐色	15分	①面皮色泽过深或上色不匀,酌情扣1~10分 ②肉色色泽发红或过深,酌情扣1~5分
形态	厚片状,外皮完整不碎	15分	形状不整,外皮破损、碎散,酌情扣1~15分
口味	鲜香,微咸	25分	①口味过咸或偏淡,酌情扣5~10分 ②鲜香味不足、有异味,酌情扣10~15分
口感	软嫩、细腻、不干柴	25分	肉批粗糙、干柴,软嫩不足,酌情扣10~25分
装盘	装盘合理;主、配料搭配适当;色彩协调;外观整齐美观	10分	不符合要求,酌情扣1~10分
卫生	个人卫生、器皿卫生及操作卫生符合食品卫生要求	10分	不符合要求,酌情扣1~10分

(六)冷填馅鸡

1. 内容及操作要求

将整鸡脱骨,取出内脏,剔下净肉,鸡皮洗净。将鸡肉绞成肉馅,加入蛋清、牛奶、搅打上劲,调味;再加入豌豆丁、胡萝卜丁搅匀;填入鸡皮内,缝好,用纱布包紧,捆扎;入汤内煮熟。待鸡凉透,去纱布、线绳;切成厚片装盘、配菜。

2. 准备工作

(1)原料准备。主料:整鸡1只;辅料:蛋清150g,牛奶200ml,豌豆100g,胡萝卜100g;调料:盐、胡椒粉、豆蔻粉、鼠尾草适量,蔬菜香料200g,香叶、胡椒粒适量。

(2) 设备、工具和器皿准备:燃气灶、汤锅、汤勺、煎盘、烤箱、分刀、菜板、汤盘。

3. 考核时限

(1)基本时间:2小时。

(2)时间允差:每超过5分钟，从总分中扣除2分，不足5分钟，按5分钟计。超时20分钟不得分。

4. 评分项目及标准(见表11-6)

表11-6

评分项目	考核要素	配分	评分标准
色泽	肉色浅黄，红绿相间	15分	色泽暗淡发黑，酌情扣1~15分
形态	片状，整齐不碎、薄厚均匀	15分	形状不整，薄厚不匀、碎散、开裂，酌情扣1~15分
口味	鲜香，微咸	25分	①口味过咸或偏淡，酌情扣5~10分 ②鲜香味不足、有异味，酌情扣5~15分
口感	软嫩适口、细腻、不干柴	25分	肉质粗糙、干柴，少汁，酌情扣5~25分
装盘	装盘合理;主、配料搭配适当;色彩协调;外观整齐美观	10分	不符合要求，酌情扣1~10分
卫生	个人卫生、器皿卫生及操作卫生符合食品卫生要求	10分	不符合要求，酌情扣1~10分

第二节 沙拉

一、沙拉的概念

沙拉是英语“salad”的译音，在我国北方习惯译为“沙拉”，在上海习惯译为“色拉”，而在广州、香港一带习惯译为“沙律”。直译为汉语的意思就是泛指的凉拌菜。

沙拉就是将各种凉透了的熟食原料或是能够直接食用的生食原料加工成较小的形状后，再加入调味品，或是浇上各种冷调味汁或冷少司拌制而成的菜肴。

二、沙拉的分类

沙拉的分类方法较多，就上菜形式上大体可以分为两大类，即开胃沙拉和主菜沙拉。

(1)开胃沙拉(appetizer salad)

开胃沙拉又称为头盘沙拉、什锦沙拉。作为全餐的第一道菜，它通常是由多种食物混合调制而成，口味以酸咸、辛辣为主，量少而精。

(2)主菜沙拉(main dish salad)

主菜沙拉通常是以海鲜、肉类、蔬菜等为主，作为一道主菜食用，口味多样，量较大。

三、适用范围

沙拉的适用范围广，午餐、晚餐、正餐、冷餐酒会、鸡尾酒酒会等都可使用。沙拉的选料广泛，各种蔬菜、水果、海鲜、禽蛋、肉类及熟制品皆可以制作。但要求制作沙拉的原料必须新鲜，符合卫生指标要求。

四、沙拉的特点

沙拉具有色彩鲜艳、外形美观、鲜嫩爽口、解腻开胃的特点。

五、制作实例（用料以4人份计算）

例1　土豆沙拉（potatoes salad）

主料：净土豆200g。

辅料：生菜叶80g，酸黄瓜片60g，鲜黄瓜片100g，番茄片80g，洋葱末10g，芫荽末少许。

调料：马乃司少司40g，奶油20ml，胡椒粉、盐、醋各适量。

制作步骤：

（1）将土豆蒸或煮熟，去皮，切成0.5cm～1cm见方的丁或切成小片。

（2）将土豆丁或片放入碗中，加入马乃司少司、奶油、醋、胡椒粉、盐、洋葱末拌匀。

（3）装盘时用番茄片、酸黄瓜片、鲜黄瓜片装饰，生菜叶垫底，土豆放在生菜叶上，在土豆上撒上芫荽末即可。

菜肴特点：主料淡黄；装配美观，土豆丁大小均匀一致；口味鲜香，有适口的酸咸味；绵软细腻。

例2　田园沙拉（garden salad）

主料：绿色生菜600g。

辅料：黄瓜100g，芹菜50g，小萝卜50g，大葱50g，胡萝卜50g，番茄280g。

调料：马乃司少司或千岛汁适量。

制作步骤：

（1）将各种原料洗净，控干水分，冷藏备用。

（2）将黄瓜去皮切成薄片，芹菜、小萝卜洗净切成片。

（3）将大葱洗净从中间豁开，并沿纵向切成葱末。

（4）将胡萝卜削皮，用中号削菜板将其擦成丝。

（5）将番茄去蒂，切成大小均匀的楔形块。

（6）将生菜撕成方便食用的块。

（7）将除番茄以外的所有原料都放入大碗中充分拌匀。

（8）将沙拉装盘或装碗，在上面配上番茄块。冷藏备用。

（9）上菜时单跟马乃司少司或千岛汁即可。

菜肴特点：红白绿相间；口味鲜香酸咸；脆嫩爽口。

例3　华道夫沙拉（wwaldorf salad）

主料：熟土豆 50g，脆性红皮苹果 50g，芹菜 50g，熟鸡肉 25g。

辅料：核桃肉 10g，番茄 1 个，生菜叶 4 片。

调料：鲜奶油 20ml，马乃司少司 30g，盐适量。

制作步骤：

(1)将熟鸡肉切成 1cm 粗的条。熟土豆去皮、苹果去核、芹菜去筋，都切成条。

(2)将核桃肉用开水浸泡，剥去皮切成片。

(3)将鸡条、芹菜条、土豆条、苹果条一起放入碗内，并加入一半的核桃肉。

(4)将鲜奶油打发起，与马乃司少司一起放入碗内，并用盐调味，搅拌均匀。

(5)盘边用番茄、生菜叶装饰，然后放上沙拉，最后将另一半核桃肉撒在沙拉上即可。

菜肴特点：色泽淡黄；条状粗细均匀；口味香甜微咸；脆嫩爽口。

例 4　尼斯沙拉（nicoise salad）

主料：嫩扁豆 200g，熟土豆 100g，番茄 100g。

辅料：黑橄榄 10g，银鱼柳 10g，吞拿鱼罐头 10g，水瓜纽 5g。

调料：醋酒汁 100ml，盐、胡椒粉各适量。

制作步骤：

(1)将番茄去皮、去籽切成片；扁豆去筋，用盐水煮熟后切成段；熟土豆去皮切成丁。

(2)将番茄片摆放在盘子四周，中间放上土豆丁、扁豆段，撒上盐、胡椒粉，浇上醋油汁拌匀。

(3)将银鱼柳、吞拿鱼肉、水瓜纽、黑橄榄放在盘中装饰即可。

菜肴特点：色泽鲜艳多彩；装配饱满，造型美观；口味鲜香及适口的酸咸味；鲜嫩爽口。

例 5　凯撒沙拉（caesar salad）

主料：长叶生菜 500g，计司 200g，银鱼柳 200g，鲜蘑 200g。

辅料：番茄 5 个，炸法式面包丁 50g，咸肉 10g。

调料：橄榄油 50ml，柠檬汁 20ml，白葡萄酒醋 20ml，芥末、盐、胡椒粉、洋葱末、蒜末适量。

制作步骤：

(1)将计司擦成丝，鸡蛋煮成嫩蛋，鲜蘑切片。

(2)将芥末、洋葱末、蒜末拌匀，加入柠檬汁、白葡萄酒醋，再逐渐加入橄榄油，搅打成调味汁。

(3)将生菜叶撕碎，放入盘内，撒上计司丝，再放上银鱼柳、鲜蘑片，浇上调味汁，最后再撒上炸面包丁、咸肉丁。

(4)盘边用番茄、煮鸡蛋装饰。

菜肴特点：色泽艳丽多彩，自然和谐；装配饱满，造型美观；口味鲜香爽口及适口的酸咸味；脆嫩爽口。

例 6　厨师沙拉（chef’s salad）

主料：煮牛肉 100g，煮鸡肉 100g，火腿 100g，奶酪 50g，芦笋 16 条。

辅料:番茄2个,生菜叶8片,煮鸡蛋2个。

调料:法国汁1盅。

制作步骤:

(1)将生菜叶撕成小片放在盘子中间。

(2)将煮牛肉、煮鸡肉、火腿、奶酪都切成粗丝和芦笋一起围放在生菜叶上。

(3)将番茄和煮鸡蛋切成橘瓣状,相间码放在主料旁。出菜时单跟法国汁。

菜肴特点:色彩丰富,自然和谐;形态饱满,造型美观;口味鲜香、奶酪香及适口的酸咸味;肉质鲜香,蔬菜脆嫩爽口。

例7　鸡肉或火鸡肉沙拉(chicken or turkey salad)

主料:熟鸡肉或熟火鸡肉250g。

辅料:芹菜100g,生菜叶4片,芫荽少量。

调料:马乃司少司80g,柠檬汁10ml,盐、胡椒粉各适量。

制作步骤:

(1)将熟鸡肉或熟火鸡肉切成丁,芹菜切成丁。

(2)将鸡肉丁与芹菜丁放入碗中,加入调料轻轻搅拌,直至均匀。

(3)在冷沙拉盘上摆上生菜叶,用勺子在每个沙拉盘子上放上一小堆鸡肉沙拉,然后用芫荽点缀。

(4)将沙拉放在冷藏箱中直到上菜。

菜肴特点:淡黄间绿色;装盘简洁美观;口味鲜香酸咸;鲜嫩爽口。

例8　紫包菜沙拉(red cabbage salad)

主料:净紫包菜2500g。

辅料:葱头末100g,咸肉末100g,色拉油100g。

调料:盐10g,白醋150g,胡椒粉、豆蔻粉各少量。

制作步骤:

(1)将紫包菜切成丝,放入耐酸的容器内,加入葱头末和白醋拌匀。

(2)用部分色拉油将咸肉末炒香,倒入紫包菜内,调入盐、胡椒粉、豆蔻粉、生菜油拌匀即可装盘。

菜肴特点:口味鲜香,酸咸;脆嫩爽口。

例9　红菜头沙拉(beet root salad)

主料:红菜头2500g。

辅料:生菜叶40片。

调料:白糖200g,白醋200g,红酒100g,盐6g,香叶2片,丁香5粒,葱头100g,色拉油50g。

制作步骤:

(1)将红菜头带皮洗净,放在锅内,同时放入白糖、盐、香叶、红酒(50g)。再将丁香插在葱头上并放入锅内,加水上火,将红菜头煮熟。

(2)将煮熟的红菜头同汁一起倒入耐酸容器内,放入白醋和剩余的红酒、色拉油,冷却后放入冰箱,浸泡4小时。

(3)将生菜叶垫在盘底,再将红菜头去皮切成薄片码在生菜叶上即成。

菜肴特点：口味清香，酸甜；软嫩爽口。

例 10 三文鱼沙拉（salmon salad）

主料：净三文鱼 1500g。

辅料：鹌鹑蛋 30 个，生菜叶 20 片，豆苗 50g，番茄 5 个。

调料：醋油少司适量。

制作步骤：

（1）将三文鱼片成 3 片，撒上盐、胡椒粉，沾面，用小火煎熟。

（2）将鹌鹑蛋煮熟，去皮切成 2 瓣。

（3）将生菜叶垫盘底，撒上豆苗再放上三文鱼、鹌鹑蛋，四周用番茄装饰，浇上醋油少司即成。

菜肴特点：色泽金黄，形态美观；口味香浓，酸咸适口。

六、菜肴练习

（一）鸡肉沙拉

1. 内容及操作要求

将熟鸡肉去皮、去骨，切成丁或丝，放于垫有生菜叶的沙拉盘上；再将番茄、煮鸡蛋切成角，围于鸡肉四周；撒上银鱼柳、黑橄榄；浇上醋油汁。

2. 准备工作

（1）原料准备。主料：熟鸡肉 400g；辅料：番茄 50g，煮鸡蛋 1 个，银鱼柳 10g，黑橄榄 10g，生菜叶 4 片；调料：醋油汁 50ml。

（2）设备、工具和器皿准备：燃气灶、煎盘、铲子、不锈钢盘、菜板、分刀、餐盘。

3. 考核时限

（1）基本时间：20 分钟。

（2）时间允差：每超过 1 分钟，从总分中扣除 2 分，不足 1 分钟，按 1 分钟计。超时 10 分钟不得分。

4. 评分项目及标准（见表 11－7）

表 11－7

评分项目	考核要素	配分	评分标准
色泽	鸡肉洁白；配菜颜色鲜艳，色彩和谐	15 分	①鸡肉色泽暗淡、发黑，酌情扣 1～10 分 ②配菜颜色不鲜艳，酌情扣 1～5 分
形态	鸡丝均匀，刀口整齐	15 分	①鸡肉丝或鸡肉丁长短不一、粗细不匀，酌情扣 1～10 分 ②装饰材料刀口不整，酌情扣 1～5 分
口味	清香及适口的酸咸	25 分	①口味偏淡或过咸，酌情扣 1～10 分 ②无酸味或酸味过重，酌情扣 1～10 分 ③清香味不足，酌情扣 1～5 分

口感	脆嫩、清爽	25 分	①鸡肉干柴、无汁，酌情扣 5～15 分 ②过于油腻，酌情扣 1～10 分
装盘	装盘合理；主、配料搭配适当；色彩协调；外观整齐美观	10 分	不符合要求，酌情扣 1～10 分
卫生	个人卫生、器皿卫生及操作卫生符合食品卫生要求	10 分	不符合要求，酌情扣 1～10 分

（二）土豆沙拉

1. 内容及操作要求

将土豆蒸或煮熟，去皮，切成 0.5cm～1cm 见方的丁或切成小片；放入碗中，加入马乃司少司、奶油、醋、胡椒粉、盐、洋葱末拌匀；装盘用番茄片、酸黄瓜片、鲜黄瓜片装饰，生菜叶垫底，土豆放在生菜叶上，撒上芫荽末即可。

2. 准备工作

（1）原料准备. 主料：净土豆 200g；辅料：生菜叶 80g，酸黄瓜片 60g，鲜黄瓜片 100g，番茄片 80g，洋葱末 10g，芫荽末少量；调料：马乃司少司 40g，奶油 20ml，胡椒粉、盐、醋各适量。

（2）设备、工具和器皿准备：燃气灶、煮锅、碗、菜板、分刀、餐盘。

3. 考核时限

（1）基本时间：20 分钟。

（2）时间允差：每超过 1 分钟，从总分中扣除 2 分，不足 1 分钟，按 1 分钟计。超时 10 分钟不得分。

4. 评分项目及标准（见表 11－8）

表 11－8

评分项目	考核要素	配分	评分标准
色泽	淡黄色	15 分	①土豆色泽发黑，酌情扣 1～10 分 ②沙拉无光泽，酌情扣 1～5 分
形态	丁状，整齐均匀	15 分	大小不均匀、散乱无序，酌情扣 1～15 分
口味	鲜香，酸咸适口	25 分	①口味过淡或偏咸，酌情扣 1～10 分 ②无酸味或酸味过重，酌情扣 1～10 分 ③香味不足，酌情扣 1～5 分
口感	绵软细腻	25 分	①土豆过火不绵软细腻，酌情扣 5～15 分 ②过于油腻，酌情扣 5～10 分
装盘	装盘合理；主、配料搭配适当；色彩协调；外观整齐美观	10 分	不符合要求，酌情扣 1～10 分
卫生	个人卫生、器皿卫生及操作卫生符合食品卫生要求	10 分	不符合要求，酌情扣 1～10 分

第三节 冷菜装盘工艺

冷菜的装盘是衡量冷菜质量的重要标准之一。众所周知，菜肴的色、香、味、形是衡量菜肴质量的四大要素，而冷菜的装盘充分地体现了视觉的艺术性。冷菜装盘也是食品展示中要求最严格的一种。特别是专门用来展示的冷盘，要求更高的精确性、耐心和良好的艺术性。

冷盘既包括简单的冷菜切片，也包括精心构造的以肉冻、块菌或蔬菜装饰的馅饼、肉、禽和鱼等。

西餐冷菜的装盘灵活性较大，并没有太多的固定模式，但一个富有经验的冷菜厨师可以根据不同的主题、不同的材料、不同的季节等，搭配出各种风格迥异、色调和谐、样式典雅的装盘，以烘托就餐的气氛，提高顾客的食欲。冷菜的装盘所起的作用往往要超过烹调所造成的效果。

一、冷菜装盘的基本要求

1. 清洁卫生

冷菜装盘后都是直接供顾客食用的，因此菜肴的清洁卫生就特别的重要。冷菜装盘时应避免与任何生鱼、生肉等接触，即使是直接装盘的蔬菜也必须经过消毒处理。此外装盘所使用的刀具、器皿等也要经过消毒处理，以防污染。

2. 刀工简洁

西餐冷菜的装盘在刀工处理上要注意简洁。刀工处理简洁不但可以节省时间，更重要的是能保持菜肴的清洁卫生。此外还应尽可能利用原料的自然形状进行刀工处理，以避免过多的精雕细刻。

3. 式样典雅

西式冷菜大多是作为全餐的第一道菜，因此其装盘形状美观与否将会直接影响到顾客的食欲。在装盘的式样上要力求自然典雅、美观大方，另外装盘的式样还要考虑到顾客的身份、季节特点、宗教信仰、民俗习惯等。

4. 色调和谐

冷菜装盘时在色调上如果处理得好，不仅有助于形状美，而且更能显示其内容的丰富、色彩搭配的协调，会给人一种清新、自然、和谐的感觉和美的享受。

此外，冷菜在装盘时还应重视对器皿的选择，要根据菜肴的色泽、形态、规格等来选择器皿，以使其与菜肴的色彩、形态达到和谐、统一。

二、冷菜装盘的基本原则

1. 餐盘摆放的三个要素

(1) 中心装饰品或大块的食品。可以是一整块未切过的食品，如派或冷烤肉，整个地装饰或摆放。也可以是一个分开而互相相关的食品，如一盘有肉冻的碎鲑鱼片盘子里的装饰成形的鲑鱼甜点。简单时，它可以是一碗或盘(一种椭圆形的开胃小菜)少司或调料，也可以是一件精美的装饰品，如一个黄油的雕塑或插有蔬菜花的南瓜花瓶。不管这件中心装饰品是否要被食用，都应当以可食性材料制成。

(2)应艺术性地排放主要食品的切块或切片。

(3)装饰品应按切片的比例艺术性摆放。

2. 食品的摆放应易于处理和上菜，这样当一部分被取走时，不会影响其他部分的摆放。

3. 简单的设计是最佳的。简单的设计容易上菜，且比过分装饰的食品更吸引人，同时在被客人取用一半时仍可保持其吸引力。简单的摆放可能是最难制作的。每一件都应很完美，因为很少有其他装饰去吸引客人的注意力。

4. 有吸引力的冷盘可以采用银器或其他金属、镜子、瓷器、塑料、木器或其他材料，只要这种材料是像样的并适于盛装食物。如果金属盘可能会褪色或使食品带上金属味，则应在摆放食品前先铺一层薄肉冻。

5. 一旦一片食物触到了盘子，就不要再把它移开。闪亮的银盘或镜盘很容易弄脏，这时你就得洗干净重新开始。这也显示了事先计划的重要性。

6. 将冷盘看成整个餐台的一部分。不仅它自身而且和桌上的其他物品一起，都应看起来有吸引力。冷盘应该总是从一个角度来摆放，也就是将它放在餐台上的适当位置。

三、冷菜的装盘方法

1. 沙拉的装盘

沙拉的装盘并没有一定的规格，但要讲究色彩配合的协调与器皿搭配的和谐。总的原则就是使顾客易于食用、易于拿取，给人以美的享受。沙拉的装盘一般有以下几种方式：

(1)分格装盘。适用于不同的风味、不同的味道的原料，多用于自助餐、冷餐酒会等。还可视其需要配以碎冰，以保持沙拉的清新、爽洁，诱人食欲。

(2)圆形装盘。一般是在沙拉盘内先垫上生菜叶等围边作装饰，然后将调制好的沙拉放在中间，堆码成丘状，使菜肴整体造型生动美观。

(3)混合装盘。主要用于不同颜色及用多种原料调制的沙拉的装盘。装盘时要注意色泽的搭配、造型的美观。这类沙拉的调味汁一般多选用色浅、较淡、较稀的醋油汁或法国汁等，以保持原料原有的色泽和形态。

2. 其他冷菜的装盘

西餐冷菜种类繁多，其装盘方法也是多种多样，通常有以下几种装盘方式：

(1)平面式装盘。即将各种冷菜，如批类、冷肉类、胶冻类等经不同刀工处理后，平放于盘内。

(2)立体式装盘。主要用于高档冷菜的装盘。一般是将整只的禽类、鱼类、龙虾及其他大块肉类原料等，通过厨师的构思、设计和想象装摆成各式各样的造型，再用其他装饰物搭配成高低有序、层次错落、豪华艳丽的立体式装盘。

(3)放射状装盘。主要是用于自助餐、冷餐酒会及高级宴会的大型冷盘的装盘。一般是用冰雕、黄油雕及大型禽类或酱汁等为主体，周围呈放射状装摆上各种冷菜。

装摆时应注意各种冷菜原料色泽、造型之间的搭配。

四、摆盘设计

1. 事先计划

最好事先勾画个草图，否则当已经把食品摆在盘子上时，才突然发现因为没有把它们摆在所希望的地方，所以必须从头开始，结果便是浪费时间和重复地处理食品。

一个勾画草图的方法便是把盘子分成6或8等份。有了这样的空间标记来指导，就可以避免食品的摆放偏重一侧或弯弯曲曲。按照勾画的草图来设计一个平衡、对称的构图总是比较简单的。

2. 使设计带运动感

这并不是说要把食品堆在小轮子上，而是说设计应使人们的视线随着设计的线条在盘子中运动。

大多数拼盘都包括一小部分排列成线或列的食品。这种小技巧可以通过把线排成弯曲的或成角度的，而使其具有运动感。一般来说，曲线和角度是具有运动感的，而方形的角度则没有。

3. 使设计具有焦点

这是中心装饰品的功能。它通过给出方向和高度来强调和加强设计的效果。这可以通过使所有的线都汇集到一点来直接表达，也可以使所有的角度都朝向它，或以优雅的曲线包围它来巧妙地表达。

注意，中心装饰品并不一定在中心，虽然名字是这样。因为它的高度，它可以置放在后面或侧面，这样就不会挡住其他食品。记住，应从顾客的角度来设计摆盘。并非餐台上的每个盘子都要有中心装饰品。但有一些必须要有，否则餐台就会缺乏高度或视觉效果。

4. 各种食品应成比例

盘子上的主要食品——肉片、派或其他东西——应当看起来就是主要食品。中心装饰品不应太大或太高，占据整个盘子。装饰品在大小、高度或数量上都应该加强而不是掩盖主要的食品。装饰品的数量应与主要食品的数量成比例。

盘子的大小应同食品数量的多少成比例。不要选择一个过小的盘子，使食品都挤在一起，或是一个过大的盘子，以至于在第一个客人到来之前，它也显得过于空荡。在食品之间或各排之间应保持足够的距离，就不会使盘子看起来比较混乱。表示了主菜的装饰品的位置。注意怎样利用切片的食物，来使装饰品起到反映或加强设计风格的作用。

5. 将最好的一面呈现给顾客

将三角形重叠的切片和楔形切片朝向客人，并保证每个切片最好的一面朝上。

◆ 复习思考题

一、判断题(下列判断题中正确的请打"√",错误的请打"×"。)

1. 冷菜的口味一般比较浓厚。 ( )
2. 沙拉可分为主菜沙拉和开胃沙拉两种。 ( )
3. 沙拉又可译为色拉。 ( )
4. 开胃沙拉与主菜沙拉没有量的区别。 ( )
5. 冷菜的食用温度以10℃~12℃为宜。 ( )
6. 冷菜可分为沙拉类和冷开胃菜。 ( )
7. 西式冷菜的装盘灵活性较大。 ( )
8. 西式冷盘讲究精雕细刻。 ( )
9. 放射状装盘法主要用于大型冷菜的装盘。 ( )

二、简答题

1. 西餐冷菜制作的基本要求是什么?
2. 西餐冷菜有哪些分类方法?
3. 举例说明胶冻类菜肴的一般制作工艺。
4. 冷盘装盘的基本要求是什么?
5. 冷菜装盘的方法有哪些?
6. 如何进行摆盘的设计?

参考答案

判断题:1. × 2. √ 3. √ 4. × 5. √ 6. √ 7. √ 8. × 9. √

第十二章　西餐的供应形式

● **学习重点:**

西餐的各种供应形式和菜单设计。

● **教学目的:**

通过教学使学生了解西餐的各种供应形式，理解菜单设计的原则，掌握菜单设计的方法。

第一节　供应形式及其特点

西餐的供应形式较多，不同的供应形式可以满足不同客人的不同要求，为企业创造更多的经济效益。一般来说可以分为套菜、点菜、宴会、自助餐和快餐。

一、套菜及其特点

套菜是酒店根据客人的不同需要，制订出不同的规格、不同风味的成套菜肴，供客人自由选择的供餐形式。套菜的最大特点就是成套供餐。冷菜、汤菜、热菜、甜食等都根据客人的饮食习惯按照一定的比例设计安排，这样极大的方便了用餐者，特别是对菜点不太熟悉的客人，免去了自选菜品的麻烦。这种供餐形式特别适合集体用餐的客人，如各种会议、旅游团队等。

二、点菜及其特点

点菜是在套菜的基础上发展起来的，是客人根据酒店菜单上列出的菜品，自由选取适合自己饮食习惯、爱好的菜品，并可以对菜肴的火候、口味提出具体的供餐形式。客人也可以在服务员友好真诚的推荐下确定菜品。点菜的特点是灵活、随意、方便。特别适宜零客和在饮食上有特殊要求、爱好的客人。

三、宴会及其特点

宴会是一种多人同时进餐，菜品具有一定规格、质量、数量的供餐形式。由于举办宴会的目的、宴请的对象、参加的人数和宴会的规格不同，目前宴会的形式一般有：正式宴会、冷餐酒会、鸡尾酒酒会等。

1. 正式宴会。是一种较隆重、正规的就餐形式。常常在晚上举行，又称之为晚宴。菜肴是由一套具有一定规格质量的菜点组成，客人着礼服出席。比较正规的、高档的宴会要用名篋固定座位，一般的宴会在就座时由客人相互礼让入席。正式宴会的餐桌可以根据人数和餐厅的地形来设计安排，人数较少可摆长台，如人数较多则可摆“T”形或“U”形台。如果餐厅的地形较长，人多时也摆长台。正式宴会一般适于接待的规格较高，如国宴等。

2. 冷餐酒会。是一种客人既可以自由取食又可以在轻松愉快的气氛中自由交流的立式便宴的形式。所有的菜肴必须在客人入场前全部准备好放在主桌上，并且还要有足够数量的刀、叉、餐盘等。一般在宴会大厅的中间设有主桌，桌形可以根据客人多少而定，常见的有“T”形、“U”形、“E”形、“一”字形、“口”字形等。冷餐酒会招待的对象常常是大型文艺团体、体育代表团、贸易和旅游团。如欢迎宴会和招待宴会等。

3. 鸡尾酒酒会。鸡尾酒酒会是西方传统的以集会交往为目的的宴会形式。通常不设座位，酒水及菜肴都由侍者用托盘送上。客人可以随意走动、相互交谈、不拘形式，是一种理想的交际场所。客人来去自由，不受约束。它的形式方便自由，气氛活泼，成本低，节省时间，非常受人们的欢迎。如各种代表团的欢迎宴请、各种开闭幕典礼等活动也经常采用这种宴会形式。

四、自助餐及其特点

自助餐起源于8世纪的“思堪的纳维亚式餐前冷食”和“亨托早餐”，据说是海盗最先采用的一种进餐方式。自助餐是一种由客人自己到主餐桌上自由选择食物，然后回到小餐桌用餐的就餐形式。自助餐菜品丰盛，各类菜的比例适当，可以较好的满足不同消费者的需求。但没有具体的餐桌服务，主要依靠客人的自我服务。在原料的选择上以就地取材、物尽其用为原则，对厨房里剩余的零散原料均可使用，在此基础上力求使菜肴的品种和口味多样化，对餐厅的调节成本，提高经济效益有着积极的作用。自助餐适应的范围非常广泛，早、中、晚餐都可以采用。

五、快餐

快餐是指为消费者提供日常基本生活需求服务的大众化餐饮。快餐能在短时间里为消费者提供饮食的各种方便菜点。快餐店最初起源于西方国家。快餐业的发展是由于社会进步和经济发展决定的。快餐业是人民生活水平提高和生活方式改善、工作与生活节奏加快、由家庭服务和单位后勤服务走向社会化的必然产物。其具有制售快捷、食用方便、质量标准、营养均衡、服务简便、价格低廉的特点。快餐经营主要采用店堂加工销售和集中生产加工、现场出售或送餐服务等形式。快餐企业既包括以标准化、工厂化和连锁经营为主要特征的现代快餐企业，也包括以手工操作、现场加工和单店经营为主的传统式快餐企业。目前，世界经济高速发展，现代生活节奏加快，时间越来越宝贵。使快餐食品逐渐为社会所接受，在世界各国中公务员、工人、学生等各类人群绝大多数中午都食用快餐食品。

第二节 西餐菜单设计要点

一、菜单概述

（一）菜单的含义

菜单（menu）在有的餐厅里被称为菜谱。是餐厅或咖啡厅为客人提供的菜肴种类、菜肴解释和菜肴价格的一览表和说明书。是餐厅和顾客沟通的桥梁，是一位无声的推销员。

（二）菜单的作用

菜单在现代餐饮管理中起者非常关键的作用，如何编制一份既能满足餐饮管理的需要又可满足客人需要的菜单是一项艰巨而富有挑战性的工作。美国餐饮管理协会理事克汉（Khan）博士在评论西餐菜单的重要性时说："餐饮经营成功与失败的关键在菜单。"综上所述，菜单的作用主要表现在以下三个方面。

1. 客人购买菜肴的工具

各类餐厅的主要产品是菜肴，而菜肴不宜储存或久存，许多菜肴在客人点菜之前不能制作。因此，用餐的客人不能在点菜之前看到菜肴，只有通过菜单的介绍，了解菜品的色、香、味和其他特色。这样，西餐的菜单就成为了客人认识菜肴、购买菜肴的工具。

2. 餐厅销售菜肴的工具

西餐菜单是餐厅的主要销售工具，是因为餐厅主要通过菜单把菜品介绍给客人，通过菜单和客人沟通，通过菜单了解顾客对菜肴的需要并及时改进菜肴以满足客人的需要，通过菜单促进产品的销售。因此，菜单就成为了餐厅销售菜肴的主要工具。

3. 企业经营管理的工具

西餐菜单在西餐的经营管理中也起着十分重要的作用。这是因为不论是西餐原料的采购、西餐成本的控制、西餐的生产和服务、西餐厨师和服务人员的招聘还是餐厅、厨房的设计与布局等都要根据菜单上的产品风格及特色而定，违背这一原则，经营就会失败。因此，西餐菜单是餐厅经营管理的重要工具。

（三）菜单的分类

根据西餐的类型、制作特点、菜式，并根据不同的销售地点和销售时间，西餐菜单一般分为以下几类.

1. 按顾客需求分类

（1）零点菜单（a la carte menu）

零点菜单是是餐饮企业的基本菜单。是根据菜单上列举的菜肴品种，以单个菜肴购买的方式供客人自由选择。零点菜单上的菜品是分别定价的，客人可以根据需要，逐个点菜，组成自己的一套餐点。菜单上的菜品排列方法常以人们进餐的习惯为顺序。如开胃菜、汤类、沙拉类、三明治类、主菜类、甜品类等。

(2)套餐菜单(table D'Hote menu)

指提供数套固定的菜肴组合，包括前菜、汤、主菜、甜点及饮料等，并以固定的价格供客人自由选择，价格比零点购买优惠。

(3)固定菜单(static menu)

固定菜单，是经常不变动的菜单。这种菜单上的菜肴都是餐厅的代表菜，是经过认真研制的，并在多年的销售实践总结出的优秀的、有特色的产品。这些菜肴深受顾客欢迎且知名度很高，顾客到该餐厅的主要目的就是购买这些菜肴，因此，这些菜品一定要相对稳定，不能经常变换，否则会使顾客失望。

(4)周期循环式菜单(cyclical menu)

所谓周期循环菜单是一套完整的菜单，而不是一张菜单，这些菜单按照一定的时间周期连续使用。过了一个完整的周期，又开始新的循环。一个周期有 7 天、有 30 天、有 365 天不等。这些菜单上的内容可以部分不同，也可以全部不同。厨房每天根据当天菜单上的内容进行生产，满足了顾客对特色菜的需求，使餐厅天天有新菜。

(5)每日特菜菜单(daily special menu)

每日特菜菜单是为了弥补固定菜单上的菜肴品种单调而设计的。每日特菜菜单经常在一张纸上设计几个特色的菜肴，只限某一日使用。每日特菜菜单的菜肴常带有季节性、民族性、地区性等特点。

(6)宴会菜单(banquet menu)

宴会菜单是餐厅推销菜品的一种技术性菜单。它体现了餐厅的经营特色。菜单上的菜肴一般是该餐厅的名菜、特色菜，常常还加有时令菜肴。宴会菜单也经常根据宴请对象、宴请特点、宴请标准或宴请者的意见随时制订。

(7)节日菜单和部分选择式菜单

①节日菜单(holiday menu)是根据地区和民族节日筹划的传统菜肴。

②部分选择式菜单(partially selective menu)是在套餐菜单的基础上，增加了某道菜肴的选择性。这种菜单集中了零点菜单和套餐菜单的共同优点。如一个套餐规定了三道菜，其中每一道菜或其中的两道菜中可以有数个可选择的品种，并将这些品种限制在最受客人欢迎的品种上，而且固定其价格。因此，这种菜单深受客人的欢迎。

2. 按照用餐习惯分类

(1)早餐菜单(breakfast menu)

早餐菜单是为早餐设计的各种菜肴、点心的菜单。现代人们的生活节奏较快，不希望在早餐上花许多的时间，因此早餐菜单既要丰富又要简单。早餐菜单上常见的品种有各式面包、黄油、果酱、鸡蛋、谷类食品、肉制品、乳制品、饮料及果汁等。早餐菜单一般有零点菜单、套餐菜单、自助餐菜单三种形式。早餐的套餐菜单又可分为:大陆式早餐(continental breakfast)和美式早餐(american breakfast)两种，大陆式早餐也称清淡的早餐，比较简单。美式早餐又称丰富的早餐，品种较多。

(2)午餐菜单(lunch menu)

午餐的主要销售对象是购物或旅游途中的客人或午休的职工，以供应较快速、简便、价格适中的简餐、商业套餐为主。菜单内容一般包括有开胃菜、汤、沙拉、三明治、意大利面条、海鲜、禽肉、畜肉和甜点等。

(3)正餐菜单(dinner menu)

西方人习惯将晚餐视为正餐。在人们一天工作之余，好好享受一个丰富的晚餐是个每个人所向往的。饭店、西餐厅一般都为晚餐准备了丰富的菜肴。菜肴的制作工艺复杂，品质好，价格也高。在晚餐的菜单上经常会有:开胃菜、汤、沙拉、三明治、海鲜、烤肉、甜点、奶酪、酒品等内容。

(4)夜餐菜单(night snack menu)

晚上10点以后供应的餐食叫夜餐。夜餐菜单常常备有清淡、份额较小的开胃菜、沙拉、制作简单的主菜、小吃和甜点等内容，每个类别安排4－6个品种。

(5)其他菜单(other menu)

①早午餐菜单(brunch menu)。

②下午茶菜单(afternoon tea menu)。

③冰淇淋菜单(ice－cream menu)。

有部分客人没有来得及吃早餐，往往会在10点～12点吃早午餐。早午餐菜单一般具有早餐和午餐共同的特点。许多人有在下午3点喝下午茶的习惯，通常人们会吃一些甜点和水果，因此下午茶菜单应突出甜点的特色。另外，还有一些专门推销某一饮食品种的菜单，如冰淇淋菜单。

3. 按照销售地点分类

不同的销售地点对西餐菜肴的选择也是各具特色的。

(1)咖啡厅菜单(coffee menu)

咖啡厅菜单上的菜品一般要大众化。

(2)扒房菜单(grill menu)

扒房菜单则需要精细和有特色的菜肴。

(3)快餐厅菜单(fast menu)

快餐厅菜单常常需要方便、简单、快捷的菜品。

(4)客房送餐菜单(room service menu)

客房送餐菜单需要清淡。

(5)宴会菜单(banquet menu)

宴会菜单讲究菜肴的道数。

4. 按照服务方式分类

(1)传统式服务菜单(traditional service menu)

(2)自助式服务菜单(buffet menu)

二、菜单设计应注意的问题

(一)菜单设计要点

1. 要考虑餐厅供应性质和主题风格

必须要根据本餐厅的供餐性质如套餐、零点、混合或自助餐式;本餐厅的风格与主题如高级法式餐厅、意大利餐厅、快餐店、平价的西餐厅等来考虑菜单的内容。专心研制，推出人无我有、人有我精的“看家菜”“特色菜”。充分认识和把握自身与竞争者的长处和弱点，扬长避短，体现自己的特色，确定本餐厅餐饮的市场形象。

2. 要考虑顾客的需要

必须了解顾客的需求，如顾客的类型、年龄结构、消费习惯、消费欲望、消费期望、价格的接受程度等，可以为每位客人都能提供适当菜肴，要尊重来自不同国家和地区的顾客有关餐饮的各种宗教禁忌和地方习惯。能提供特殊人群有特殊需求的菜单。并定期给予优惠促销及推出新菜式等方式，以迎合顾客的需要。

3. 要考虑厨房的设备与厨师的能力

在设计菜单时，不可忽视厨房设备与厨师能力的局限性，必须考虑厨房的设备是否可以满足菜单上菜品的制作，必要时则要添加设备。各类菜式之间的比例须合理，防止某些设备使用过度，而有些设备得不到充分利用甚至闲置。还要认真了解、考虑本餐厅厨师的技术能力，适当选择菜品，以保证菜品的制作和质量。

4. 要考虑食品原料采购的来源与存货控制

设计菜单时必须考虑顾客的饮食习惯对食品原料的接受度。确定菜肴品种时，要考虑某些食品原料的季节性、供求关系、运输条件等，否则会因食品原料不易获取而造成采购的成本增高。要考虑存货控制，了解可容纳的安全存量，避免食品原料种类太多，导致存货空间问题。尽量选择使用当地出产或供应有保障的特色食品原料。

5. 要考虑成本、售价与预期利润

菜单上的各种菜式一旦确定后，其价格、成本、利润也将确定。因此，在设计菜单，选择菜肴时，首先要考虑原料的合理使用问题，检查其成本率是否符合目标成本率，即该菜式的赢利能力如何；其次要考虑此菜式的畅销程度，即可能的销售量；再次，还要分析此菜式的销售对其他菜式的销售所产生的影响，即有利或是不利其他菜式的销售。

（二）菜单设计原则

1. 菜肴的份量要适中

西餐的道数较多且一人一份，因此整体菜单的份量必须适中。

2. 菜单的项目不可重复出现

必须考虑菜单的整体性，避免个别菜肴出现重复现象，把每道菜的创意、选料、刀法、口味、色泽、营养充分表现出来。

3. 菜肴的口味

菜肴的口味一般由淡逐渐转浓。

4. 菜肴的温度

菜肴的温度由凉转热，再由热回凉，最后结束于热饮。

5. 顾客是最终的决定者

顾客是上帝，餐厅一切为客人服务。每个人的习惯、爱好不同，只要顾客与餐厅双方能达成共识即可。餐厅提供建议，最后由顾客来确定。满足客人的要求，让客人满意。

（三）西餐菜单的内容

1. 传统西餐菜单的内容

上菜顺序	菜单内容	说　明

1	冷前菜	1. 具有促进食欲的食物安排在第一道 2. 适用于酒会或客人未到齐时先点的菜
2	汤	汤泛指用汤锅煮出的食物，具有开胃功能
3	热前菜	分量较小的菜，以蛋、面或米为主的菜肴
4	鱼餐	排在肉类之前，以鱼或海鲜为主的菜肴
5	大块菜	整块的家畜肉类加以烹饪，在客人面前切割
6	热中间菜	大块菜和烤菜之间的菜，材料必须切割小块之后才烹调为现代餐厅的主菜
7	冷中间菜	
8	冰酒	以果汁加酒的饮料，为冰沙状，主要是调整味觉
9	炉烤菜	用大块的畜禽为原料烤制成菜，配沙拉
10	蔬菜	均衡营养，增加主菜的色香味
11	甜点	以甜食为主，包括热、冷两种
12	开胃点心	英式的餐后点心，与热前菜相似，味浓
13	餐后点心	为最后一道菜，表示服务结束，限于水果、巧克力

2. 现代西餐菜单的内容

(1)欧陆式西餐菜单的内容

上菜顺序	菜单内容	说　明
1	冷前菜	冷前菜与部分冷中间菜
2	汤	汤类
3	头盘菜	热前菜与鱼菜
4	肉与蔬菜	大块菜、热中间菜、炉烤菜以及沙拉与蔬菜
5	甜点	甜点与冰酒
6	餐后点心	餐后点心

(2)美式西餐菜单的内容

上菜顺序	菜单内容	说　明
1	开胃品	第一道菜，量少、美观鲜艳、开胃、刺激食欲
2	汤	具有开胃功能，有清汤和浓汤两种
3	副主菜	量比主菜少，出两道主菜时以此为副菜，先鱼后肉
4	主菜	以大块的畜禽为主料，配以蔬菜增加美观和营养
5	餐后点心	甜点和餐后点心
6	饮料	茶或咖啡

3. 西式早餐菜单的内容

(1)欧陆式早餐(continental breakfast)

菜单内容	说　明
面包	各式面包配以奶油、果酱、蜂蜜等
饮料	咖啡、茶、牛奶、巧克力饮料、阿华田等饮料

(2)美式早餐(american breakfast)

菜单内容	说　明
开胃品	果汁、新鲜水果、烩水果等
谷物类	麦片粥、玉米酥饼等与牛奶配合食用
蛋类	煎蛋、水煮蛋、荷包蛋、煎蛋饼、炒蛋等
肉类	烟肉、火腿、香肠等
蔬菜类	西红柿、芦笋、土豆等
面包类	各式面包配以奶油、果酱、蜂蜜等，也可用薄煎饼等
奶酪类	种类有数百种，选取3~5种
饮料	咖啡、茶、牛奶、巧克力饮料等

(四)菜单设计实例

1. 零点菜单(a la carte menu)

(1)某酒店咖啡厅午餐菜单

APPETIZERS

Smoked seafood parade …………………… ¥18.00

Salmon, oysters trout and served on fresh garden greens with a horseradish mustard cream sauce

Half avocado …………………… ¥6.50

With vinaigrette dressing

Chicken liver terrine …………………… ¥6.50

served with cranberry jelly, golden brown toast and butter

Seafood cocktail "Mary rose" …………………… ¥8.50

shrimps, mussels, snapper and other seafood delights served with crispy julienne of lettuce in a cocktail sauce

Air - dried beef "Appenzeller" …………………… ¥12.00

thin slices of air - dried beef, garnished with appenzeller cheese, accompanied with mustard mayonnaise

SOUPS

French onion soup …………………… ¥5.00

served with baked cheese croutons

Beef broth …………………… ¥4.50

double beef consommé with bone marrow and chives

Cream of forest mushroom soup ························ ¥5.00

country – styled mushroom soup

Grandma's chicken soup ························ ¥5.00

chicken cream soup with diced chicken and garden peas

Chilled gazpacho Andaluz ························ ¥4.50

puree of vegetable soup with butter – roasted bread croutons

SALADS

Mixed green salads ························ ¥5.00

seasonal greens with your choice of dressing

Chef's salad ························ ¥8.50

julienne of ham, cheese, boiled eggs, asparagus and chicken served on a bed of crispy lettuce

Salad Nicoise ························ ¥8.50

tuna fish on potatoes, green beans and lettuce garnished with tomatoes, eggs and olives

Caesar's salad ························ ¥6.50

crisp romaine lettuce tossed in caesar's dressing and sprinkld with garlic – flavoured croutons

NUTRITION SELECTION

Grilled spring chicken ························ ¥15.00

half chicken served with mixed green salad and yoghurt dressing

Grilled veal steak ························ ¥18.00

with tomato salad and French vinaigrette

Roast beef platter ························ ¥9.00

served with pickles and horseradish sauce

Minute steak ························ ¥14.00

accompanied with lettuce and cottage cheese

Fresh fruit platter ························ ¥7.50

with your choice of cottage cheese or home – made sherbet

SANDWICHES

Camembert Williams ························ ¥9.00

deep fried camembert served on toast with pear and cranberry sauce

The club house sandwich ························ ¥8.50

a combination of crispy bacon, cheese and chicken, garnished with tomatoes, lettuce and golden brown potato crisps

Croque monsieur ························ ¥7.50

grilled ham and cheese sandwich

The Reuben sandwich ························ ¥10.00

a delicious combination of sauerkraut, swiss cheese and pastrami served on rye bread

Fishburger ························ ¥9.50

a juicy fish patty on a bun served with french fries potatoes

Gruyereburger ································ ¥10.00

beef burger topped with gruyere cheese

American hot dog ································ ¥8.50

served with relishes toasted bun

ENTREES

Deep fried king prawns ································ ¥18.50

breaded, deep fried and served with French fried potatoes, garden peas and remoulade sauce

Fillet of ikan kurau "meuniere" ································ ¥12.00

Pan fried and served with boiled potatoes vegetables

Spaghetti al dente ································ ¥11.50

bolognaise or napolitaine

Pork escalope cordon bleu ································ ¥12.00

breaded pork eacalope filled with ham and cheese pan fried and served with French fried potatoes and vegetables

German beef steak ································ ¥18.50

geilled hamburger patty topped with sautéed onions and fried eggs served with rosti potatoes, garden peas and carrots

Fillet of beef "chef de paris" ································ ¥20.50

fillet steak topped with herb butter and sered with French fried potatoes and vegetables in season

Broiled sirloin of beef Madagaskar ································ ¥18.50

served in a green peppercorn sauce, with spring vegetables and a baked potato

Grilled lamb cutlets ································ ¥15.00

served with mint butter, baked potato and vegetables

Chicken Maryland ································ ¥8.00

served with grilled bacon, corn fritters, French fries and garden peas

Spanish omelette ································ ¥8.50

with potatoes, onions, red and green peppers

Fluffy three – egg omelette ································ ¥7.50

your choice of plain, ham, cheese, fine herbs or mushroom served with french fried potatoes and garden peas

DESSERTS

Tropical banana split ································ ¥5.50

Sliced fresh fruits ································ ¥6.00

served in a pineapple

Hazelnut ice – cream cake ································ ¥6.50

Milk shakes, floats and sundaes ································ ¥4.50

pastries, gateaux and cakes from the pastry counter

Local favourites

Spring roll ································· ¥7.50

the traditional roll filled with shrmps, chicken and vegetables

Wantan noodle soup ································· ¥6.50

noodles, sliced babe cued pork, shrimp dumplings and vegetables in chicken broth

Fried beef kway teow ································· ¥9.50

rice noodles feied with sliced beef and vegetables served with oyster sauce

Fried ma mee or bee hoon ································· ¥10.50

yellow noodles or rice vermicelli fried with pork, prawns, fish and vegetables

Malaysian chicken or lamb curry ································· ¥12.50

served with rice and condiments

Beef rending ································· ¥9.50

a mild beef curry cooked in coconut milk

Our famous Cantonese roast duck ································· ¥14.00

accompanied with rice and plum sauce

Hainanese chicken rice ································· ¥12.50

served with a boml of chicken broth

Sweet and sour pork ································· ¥8.50

served with rice

Fried rice ································· ¥6.50

with prawns, Chinese sausage and roast pork, topped with a fried egg

Congee ································· ¥7.50

choose either chicken, beef, pork or fish garnished with ginger, spring onions and century eggs

LOCAL DESSERTS

Bubor cha cha ································· ¥4.00

Chilled diced sweet potatoes and yam in coconut cream with shaven ice

Chendol ································· ¥3.50

molasses, red beans, palm seeds and strips of tapioca green in coconut milk and with shaven ice

Ice kachang ································· ¥3.50

a pyramid of shaved ice on red beans, water chestnuts and palm seeds flavoured with rose syrup

Gula Melaka ································· ¥3.50

sago in coconut milk and molasses topped with a scoop of ice－cream

Melon with sago pearls ································· ¥4.50

sago with melon in milk and syrup

BEVERAGES

Freshly ground coffee …………………………………………… ¥2.75

Decaffeinated coffee …………………………………………… ¥2.75

Espresso or cappucino …………………………………………… ¥2.75

Hot or iced tea …………………………………………… ¥2.75

Hot or cold milk …………………………………………… ¥3.00

Milo, ovaltine or hot chocolate …………………………………………… ¥3.50

Freshly squeezed orange juice …………………………………………… ¥5.00

Aerated water …………………………………………… ¥2.00

Local beer …………………………………………… ¥6.25

Imported beer …………………………………………… ¥7.75

(2)某咖啡厅午餐和晚餐(正餐)零点菜单

SOUPS(汤类)

Daily soup …………………………………………… ¥38.00

是日例汤

Beef consommé "celestine" …………………………………………… ¥40.00

班戟丝牛肉清汤

Mussel soup …………………………………………… ¥48.00

青口蒜香忌廉汤

APPETIZRS AND SALADS(头盘和沙拉类)

Country style salad …………………………………………… ¥50.00

乡村沙拉

Traditional Caesar's salad …………………………………………… ¥50.00

希莎沙拉

Potato salad …………………………………………… ¥50.00

土豆沙拉

Chef's salad …………………………………………… ¥75.00

厨师沙拉

Selection of assorted cold cuts …………………………………………… ¥50.00

意式冻肉碟

Shrimps cocktail in cup …………………………………………… ¥55.00

鲜虾鸡尾杯

Baked escargots in curry butter …………………………………………… ¥55.00

咖喱田螺

Stuffed oysters …………………………………………… ¥55.00

蟹肉酿班戟

Poached oysters …………………………………………… ¥60.00

纽西兰鲜蚝

SANDWICHES(三文治类)

Smoked delicacies sandwich …………………………………………………… ¥55.00

美味熏肉三文治

Parma ham sandwich ………………………………………………………… ¥55.00

风干火腿三文治

Grilled reuben sandwich ……………………………………………………… ¥55.00

罗宾三文治

Classical club sandwich ……………………………………………………… ¥60.00

特级公司三文治

Beef or cheese burger ………………………………………………………… ¥60.00

牛肉或芝士汉堡包

MAINCOURSES (主盘菜)

MEAT & PASTAS(肉类和粉面类)

Spaghetti Bolognese or Napolitano …………………………………………… ¥68.00

肉酱意粉或茄汁意粉

Tagliatelle with sautéed shrimps and lobster saucy ………………………… ¥70.00

鲜虾汁手工细面

Pasta in ham & mushroom cream sauce …………………………………… ¥78.00

忌廉火腿白菌烩意粉

Mixed mushroom and shallots omelets ……………………………………… ¥60.00

蘑菇干葱蛋卷

Breaded chicken breast ……………………………………………………… ¥70.00

炸西法鸡排

Pan – fried pork chop ………………………………………………………… ¥68.00

芥末猪扒

Grilled lamb chop with garlic cream sauce ………………………………… ¥78.00

蒜香扒羊排

Pan – fried veal medallions with Madeira sauce …………………………… ¥80.00

香煎牛仔柳拌马爹汁

Mixed grill ……………………………………………………………………… ¥88.00

特色什扒

Grilled sirloin steak …………………………………………………………… ¥128.00

扒西冷牛扒

Sautéed beef tenderloin ……………………………………………………… ¥148.00

煎牛柳扒

Grilled beef tenderloin with lobster tail …………………………………… ¥198.00

龙虾拼牛柳扒

FISHES AND SEAFOODS(鱼类和海鲜类)

Sautéed jumbo prawns ……………………………………………………… ¥138.00

煎大虾拼什菜

Grilled salmon steak …… ¥118.00
扒三文鱼蒜蓉汁
Poached cod fillet …… ¥128.00
水波鳕鱼柳野菌汁
Grilled snapper filled with butter …… ¥118.00
扒鲰鱼柳牛油汁
Fish & chips …… ¥88.00
炸鱼柳

VEGETAIAN TOUCH(素食类)

Spinach cream soup …… ¥38.00
菠菜忌廉汤
Vegetables terrine …… ¥48.00
精制蔬菜批
The gardener's freshest assortment …… ¥40.00
健康青沙拉
Stir fried vegetables and tofu spring rolls …… ¥48.00
什菜豆腐卷
Vegetables cutlet …… ¥58.00
什菜吉列奶油扁豆汁

DESSERTA(甜品类)

Daily pastries from trolley …… ¥28.00
精美自选西点
Cheese plate …… ¥58.00
精选奶酪盘
Seasonal fruits plate …… ¥48.00
时令果盘
Ice - cream or sherbet …… ¥40.00
精制雪糕或雪霸
Black forest cake …… ¥35.00
黑森林蛋糕
Black apple pie …… ¥35.00
美式苹果排
English or Chinese tea …… ¥25.00
英国或中国茶
Fresh grounded coffee …… ¥25.00
新鲜现磨咖啡
Decaffeinate …… ¥25.00
不含咖啡因咖啡
Expresso coffee …… ¥25.00

特浓咖啡或鲜奶咖啡

(3)某酒店零点早餐菜单

SOMETHING SPECIAL(**特式菜肴**)

Breakfast steak with egg ············ ¥38.00

早餐牛排带鸡蛋

Breakfast steak ············ ¥30.00

早餐牛排

Grilled smoked kipper ············ ¥28.00

扒三文鱼

1 portion sausages ············ ¥10.50

香肠

1 portion ham ············ ¥10.50

火腿

1 portion bacon ············ ¥10.50

咸肉

ORIENTAL SUNRISERS(**东方美食**)

Chicken porridge ············ ¥18.00

鸡肉粥

Fish porridge ············ ¥18.00

鱼肉粥

Pork porridge ············ ¥18.00

猪肉粥

JUCIES(**果汁**)

Orange ············ ¥15.00

橙汁

Pineapple ············ ¥15.00

菠萝汁

Grapefruit ············ ¥15.00

西柚汁

Tomato ············ ¥15.00

番茄汁

FRESH FRUIT(**新鲜水果**)

Pineapple, Papaya or Grapefruit ············ ¥15.00

菠萝、木瓜或西柚

STEWED FRUITS(**烩水果**)

Prunes, Peaches, Pears ············ ¥15.00

李子或桃或梨

Mixed Fruit Yogurt with Papaya ············ ¥18.00

木瓜和奶酪

Plain Yogurt ·· ¥20.00
奶酪

CEREALS(谷物类)

Corn flakes ·· ¥12.00
玉米片

Rice Crispies ·· ¥12.00
大米片

Porridge ·· ¥12.00
粥

FROM THE BAKERY(面点)

Blueberry pancake with ice cream ·· ¥18.00
黑莓煎饼带冰淇淋

Toast ·· ¥10.50
土司面包

Croissants(two) ·· ¥10.50
牛角包2个

Sweet rolls(two) ·· ¥10.50
甜面包2个

Danish pastries(two) ·· ¥10.50
丹麦面包2个

Served with butter, Jam and Marmalade
带黄油和果酱和橘皮酱

EGGS(鸡蛋)

Ham ,cheese or mushroom omelette ·· ¥18.00
奶酪、鲜蘑任选，鸡蛋卷可带火腿肉

Plain omelette ·· ¥15.00
清鸡蛋卷

2 Eggs any style with bacon, Hamor Sausages ·· ¥18.00
2个鸡蛋可带咸肉、火腿肉或香肠

BEVERAGES(饮料)

Tea ·· ¥6.50
茶

Coffee ·· ¥6.50
咖啡

Chocolate or milo ·· ¥6.50
巧克力奶或米露奶

Pasteurized ·· ¥6.50
灭菌鲜牛奶

(4)意大利正餐零点菜单

All day dinning(正餐)

From 11:30A. M to 11:00P. M (上午 11:30 至晚上 11:00)

APPETIZERS(开胃菜)

Alpine platter ·· ¥65.00

An assortment of dried meat sausage and cheese

什冻肉芝士盘

Smoked salmon ·· ¥88.00

Norwegian smoked salmon with to asted Brioche

烟三文鱼

Shanghal spring rolls ·· ¥40.00

Served with a chilli and plum - dip

炸春卷

SOUPS(汤类)

French onion soup ·· ¥38.00

Served with a cheese - crouton

法式洋葱汤

Consomme "celestine" ·· ¥38.00

Clear beef broth with sliced pancakes

牛肉清汤

Cream of mushroom ·· ¥38.00

A light and creamy mushroom soup

奶油蘑菇汤

Soup of the day ·· ¥38.00

Your service attendant will advise you

是日例汤

HEALTH ORIENTED(健美食品)

Crisp creensalad ·· ¥36.00

With your choice of dressing:

French Italian 1000 - Island or House dressing

青菜沙拉

Mixed salad ·· ¥36.00

With your choice of dressing:

French Italian 1000 - Island or House dressing

什锦沙拉

Vevetable platter ·· ¥48.00

Served with slices of fried tofu and topped with a fried egg

时鲜什锦盘

Fluffy omelette ·· ¥50.00

3 farm fresh eggs with your choice of cheese ham mixed herbs or mushroom served with

French fries

奄列蛋配芝士,火腿,香草,蘑菇

CRUEZI SWITZERLAND (瑞式精选)

Tomato soup "valais" ························ ¥36.00

Flavoured with fresh basil

瑞式番茄汤

Veal "zurichoise" ························ ¥108.00

Sautéed sliced veal with mushroom in a creamy sauce with "Spatzli – dumplings" or "Rosti – potatoes"

白汁牛仔肉

"St. galler" veal sausage ························ ¥76.00

Grilled and topped with an onion – sauce served with "Spatzli – dumplings" or "Rosti – potatoes"

扒牛仔肠

Salmon steak "basel" ························ ¥128.00

Grilled salmon steak topped with deep – fried onion rings served with boiled potatoes

扒新鲜三文鱼

Birchermuesli ························ ¥48.00

A refined Swiss – dish of oats raisins yoghurt fresh fruit and a hab of whipped cream

瑞士酸奶鲜果糊

HEARTY MAIN COURSES (主菜类)

Chicken in the basket ························ ¥65.00

Breaded and deep – fried served with French fried potatoes

美式炸鸡篮

Roast rack of new zealand lamb ························ ¥118.00

Served on a bed of creamy leek – potatoes

烧纽西兰羊扒

Pork medallions ························ ¥68.00

Grilled and served in a "pommery – mustard" sauce with glazed carrots and butter noodles

芥辣汁猪扒

Wienerschnitzel ························ ¥105.00

Pan – fried breaded veal escalope served with fresh maket vegetables and French fries

维也纳牛仔

Sirloin steak ························ ¥128.00

Grilled to your taste served with sauce "Bearnaise", seasonal vegetables and French fries

西冷牛扒

Spachetti "alla bolognese" or "alla napoletatn" ························ ¥65.00

Spaghetti smothered with a fresh ground – beef sauce or a tomato sauce

意大利面条拌酱或番茄汁

Home – made, chicken ravioli ······································· ¥72.00

Topped with fresh mushroom and bacon in a basil – tomato sauce

自制意大利鸡云吞

SANDWICH AND BURGER GALORE (三文治,汉堡包)

The grang club ······································· ¥65.00

Triple decker sandwich filled with smoked chicken breast, lettuce tomato egg and bacon served with French fries

大都会三文治

Pastrami with cream cheese ······································· ¥65.00

Served on brown bread with horse – radish, pickles and French fries

意式三文治

Steak sandwich ······································· ¥80.00

Grilled sirloin steak with tomatoes, lettuce and onions served with French fried potatoes

扒牛扒三文治

Sandwich of your choice ······································· ¥59.00

With either tuna – fish, chicken, ham, salami, cheese or roast – beef on toasted rye, brown or white bread

自选三文治(吞拿鱼,鸡,火腿,意大利香肠,芝士或烧牛肉)

Paris – st. germain ······································· ¥65.00

Fresh baguette filled with a selection of European cold cuts and cheese

法式三文治

The burger ······································· ¥69.00

Prime quality beef – burger served on a sesame – seed bun with dill – pickles, tomatoes, onion rings and French fries, topped with either cheese. mushroom or bacon

港澳汉堡包配芝士,蘑菇或烟肉

ORIENTAL & ASIAN DELICHTS(东方特式)

Nasi – corenc ······································· ¥74.00

Fried rice with beef and chicken satay, topped with a fried egg and prawn – crackers

印尼炒饭

Beijinc jiaozi ······································· ¥48.00

Meat and vegetable filled dumplings served with a vingar soy sauce

北京饺子

japanese ramen ······································· ¥78.00

Delightful noodle soup with prawns, soya marinated pork – loin and bamboo shoots topped with a fried egg

日本汤面

Malay prawn ······································· ¥125.00

Cooked in a light curry sauce and served with steamed rice

马拉式咖喱虾仁饭

SWEET TREATS(甜品)

Swiss chocolate mousse ·· ¥40.00

Prepared with awiss chocolate and a hub of whipped cream

瑞士巧克力木司

Caramel cream custard ·· ¥24.00

Prepared daily by our pastry chefs

焦糖布丁

Fresh fruit salad

Marinated fresh seasonal fruit

鲜果沙拉

Fruit platter ·· ¥35.00

Sliced fresh seasonal fruit

什锦盘

Tarts,cakes,and french pastries ·· ¥21 . 25. 14.00

Please ask your order taker for our variety

各式蛋糕或丹麦包

2. 自助餐菜单(buffet menu)

(1)某酒店西式自助餐菜单

汤

海鲜浓汤

冷盆与沙拉类

大生龙虾(澳洲)	美国生蚝(带壳)	苏格兰腌三文鱼
俄罗斯鱼子酱	瓤猪柳	法式瓤鸡翼
象形拼盒	烧羊腿	日式墨鱼仔
鲜虾多士	意大利巴玛腿	杧果带子船(银盒)
俄罗斯鸡蛋沙拉(银盒)		

客前烹调

美国西冷	纽西兰牛柳	鲜大虾

汁类

黑椒汁	白菌汁	蒜蓉烧汁
荷兰汁	千岛汁	沙拉白汁

餐酱料

日本豉酱 日式芥末 薄荷叶 日本萝卜丝 鲜柠檬
洋葱圈 西椒圈 洋葱仔 水瓜柳 黑水榄

热盆类

红酒焗牛柳 锡纸薯 洋葱炒薯片 牛油烩苷笋
蜜汁扒牛排骨 腌肉鲜露笋 干炒火腿意粉 咸肉牛肉炒饭

甜品

布丁 迷你西饼 象形点心

合时鲜果

香蕉 西瓜 哈密瓜

注:每位消费人民币500元,另送鸡尾酒5种、古巴哈瓦那雪茄。

(2)某酒店西式自助餐菜单

汤

乡村浓汤(配胡椒粉)

小食(小食用镜盆上)

意大利薄饼 炸马介休球 吉利石斑鱼条 咖喱牛肉饺
日式墨鱼仔 腌肉肠仔卷

冷盆

鲜虾多士 巴玛腿蜜瓜卷(镜盒) 杧果带子船(银盒)

沙拉

意大利海鲜沙拉 青瓜鲜鱿沙拉
华杜夫鸡沙拉 俄罗斯蛋沙拉

客前分割

烤羊腿 纽西兰西冷

热盆

西洋烧小口鲈 红酒烩牛腩 黑椒汁扒牛排
椰汁葡国鸡 火腿猪柳炒西芹 牛油西兰花
腌肉炒肉豆 干炒火腿意粉 西洋烩马介休鱼
日式炒面 勃根第蜗牛

甜品

士多啤梨批　　花生朱古力饼　　圣诞卷　　曲奇饼

合时鲜果

香蕉柑

注:每位消费人民币500元，另送鸡尾酒5种、古巴哈瓦那雪茄。

(3)某酒店西式自助餐菜单

汤

罗宋汤

客前分割

烧猪腿　　皇冠羊扒

苏格兰腌三文鱼(洋葱圈、西椒圈、蒜洋葱仔、水瓜柳、黑水榄)

客前烹调

纽西兰牛柳　　扒大虾

甜品与西饼

士多啤梨批　　西米布丁　　大苹果批　　黑森林饼

拿破仑饼　　栗子布丁　　杧果布丁　　酥皮蛋糕

花生朱古力饼　　圣诞卷　　圆花卷

合时鲜果

柑橘　　苹果　　雪梨　　香蕉

注:每位消费人民币388元。

(4)早餐自助餐菜单

THE CONTINENNTAL BREAKFAST: $ 9.50

Your choice of Orange Juice, Grapefruit

Juice, Pineapple Juice or Tomato Juice

Baker's Choice:

Croissant, Sweet Roll, Toast or

Danish Pastry

Butter ,Marmalade and Jam

Coffee, Tea or Chocolate

THE AMERICAN BREAKFAST: $ 12.50

Your choice of Orange Juice, Grapefruit

Juice, Pineapple Juice or Tomato Juice

Grapefruit, pineapple, papaya or

Stewed fruits

Corn Flakes, Rice Crispies of Porridge
2 Eggs any style with Bacon, Ham or Sausages
Baker's Choice:
Croissant, Sweet Roll, Toast or
Danish Pastry
Butter ,Marmalade and Jam
Coffee, Tea or Chocolate

3. 西式套菜菜单

(1)某酒店一周循环西餐套菜菜单

WESTERN FOOD SET MENU	
星期一	意大利鸡蛋多士肉汤 (italian toast meat soup) 意大利扒大虾配黄油饭(roust prawn with italian butter rice) 红酒啤梨(red wine peas)
星期二	腌火鸡片(satted twikey stice) 东方海鲜火锅配米饭(oriental sea food with rice) 炸香蕉配忌廉(fried banana with frech cream cut cake)
星期三	意大利忌廉蘑菇火腿汁(italian jerry mushroom ham soup) 佛罗兰依纳牛肉配时菜烤土豆(florence beel with vegetable and roast potatoes) 意大利咖啡饼(italian coffee cake)
星期四	龙皇汤(sea food soup) 鸡胸卷配香辣黄油面(chicken breast with spcy butter noodees) 面包和黄油布丁(bread and butter pudding)
星期五	八爪鱼(cutter fich) 日式炸猪扒(japanese fried steak) 绿茶冰淇淋(green tea ice cream)
星期六	意大利杂菜汤(italian vegetable soup) 海鲜草原牛肉(sea food grassland beef) 黑森林蛋糕(black forest cake)

(2)某酒店套菜(A. B)菜单

早餐菜单(breakfast menu)A

橘子汁(orange juice)　煎鸡蛋 (fried eggs)　烤面包(toast)
黄油 (butter)　果酱 (jam)　咖啡(coffee)

午餐菜单(lunch menu)A

清汤蔬菜丝(consommé of vegetable)　炸鱼条(fish - n - chips)
咖喱鸡(chicken curry)　葡萄干布丁(raisin pudding)
面包(bread)　黄油 (butter)　咖啡(coffee)

晚餐菜单(dinner menu)A

冷头盘(horsd oellver varies)

奶油鲜蘑汤(cream of mushroom soup)

煮鱼荷兰少司(boiled fish hollanclaise sauce)

匈牙利烩牛肉(hungarian goulash)西红柿沙拉(tomato salad)

奶油冻(cream mange)　面包(bread)　黄油 (butter)　茶(tea)

早餐菜单(breakfast menu)B

烩水果(fruit compote)　洋葱炒蛋(onion omelette)

麦片粥(oat meal oorridge)　烤面包(toast)

黄油 (butter)　果酱 (jam)　咖啡(coffee)

午餐菜单(lunch menu)B

大虾杯(prawn cocktail)　牛尾汤(oxtail soup)

炸鱼饼(fried fish cakes)　黑椒牛扒(black pepper sauce)

蔬菜沙拉(vegetable salad)　炸香蕉(banana frittere)

面包(bread)　黄油 (Butter)　咖啡(coffee)

晚餐菜单(dinner menu)B

海味杯(seafood cocktail)　含羞草清汤(consonmme mimosa)

苏夫力鱼(fish souffle)　烤牛外脊(boast sirloin beef)

芦笋沙拉(asparagus Salad)　栗子布丁(chestnut Pudding)

面包(bread)　黄油 (butter)　柠檬茶(lemon tea)

4. 西式宴席菜单

(1)某酒店西餐餐桌服务式宴会菜单

Cold Dish **冷菜**

SMOCKED SCOTLAND SALMON

(Served with onion and chili rings, sliced lemon, black oliver & capers)

苏格兰腌三文鱼(配洋葱圈、西椒圈、柠檬片、黑水榄、水瓜柳)

SOUP **汤**

Baked snails soup

酥皮焗蜗牛汤

HOT DISH **主菜**

Newzealand Lamb Cutlets

纽西兰羊排

DESSERTS **甜品**

Baked mango with Almond

杏仁焗芒果

DRINK 饮料

Coffee

咖啡

(2)某酒店西餐正式宴会菜单

例 1. cold dish (**冷菜**)

lobster in aspic (龙虾冻) cold stuffed chicken (瓤馅鸡)

caviar(鱼子酱) ham and tomato sasld(火腿西红柿沙拉)

soup(**汤**)

onion soup(洋葱汤)

hot dish(**热菜**)

poaches fish parsley(煮鱼番芫荽少司)

slice pork with mushroom(炒猪肉丝蘑菇少司)

t - bone steak(带骨牛扒)

dessert(**饭点**)

cream pineapple mousse(奶油菠萝木斯)

coffee(咖啡)

例 2 cold dish (**冷菜**)

praen with mayonnaise(生菜大虾) chicken in aspic (鸡冻)

cold rost sirl oin beef(冷烤外脊) tomato salad(西红柿沙拉)

soup(**汤**)

cream of asparagus(奶油芦笋汤)

hot dish(**热菜**)

fries prawn in breadcrunmbs(炸大虾)

scicde vedl with madeira sauce(炒小牛肝玛德拉少司)

grilled fillet skewers(串烤牛里脊)

dessert(**饭点**)

cream mange(奶油冻)

coffee(咖啡)

(3)某酒店西餐鸡尾酒宴会菜单

dride fruits(**干果**)

baded almonds(烤杏仁)
fried peanut (炸花生)
fried walnut(炸核桃仁)
potato chips(炸土豆片)

cold dish(冷小吃)

ham(火腿)
cold cut(冷肉肠)
smoken salmon(熏三文鱼)
chicken liver terrine(鸡肝)
cold roast beef(冷烤牛肉)

cheese(芝士)

black caviar(黑鱼子酱)
asparagus(芦笋)
tomato(西红柿)
sour cnlumber(酸黄瓜)

hot(热小吃)

fride prawns(炸大虾)
cocktail sausages(炸泥肠)
chicken skeweer(煎鸡串)
baby hamburgers(小汉堡包)

rdfreshments(点心)

plain pastry cheese finger(清酥芝士条)
almond biscuit(杏仁饼)
small cream cake(奶油小蛋糕)
chocoalte puffs(巧克力气鼓)

(4)某酒店西餐冷餐酒会菜单

assorted crouton(各种调味小吃)

almond(杏仁)
walnuts(核桃仁)
chip potato(土豆片)
cheese straw(芝士条)
olive(橄榄)
peanuts(花生)
fried onion(洋葱丝)

cold dishes (冷菜)

king prawns(冻明虾)
decorated salmon mayonnaise(原条沙丁鱼)
cold tunry fish tyrulienne(冷金枪鱼)
calantine of chicken(冷鸡卷)
roast sruffed turkey(烤火鸡)
roast leg of venison(烤鹿腿)
roast sirloin of beef(烤西冷牛肉)
roast leg of spring lamb(烤羊仔腿)
roast pork back(烤猪外脊)
game pie(冻野味批)
veal & ham pie(牛仔火腿批)
potato & onion salad(土豆洋葱沙拉)
cole salad(包菜沙拉)
waldorf salad(华道夫沙拉)

egg & tomato salad(鸡蛋西红柿沙拉)
1000island(千岛汁)
vinaigrette(油醋汁)
mayonnaise(蛋黄酱)
gold horseradish sauce(辣根汁)

hot dishes (**热菜**)

prawn american style(美式烩明虾)
fish orly(面拖鱼条)
beef goulash(匈牙利烩牛肉)
chicken curry(咖喱鸡)
lyonnaise potato(里昂炒薯)
boiled cauliflwoer(煮花菜)

desserts (**点心**)

cream chocolate mouse(巧克力木斯)
lemon pie(柠檬排)
napoleon cake(拿破仑蛋糕)
blanc manger(白粉冻)
apple pie(苹果排)
fresh cream gatean(鲜奶油蛋糕)
bread & butter(面包和黄油)

5. 西式其他菜单

(1)快餐店菜单(邦尼套餐)

一件鸡套餐:一块鸡、蘑菇汉堡包、汤
二件鸡套餐:二块鸡、面包、菜丝沙拉、鸡汁土豆泥
三件鸡套餐:三块鸡、面包、菜丝沙拉、鸡汁土豆泥
蘑菇汉堡包
鸡柳汉堡包
鸡沙拉汉堡包
红烩牛肉饭
葡汁鸡饭
肉酱意大利面条

(2)儿童菜单

CHILDREN'S MENU

Little red ridinghood ································ FEC21.00
Spaghetti topped with tasty meat sauce
肉酱意大利面条
Shooting star ································ FEC18.00
Mini beef - burger on bun served with baked beans and French fries
汉堡包

Cinderlla ………………………………………………………………… FEC21.50

Teremy's fish sticks served with French fries

炸鱼条

Vanilia ice - cream ……………………………………………………… FEC21.50

With fresh fruit salad

什锦水果冰淇淋

(3)航空菜单

熏鱼排

佩里格式牛排

黄油青豆　　英式马铃薯

时令沙拉

干酪

核桃蛋糕

哥伦比亚咖啡

(4)客房送餐菜单

Please fill in and hang on the outside door knob before 3:00am

请填写妥当,于凌晨三时前挂在门外把手上.

Guest Name	room
客人姓名	房间号码
Guest signature	of persons
签名	人数

Please circle desired time, breakfast is served until 11:00am

早餐服务至早上十一点止,如欲指定时间送餐,请用笔圈上

6:30-7:00	7:30-8:00	8:30-9:00	9:30-10:00
7:00-7:30	8:00-8:30	9:00-9:30	10:00-10:30

SWISS BREAKFAST

瑞士早餐　　$ 16.50

CHOICE OF CHILLED JUICES **果汁**

○ Orange 橙汁　　○ Grapefruit 西柚汁　　○ Tomato 茄汁

ASSORTMENT OF SEISS BREADS **瑞士面包**

Butter, Marmalade and Honey 黄油,果酱及蜜糖

PLATTER OF SWISS CHEESE **瑞士芝士碟**

Served with(**配以**):

○ Freshly brewed coffee 新鲜蒸馏咖啡

○ Decaffeinated coffee 咖啡(不含咖啡因)

○ Hot milk 热牛奶　○ Cold milk 冷牛奶

○ Hot chocolate 热巧克力　○ Tea 茶

◆ 复习思考题

一、问答题

1. 西餐的供应形式有哪些?
2. 套菜供餐有什么特点?如何安排套菜菜单?
3. 自助餐供餐有什么特点?如何安排自助餐菜单?
4. 比较欧陆式早餐和美式早餐有什么区别?
5. 收集本地某酒店或餐饮企业的西餐宴会菜单,分析其设计思路和特点。

二、选择题

1. (　)是餐厅的商品目录,而且是餐厅经营成功的重要关键。

A. 菜单　　B. 招牌　　C. 食谱

2. 厨师是依据(　)烹调出品质、口味一致的菜品。

A. 书籍　　B. 菜单　　C. 食谱

3. (　)是菜单的最后决定者。

A. 老板　　B. 厨师　　C. 顾客

参考答案:

选择题:1. A　2. B　3. C

第十三章　甜食

● **学习重点：**
西餐甜食的制作方法。

● **教学目的：**
通过学习了解西餐甜食的品种，掌握西餐甜食的制作方法。

第一节　甜食简介

西餐的甜食是一餐中最后食用的一道菜肴，能给人以饱足舒适的感觉。经常使用的甜食有各种西点、布丁类、慕斯类、冻子类、水果类等。

其中冷冻甜食的品种很多，是西点中变化较多的一类点心，根据主要用料和工艺的不同，有结力冻（jell）、奶油冻（bavarian）、慕斯（mousse）、冰淇淋（ice cream）等。它可以是同一类制品选用不同配方；也可以用不同的器皿盛装，而且采用不同的造型和装饰方法。

结力冻是不含乳及脂肪的一类冷冻甜食。这类冷甜食完全是靠结力的凝胶作用制成的，具有透明光滑、入口而化的特点。结力冻的用料主要是结力片、水、糖、食用色素等，有时加少许水果丁作配料，以增加制品品种。它的一般制作方法是将结力片化开，加糖、水及其他配料调匀，装入各式模具中冷冻，待凝固成形时倒出模具，经装饰即为成品。

奶油冻是一种含有很多乳脂和蛋白的混合物。它的基本用料是牛奶、鸡蛋、糖、打发的奶油和结力等。它的一般制作方法是将牛奶煮沸加入打起的蛋黄糊中，随即倒入融化的结力调匀，稍凉加入打起的奶油、蛋白、调味酒、果汁等配料，入模具冷却即为成品。食用时可跟不同风味的少司。这类冷甜食内部组织细腻，风味多样。

慕斯类冷甜食是一种含奶油成分很高，十分软滑、细腻的高级西点，根据不同的用料，有各种果汁慕斯、巧克力慕斯等。慕斯使用的原料一般有奶油、糖、蛋黄、蛋白、果汁、酒、香精、结力片等，其一般制作方法因具体品种不同有差异。现在市场上已有慕斯粉出售，这种原料具有使用方便，成品质量稳定等特点。

冰淇淋是一种营养丰富、香甜可口的冷食，它的基本用料是蛋黄、牛乳、奶油、糖、玉米粉、风味香精、色素等。常见的品种有香草冰淇淋、草莓冰淇淋、巧克力冰淇淋及各种果肉、果汁冰淇淋等。冰淇淋质量要求很高，特别是卫生要求。因此，凡自己生产冰淇淋的饭店都设有专用场所。

（一）制作冷冻甜食的一般要求

(1)使用明胶片、鱼胶粉做制品凝固剂时一定要在与其他原料混合前调匀，不能有疙瘩。

(2)搅打蛋白或蛋黄时，姿势一定要正确，把握好搅打时间和搅打程度。

(3)制品模具要干净，不能有污物。

(4)成品出模时要保持制品的完整性。

(5)装饰成品时，色彩搭配要协调、雅致。

（二）冷冻甜食的一般质量标准

形态要求完整，光润，内部组织均匀，口味纯正，清凉适口。

第二节　甜食品种介绍

（一）布丁类

布丁是英文 pudding 的译音，广州、香港等地习惯译为“布甸”。

布丁一般是用鸡蛋、牛奶、糖及各种水果、干果调匀烤制而成的。常见的布丁有克司得布丁、葡萄干布丁、面包苹果布丁、栗子布丁等。

例 1　克司得布丁(custard pudding)

原料：鸡蛋 400g，糖 300g，牛奶 1000ml，香草粉 1 片。

制作步骤：

(1)先将 150g 糖干炒成黄色，加水熬成浓汁，倒入模子内铺底。

(2)再将鸡蛋打散，加入糖、牛奶、香草片搅匀，糖溶化后装入已有糖底的模子内，放在烤盘上，烤盘内加水放入烤炉，烤至成熟上色。

(3)将余下的糖熬成汁，食用时浇在布丁上即可。

菜肴特点：色泽金黄，糖汁浅褐；圆筒形不塌陷不破碎；口味鲜香甘甜。

例 2　葡萄干布丁(raisin pudding)

原料：葡萄干 200g，面包 500g，鸡蛋 250g，黄油 200g，糖 250g，白兰地酒 50ml，香草 2 片，盐 10g，糖粉适量，焦糖少司 350g。

制作步骤：

(1)将面包切去外皮，用凉水泡透后挤出水分，再揉成碎末；将葡萄干摘洗干净。

(2)将黄油化软，加入糖用木搅搅拌至呈乳白色，再逐渐加入鸡蛋液，并不断搅动使之成膨松体。

(3)将面包末、葡萄干、香草片、盐、白兰地酒、糖粉放入搅好的鸡蛋膨松体内搅拌均匀，装入抹好油撒上面粉的模子内，用油脂盖好蒸 40 分钟，食用时将布丁扣入盘内，浇上焦糖少司即可。

菜肴特点：色泽黄褐；圆筒状，整齐不碎；口味鲜香，甘甜；口感软嫩适口。

（二）慕斯类

例 1　奶油菠萝慕斯(cream pineapple mousse)

原料:奶油600ml，糖500g，罐头菠萝500g，菠萝香精微量，红樱桃25g，水150ml。

制作步骤:

(1)将奶油300ml、糖、菠萝香精用蛋抽搅至膨松细腻，加入250g切碎的菠萝拌匀，装入大花模子内，面上盖奶油，将盖盖严，放入较深的容器内，周围放冰块和粗盐，用布盖严，冷冻4小时。

(2)用糖200g、水150ml在微火上熬至糖脆时，用数根筷子甩成糖丝。

(3)将模子用冷水冲净，扣在盘子内，然后放在垫有口布的大盘内，周围用糖丝、菠萝、樱桃点缀即可。

菜肴特点:黄白相间;形态整齐，不塌陷，美观;口味鲜香甘甜;口感软嫩清凉。

例2　草莓慕斯(strawberry mousse)

原料:鲜草莓1000g，结力粉40g，清水500ml，糖350g，草莓香精微量，膨松体奶油150g。

制作步骤:

(1)将草莓摘洗干净，控干水分，选其个头均匀的25个备用，其余制成汁。

(2)糖加水煮沸，放入结力粉搅匀，待结力粉溶化后过滤。凉后放入草莓汁、香精，用蛋抽搅至膨松状态后再移至冷藏室内，继续抽搅至即将凝结时，装入大花模子内，放入冰柜冻结。

(3)将慕斯扣在盘子中央，在慕斯的顶端和周围裱上奶油花，并用草莓点缀，放在垫有口布花的盘内即可。

菜肴特点:红白相间，色彩艳丽;形态美观不塌陷;口味鲜香，酸甜适口;口感软嫩清凉。

(三)冻子类

例1　可可冻(cocoa mange)

原料:可可粉50g，糖300g，玉米粉75g，蛋黄100g，结力粉40g，牛奶1000ml，膨松奶油400g。

制作步骤:

(1)将可可粉、糖、玉米粉、蛋黄放在锅内，加少量牛奶搅匀，然后冲入滚沸的牛奶、结力粉搅匀，待结力粉溶化后过滤。

(2)待以上汁液凉后放入100g膨松奶油，拌匀后装入模子内，入冰箱冷藏，凝结后扣在盘内，裱上奶油花即成。

菜肴特点:浅棕色，半透明，有光泽;形态美观，整齐不碎;口味鲜香，甘甜;口感软硬适中。

例2　奶油冻(cream mange)

原料:膨松奶油250g，结力粉50g，糖300g，牛奶750ml，香草1片。

制作步骤:

(1)将牛奶煮沸放入糖、香草粉、结力粉搅匀，过滤。

(2)待以上汁液凉后放入膨松奶油拌匀，装在模子内，入冰箱冷藏。凝结后扣在盘子内即成。

菜肴特点：色泽乳白；花模状，整齐不碎；鲜香甘甜；软硬适中。

（四）其他类

例1 巧克力苏夫利（chocolate souffle）

原料：鸡蛋1000g，黄油125g，可可粉50g，面粉125g，糖500g，牛奶1000ml。

制作步骤：

（1）将糖200g克，可可粉，面粉，牛奶，熔化的黄油放入锅内搅匀，在微火上熬成稠糊状，再放入蛋黄搅拌均匀。

（2）用打蛋器将鸡蛋打至膨松，再逐渐放入糖，搅至充满气泡，然后轻轻放入以上稠糊内，再放入抹上黄油的烤斗内，至七八满入烤炉，烤至上色即可，应及时食用。

菜肴特点：浅棕色；膨松；鲜香，甘甜；松软适口。

例2 炸香蕉（fried banana）

用料：香蕉750g，糖100g，鸡蛋150g，面粉200g，糖粉250g，牛奶100ml，香草1片。

制作步骤：

（1）将香蕉去皮，每个切成两片，加糖腌渍。

（2）将面粉、香草片、蛋黄、糖、牛奶加适量水调和成糊。再把蛋清打成蛋泡，轻轻放入糊内，调和均匀。

（3）将香蕉均匀地裹上面糊，用油炸上色，撒上糖粉即可。

菜肴特点：色泽金黄；椭圆形片状，整齐；甘甜，口味果香；松软适口。

◆ 复习思考题

1. 甜食主要包括哪些内容？
2. 制作冷冻甜食的一般要求是什么？
3. 冷冻甜食的一般质量标准是什么？
4. 通过学习你了解西餐有哪些常见的甜食品种？

第十四章　西式面点

● **学习重点:**

掌握西式糕点的制作方法。

● **学习目的:**

通过本章的学习了解西式糕点的特点，掌握部分代表品种的制作。

第一节　西式面点概述

一、西式面点的特点与分类

(一)西点的特点

西点是西餐烹饪的重要组成部分，具有用料讲究、成形精巧、造型艺术、工艺精湛、品种丰富等特点，在西餐中起着举足轻重的作用，是西方饮食文化的代表作品。西点在饭店里具有相对的独立性，专门设立有西点厨房。在社会上，西式点心因其独有的风味，而具有广阔的市场。

1. 用料讲究，富有营养

西式面点多以乳品、蛋品、糖类、油脂、面粉、干鲜水果等为常用原料，这些原料含有丰富的蛋白质、脂肪、糖、维生素等营养成分，它们是人体健康必不可少的营养素，因此说西点具有较高的营养价值。

西式面点用料讲究，是因为无论什么点心品种，其面坯、馅心、装饰、点缀等用料都有各自的选料标准，各种原料有着相互间的比例，而且大多数原料要求称量准确。

2. 工艺性强，简洁明快

西点制品不仅富有营养价值，而且能给人以美的享受，每一件产品都是一件艺术品，每一步操作都凝聚着厨师的创造劳动。如果西点脱离了工艺性和审美性，也就失去了自身的价值。西点从造型到装饰，每一个图案和线条，都清晰可辨，简洁明快，给人以赏心悦目的感觉，让食者一目了然，领会到你的创作意图。例如，制作一个结婚蛋糕，首先要考虑它的结构安排，考虑每一层之间的比例关系;其次考虑色调搭配。装饰时要用西点的特殊艺术手法体现你所设想的构图，从而用蛋糕达到烘托出纯洁、甜蜜的新婚气氛的目的。

3. 口味清新，甜咸酥松

西点的口味是由品种决定的，但无论什么点心，都具有清香的特点，这是由西点的原材料决定的。通常所用的主料有面粉、奶制品、水果等，这些原料自身具有芳香的味道。其次是加工制作时合成的味道，如焦糖的味道等。甜制品主要以蛋糕为主，有90%以上的点心制品要加糖，客人饱餐之后吃些甜食制品，会感觉更舒服。咸制品主要以面包为主，客人吃主餐的同时会有选择地食用一些面包。

（二）西点的分类

西点虽然源于欧美地区，但因国家或民族的差异，其制作方法有很多。包括各种糕点及各式面包。

1. 蛋糕(cake)

蛋糕是由鸡蛋、白糖、油脂和面粉等原料经过烘烤制成的甜点。蛋糕营养丰富，味道很甜，质地松软。蛋糕的脂肪和糖的含量都比较高。蛋糕可以分为：

(1)黄油蛋糕(butter cakes)

黄油蛋糕也称为油蛋糕、高脂肪蛋糕。它由面粉、白糖、鸡蛋、油脂和发酵剂制成。在黄油蛋糕中，各种原料数量的比例非常重要。传统的配方中，白糖的数量往往超过面粉，液体的数量通常超过白糖的数量。当今黄油蛋糕尽管名称这样称呼，然而其中的油脂已经扩大化了，可以是黄油、人造黄油、氢化蔬菜油等。

由于黄油蛋糕的配方不同，因此黄油蛋糕可以是黄色蛋糕、白色蛋糕、巧克力蛋糕、香料蛋糕等。黄油蛋糕的特点是质地柔软滑润，气孔壁薄而小，分布均匀。

(2)清蛋糕(foam cakes)

清蛋糕称为低脂肪蛋糕或发泡蛋糕，清蛋糕使用少量的油脂或不直接使用油脂。由于清蛋糕中含有经过抽打的鸡蛋，因此它既膨松又柔软。

(3)装饰蛋糕(decorated cake)

使用奶油、巧克力、水果等原料为蛋糕涂抹、填馅和装饰制成的蛋糕。

2. 茶点(cookie)

茶点是由面粉、油脂、白糖或红塘、鸡蛋及调味品经过烘烤制成的各式各样扁平的饼干和凸起的小甜点心。它们种类繁多，口味各异，有各种形状。有些茶点心的上面或两片之间还有涂抹的果酱或巧克力。欧洲人特别是英国人将这种小型的甜点心称为饼干(biscuit)。这种小点心或饼干主要用于咖啡厅的下午茶，欧美人在喝咖啡和喝茶的时候经常吃些小点心和饼干。根据它们的制作方法和特点，茶点心可以分为七类。它们是：

(1)滴落式茶点(dropped cookie)

通过滴落方法制成的茶点或饼干。

(2)挤压式茶点(bagged cookie)

将和好的面糊装入制作点心的裱花袋子中，挤压袋子，面糊通过带子下边的出口成为各种形状，然后烘烤制成的茶点或饼干。

(3)擀切式茶点(rolled cookie)

将面团擀成厚片，然后用刀切成片后，烘烤制成的茶点或饼干。

(4)成型式茶点(molded cookie)

将重量相等的面团放人模具成型的茶点和饼干。

(5)冷藏式茶点(icebox cookie)

将茶点面团制成圆筒形，然后在冷藏箱内存放4—6小时，用刀切成片或各种形状的茶点和饼干。

(6)长条式茶点(bar cookie)

烘烤后切成长条形的茶点。

(7)薄片式茶点心(sheet cookie)

烘烤后切成不同形状的茶点和饼干。

3. 派(pie)与塔特(tart)

①派是馅饼，是欧美人喜爱的甜点，由英语单词pie音译而成。由水果、奶油、鸡蛋、淀粉及香料等制作的馅心，外面包上双面或单面的油酥面皮制成的甜点。派的特点是派皮酥脆，略带咸味，馅心有各种水果和香料的味道。派有许多分类方法。

(1)单皮派

指派的底部有派皮，上部没有派皮，仅有暴露着的馅心的馅饼。

(2)双皮派

派的上部和下部都有派皮，将馅心包在派皮内，经过烘烤成熟的馅饼。

(3)非烘烤派

将鸡蛋、糖、抽打过的奶油、水果、干果仁等原料，根据需要制成不同风味和特色的馅心，填入烤熟的并且是冷的派皮内，不再经过烘烤制成的派。例如，巧克力奶油派(chocolate cream pie)、香蕉奶油派(banana cream pie)、椰子奶油派(coconut cream pie)、柠檬卡斯得派(lemon custard pie)和奇芬派(chiffon pie)等都是非烘烤派。

(4)烘烤派

指将混合好的馅心填入烘烤成熟的或未烘烤的单皮或双皮的派皮中，经过烘烤成熟的派。例如卡斯得派(custard pie)、南瓜派(pump - kin pie)、山核桃派(pecan pie)等。

(5)水果派(fruit pie)

多以水果、水果汁、糖和稠化剂为馅心经过烘烤制作的双皮派。如苹果派(apple pie)、樱桃派(cherry pie)、黑莓派(bIack pie)、桃子派(peach pie)等。

(6)卡斯得派(custard pie)

卡斯得派也称为奶油蛋糊派，是单皮派。派皮上放经过抽打的奶油与鸡蛋等原料制成的糊，糊中放人适量香料与水果汁增加味道，经过烘烤而成。

(7)奇芬派(chiffon pie)

奇芬派也称为蛋白派或蛋清派，它的馅心以蛋清为主要原料，其中加入适量的香料、水果汁、甜酒增加味道，有时也加入一些鲜奶油制成的派。

②塔特(tart)是欧洲人对派的称呼。许多欧洲厨师，尤其是英国厨师认为派与塔特是同一类点心。派与塔特都指馅饼，都可以是单层外皮和双层外皮。在西餐的作用都是甜点，都有酥脆的外皮和馅心，派和塔特都是在金属模具(派盘)中烘烤成型的。但是，比较两个名称的用途，可以发现派的含义多用于双皮派，并且是切成块状的。塔特多用于以黄油或氢化植物油、水、面粉和鸡蛋为主要原料制成的单皮的馅饼，或比较薄的，双皮的，较大的圆派，或整只小圆形及各种形状的派。还有一些欧美厨师认为派和塔特是两种不同的馅饼，他们认为塔特应当比派更薄一些。一些小型的单皮塔

特还称为 tartlet 或 tartelette。

4. 油酥点心(pastries)

油酥点心(pastry)是以面粉、油脂、鸡蛋和水为主要原料经过烘烤制成的酥皮点心或油酥点心的总称。它包括各式各样小型的，装饰过的油酥甜点，其中比较著名和传统的有拿波仑(napoleon)和长哈斗(eclair)。欧美人把这些小形的油酥点心称为法国酥点(french pastries)，而法国人称它们为小点心(ies petits gateaux)。在欧洲，每个国家都有自己的特色小酥点，这些油酥点心的特色表现在味道和工艺方面。许多西餐厨师认为形成这些特色的主要原因是气候。在欧洲的北部比较凉爽的地方，人们喜爱食用以巧克力和抽打过的奶油制作的油酥点心。在法国或意大利的南部，人们喜欢食用带有蜜饯水果、杏酱或其他甜味原料装饰的油酥点心，这类油酥点心的味道非常甜。在德国、瑞典和奥地利人们喜爱食用有杏仁、巧克力和新鲜水果的油酥点心。因此，油酥点心的种类可以说是举不胜举了。常用的油酥点心包括：

(1)圆哈斗(puff)

以黄油或氢化植物油、水、面粉和鸡蛋为主要原料制成的，空心的酥脆的圆形点心，内部填有甜味和咸味的馅心。

(2)长哈斗(eclair)

以黄油或氢化植物油、水、面粉和鸡蛋为主要原料制成的小的长方形或椭圆形的油酥点心，中间夹有抽打过的奶油，上部撒有白砂糖或涂抹巧克力或从裱花袋挤出的巧克力奶油糊作装饰。

(3)拿波仑(napoleon)

一种多层的油酥点心，中间涂有抽打过的奶油或奶油鸡蛋糊馅心。有时上部撒有白砂糖作装饰。

(4)小塔特(tanelet)

小塔特也称为蛋挞，在酥脆的派皮上装有水果或奶油鸡蛋糊等各式馅心的单皮派，装上馅心后不用烘烤。

(5)麦科隆(macaroon)

小型的酥脆点心，由杏仁酱、鸡蛋白和白糖、面粉为主要原料制成，经常在上面有冰淇淋、水果或鸡蛋奶油糊等作装饰。

(6)装饰酥点(petits Fours)

各式各样的造型和味道的小的酥脆点心或饼干，经常在上面有白砂糖、干果作装饰。

(7)蛋白酥点(meringue)

由鸡蛋白、白糖和香料为原料，经过抽打制成面糊，烘烤制成的底托，上面装有抽打过的奶油、新鲜的草莓、冰淇淋及使用巧克力酱作装饰的各种小点心。

5. 布丁(pudding)

布丁是以淀粉、油脂、糖、牛奶和鸡蛋为主要原料，搅拌成糊状，经过水煮、蒸或烤等不同方法制成的甜点。欧美人在冬天喜欢食用热布丁，在夏天喜欢食用冷布丁。

布丁的种类及分类方法有很多。某些带有咸味的布丁还可以作为主菜。

(1)根据布丁的特色，布丁可分为：

A. 热布丁(hot puddings)

B. 冷布丁(cold puddings)

C. 巧克力布丁(chocolate puddings)

D. 奶油布丁(cream pudding)

E. 玉米粉牛奶布丁(blanc mange)

F. 意大利那布勒斯布丁(napolitaine pudding)

G. 英式白色布丁(blanc mange english style)

H. 圣诞布丁(christmas pudding)

I. 面包布丁(bread pudding)

(2)根据布丁的制作方法，布丁可分为：

A. 水煮布丁(boiled pudding)

指以牛奶、糖和香料为主要原料以玉米淀粉为稠化剂，通过隔水煮熟，冷冻成型的甜点。

B. 烘烤布丁(baked pudding)

烘烤布丁指以牛奶、鸡蛋、糖、香料和面包或大米为主要原料通过烘烤制成的甜点。

6. 冷冻甜点(frozen dessert)

冷冻甜点是通过冷冻成型的甜点总称。它的种类和分类方法都非常多。比较常见的和著名的品种有：百味廉(bavarian cream)、其分(chiffon)、木斯(mousse)、冰淇淋(ice cream)、派菲(parfait)、圣代(sundae)、美而巴桃(peach melba)、海仑斯梨(pear helene)、库波(coupe)、帮伯(bombe)、烤阿拉斯加甜点(baked alaska)、舒伯特(sherbet)等。

(1)百味廉(bavarian cream)

也称作百味廉奶油，由鸡蛋奶油糊加上吉利(jelly)、抽打过的奶油和水果汁、利口酒(liqueur)、巧克力及朗姆酒(rum)等各种调味品，经过搅拌，放人模具冷冻成型的甜点。

(2)木斯(mousse)

由抽打过的奶油、鸡蛋为主要原料，有时放少量吉利(jelly)为稠化剂，经过抽打成为半固体，装入模具中冷冻成型的甜点。上桌时，上面浇上咖啡、巧克力和水果酱等调味汁。

(3)冰淇淋(ice cream) 由奶油、牛奶、白糖、调味剂为主要原料，根据需要放鸡蛋白、鸡蛋黄或全鸡蛋，搅拌，冷冻成型的甜点。

(4)冷冻酸奶酪(frozen yogurt)

由酸奶酪、调味剂、水果等为主要原料，根据需要放鸡蛋和抽打过的奶油，经过搅拌和冷冻，制成半固体的甜点。

7. 水果(fruit)

水果已经成为当代西餐中不可缺少的食品。水果可以不经过烹调，或烹调后及与其他原料一起制作成人们喜爱的甜点。

8. 酵母面包(yeast bread)

酵母面包是以酵母作为发酵媒介制作的面包，这种面包质地松软，带有浓郁的香气。它的制作工艺复杂，需要特别精心。酵母面包有多种：白面包(white bread)、全麦面包(whole wheat bread)、圆形黑麦面包(round ryebBread)、意大利面包(italian bread)、辫花香料面包(braided herb bread)、老式面包(old - fashioned roll)、各种正餐面包(dinner rolls)、各种甜面包(sweet rolls)、比塔面包(pita)、丹麦面包(danish pastry)和小博丽傲士面包(brioche)。

(1)白面包(white bread)

以白色面包粉、牛奶为主要原料加入适量的盐、白糖和黄油或人造黄油，通过发酵方法制成面团，然后在模具中成型的方形面包，面包内部为白色，表面浅棕色。

(2)全麦面包(whole wheat bread)

以全麦面包粉、白色面包粉、牛奶为主要原料加入适量的盐、白糖、糖蜜、黄油或人造黄油，通过发酵的方法制成面团，在模具中成形的方形面包，表面浅棕色，内部为灰色。

(3)圆形稞麦面包(round rye bread)

稞麦面包又称为黑麦面包，以白色面包粉、稞麦面包粉、酸牛奶为主要原料加入适量的盐、白糖、糖蜜、黄油或人造黄油和叶蒿籽(car - away seed)，通过发酵的方法，人工成型的圆形面包，表面浅棕色，内部为灰色。

(4)意大利面包(italian bread)

以白色面包粉和水为主要原料加入适量的盐、白糖、黄油、植物油、鸡蛋白等，通过发酵方法，人工成型的面包。面包为长圆形，上部有刀切过的线，烘烤后，它会裂开，面包内部为白色，表面浅棕色。

(5)辫花香料面包(braided herb bread)

以白色面包粉和水为主要原料，加入适量的盐、软化的黄油或人造黄油、鸡蛋和迷迭香(rosemary)等。通过发酵方法，人工成型的面包。有麻花形和椭圆形面包等。面包内部为白色，表面浅棕色。

(6)老式面包(old - fashioned roll)

以白色面包粉、牛奶为主要原料加入适量的盐、白糖和黄油等，通过发酵方法，人工成型的小圆面包，面包内部为白色，表面浅棕色。

(7)正餐面包(dinner rolls)

以白色面包粉、牛奶为主要原料，加入适量的盐、白糖和黄油，通过发酵方法人工成型的面包。有各种形状和各种味道，内部为白色，表面浅棕色。传统的品种有正餐长圆形面包(dinner bun)、维也纳面包(vienna roll)、辫花面包(double twist)、花节面包(knot)、新月面包(crescent)、圆形面包(pan roll)、风车轮面包(pinwheel)等。

(8)甜面包(sweet rolls)

以白色面包粉、牛奶、白糖和黄油为主要原料，加入鸡蛋、盐，并根据面包的品种和特色加入各种水果、干果和香料，通过发酵方法，人工成型的各种形状和各种味道的小面包。面包内部为白色，表面浅棕色。例如水果面包(fruitBraid)、肉桂面包(cinnamon roll)、葡萄干面包(raisinbread)、镶馅面包(kolacky)。镶馅面包为圆饼形，镶有苹果和干果等馅心。

(9)比塔面包(pita)

比塔面包也称作口袋面包。以白色面包粉为主要原料，加入适量的盐、白糖、植物油等，通过发酵方法，人工成型的面包。面包为小圆形，烘烤后内部成口袋状，面包内部为白色，表面浅棕色。

（10）丹麦面包（danish pastry）

以白色面包粉、牛奶和黄油为主要原料，加入适量的盐和白糖，通过发酵方法，人工成型的面包。这种面包有各种形状，中间镶有各种馅心。例如，果酱馅心、杏仁馅心和奶酪馅心。烘烤后，面包内部为白色，表面浅棕色。常见的丹麦面包的品种有风车轮面包（pinwheel）、折叠式面包（foldover）、信封式面包（envelop）和鸡冠花面包（cockscomb）等。

（11）小博丽面包（brioche）

法国著名的小圆形或郁金香花型的油酥面包，传统上，这种面包原料中含有 brie 奶酪。以白色面包粉、牛奶、黄油和鸡蛋为主要原料，加入适量的盐、白糖和柠檬粉，通过发酵方法，人工成型的面包。

9. 快速面包（quick bread）

快速面包以发粉或苏打作为膨松剂制成的面包。这种面包制作程序简单，制作速度快，而且不需要高超的技术，并由此得名。快速面包尽管简便易行，但也是西餐业经营中的一项重要内容，此外，一些有特色的快速面包还为企业带来了很高的声誉。快速面包的主要用途是早餐及喝茶和喝咖啡时食用。根据这种面包本身的特点，最好当天食用。主要品种有各种长方面包（loaf）、玉米面包（corn bread）、爱尔兰苏打面包（irish soda bread）、摩芬面包（muffin）、博波福（popover）、面包圈（doughnut）、沃福乐（waffle）和咖啡面包（coffee bread）。

（1）油酥面包（biscuit）

油酥面包是以面粉、牛奶、油脂、发粉、盐和非常少量的糖为原料，略带咸味和具有酥松的特点。主要品种有酸奶面包（buttermilk biscuit）、奶酪面包（cheese biscuit）、香料面包（herb biscuit）等。

（2）摩芬面包（muffin）

摩芬面包简称摩芬，是以面粉、牛奶、油脂、鸡蛋、发粉、糖、盐为原料制成的带有甜味的，像小型的碗状的甜面包。这种面包含糖量常是油酥面包的 10 倍以上。主要品种有葡萄干香味摩芬（raisin sbice muffin）、枣仁干果摩芬（date nut muffin）、全麦摩芬（whole muffin）和黑莓摩芬（blackberry muffin）。

（3）水果面包（fruit bread）

水果面包是以面粉、牛奶、鸡蛋、发粉、苏打粉、糖、盐、油脂和水果香料、水果汁或水果泥为原料制成的，带有甜味和水果味的香甜面包。例如，香蕉面包（banana bread）、橘子干果面包（orange nut bread）都是著名的水果面包。

（4）玉米面包（corn bread）

玉米面包是以相同数量的点心面粉和玉米粉、牛奶、油脂、鸡蛋、苏打粉、糖、盐为原料，经过烘烤制成的，带有甜味和玉米香味的疏松香甜的面包。

（5）沃福乐（waffle）

沃福乐是煎饼式的面包。它以点心面粉、牛奶、植物油、鸡蛋、发粉、苏打粉和盐为原料，通过搅拌，成为面糊，倒入煎饼锅，经过烘烤，制成带有咸味的，酥松煎饼式面包。

(6)博波福(popover)

博波福是以鸡蛋、牛奶、熔化的黄油或人造黄油、面粉和盐为原料，搅拌成糊，放入模具中，经过烘烤，制成的带有咸味的酥松面包。这种面包的鸡蛋含量非常高，因此，烤熟后膨胀，高度常超过了模具的高度，它的上部会有裂缝，内部形成了空洞。

(7)咖啡面包(coffee bread)

咖啡面包也称为咖啡蛋糕(coffee cake)，有各种形状，面包内部可以有香料、水果或干果。经常在早餐或下午茶时食用。

10. 软质面包(soft roll)

软质面包是松软、体轻，富有弹性的面包。如吐司面包(toast)、各种甜面包(sweet roll)等属于这一类。软质面包由含有较高的油脂和鸡蛋的面团为原料制成。

11. 硬质面包(hard roll)

硬质面包是韧性大，耐咀嚼，面包的表皮干脆，质地松爽的面包。如法式面包(french bread)和意大利面包(italian bread)都是著名的硬质面包。硬质面包由少油脂、低鸡蛋的面团制成。

12. 油酥面包(pastry)

油酥面包是将面团擀成薄片，加入黄油等原料，经过折叠、擀压、造型和烘烤等程序制成的层次分明、质地酥松的面包，例如，丹麦面包(danish pastry)、牛角面包(croissant)都是传统的油酥面包。油酥面包也称为油酥面点。

二、西点常用原料

(一)面粉

面粉是制作面包最基本的原料，小麦粉是最常用的品种;除此之外，稞麦粉、燕麦粉和玉米粉也常用于制作面包。含蛋白质高的小麦粉常被人们称为硬麦粉，含蛋白质少的小麦粉称为软麦粉。面包粉属于硬麦粉，因为它含有较高的面筋质。稞麦粉有三种颜色:浅棕色、棕色和深棕色。由于稞麦粉本身不含面筋质，因此单一的稞麦粉不能制作面包，它必须加入小麦。全麦粉是含有麸皮的小麦粉，全麦粉含有较高的面筋质，因此使用全麦粉制作面包时常加入部分精麦粉以增加面包的柔软性。

(二)油脂

油脂是面包中常用的原料，它包括氢化植物油、人造黄油、植物油、黄油等。油脂可使面包松软和酥脆，富有弹力，味道芳香。氢化植物油是制作面包理想的原料。由于它无色、无味，具有可塑性和柔韧性，而且有助于面团的成型，因此它的用途非常广泛。黄油和人造黄油味道芳香，但是，在常温下会溶化，所以它的可塑性不如氢化植物油。植物油在常温下呈液体，是制作面包的常用油脂。

油脂在西点中的作用，主要体现在以下几点：(1)增加营养，补充人体热能，增进食品风味。(2)增强面坯的可塑性，有利于点心的成形。(3)调节面筋的胀润度，降低面团的筋力和黏性。(4)保持产品内部组织的柔软，延缓淀粉老化的时间，延长点心的保存期。

（三）糖

糖在西点中的用量很大，常用的糖及其制品有蔗糖、糖浆、蜂蜜、饴糖、糖粉等。

1. 蔗糖（saccharose）

根据原料加工程度的不同，西点常用的蔗糖类原料有：白砂糖、绵白糖、红糖等。

2. 糖浆（syrup）

西点中常用的糖浆类原料，主要是葡萄糖浆，它通常是用淀粉经酶水解制成，呈黏稠而澄明状，主要含有葡萄糖、麦芽糖和糊精，在制作糖制品时，加入葡萄糖浆能防止蔗糖的结晶返砂，从而有利于制品的成形。

3. 蜂蜜（honey）

是由花蕊中的蔗糖经蜜蜂唾液中的蚁酸水解而成，主要成分为转化糖。蜂蜜在西点中主要用于一些特殊制品。

4. 麦芽糖（maitose syrup）

又称饴糖，一般以谷物为原料，利用淀粉酶或大麦芽酶的水解作用制成。其主要成分为麦芽糖和糊精，饴糖一般为浅棕色的半透明的浓稠液体。其甜度不如蔗糖，但能代替蔗糖使用，在西点中用于派类等制品，饴糖还可作为点心的着色剂。

5. 糖粉（ice sugar）

是蔗糖的再制品，为纯白色粉状物，味道与蔗糖相同，糖粉在西点中可代替白砂糖和绵白糖使用，也可用于点心的装饰及制作大型点心的模型等。

糖在面点中的主要作用是：（1）增加制品甜度，提高营养价值；（2）改善点心的色泽，装饰美化点心的外观。

（四）发酵剂

面包中的发酵剂包括苏打粉、发粉、酵母等。发酵剂的作用是将气体与面团混合，不论是发酵面团产生的气泡，还是面包在烤箱中产生的气泡都会使面包变得轻柔、膨松。因此，面点师对发酵剂的使用非常精心。过多使用发酵剂会使面包过于松散，而发酵剂含量不足也会使面包粗糙，失去膨松性。

（五）鸡蛋

鸡蛋是制作面包常用的原料。鸡蛋不仅使面包的质地松软，表面光滑而且增加了面包的味道、营养和颜色。由于鸡蛋含有 70% 的水，因此在计算面团含水量时，应考虑到鸡蛋中的水含量。

（六）调味品和香料

在面包中，常使用的调味品有香草、柠檬和橘子粉等。这些调味品可能是天然食品，也可能是人工合成的，它们在增加面包的味道方面起着很大作用。此外，根据面包的种类，还可以选用各种香料为面包增加味道。常用的香料有多香果（all Spice）、梅斯（mace）、叶蒿（caraway）、大茴香（anise）、香菜籽（coriander）、生姜（ginger）、丁香（clove）、茴香（fennel）、罂粟籽（poppyseed）和肉桂（cinnamon）等。

（七）食盐

食盐不仅自己有明显的味道，而且还能增加其他调味品的调味作用。同时，它在面团中能促使面筋形成和控制发酵速度。

（八）水

水在制作面包中扮演着重要角色，它与面粉中的蛋白质混合后会形成面筋。水有溶化和黏合干性原料的作用，当干性原料与水搅拌在一起时，就成为面团。同时，面团中的水又对面团的发酵起着促进作用。因此水具有使面包柔软和鲜嫩的作用。牛奶和水是制作面包常用的水原料，含有牛奶的面包质地松软，味道鲜美，营养丰富。使用快速发酵法制作面包时，酸奶是理想的原料。全脂牛奶含有很高油脂，因此在计算面包中的油脂时，应将牛奶中的油脂含量包括进去。水是制作面包不可缺少的原料，使用水时，应注意不要使用含矿物质高的水。

（九）面团改良剂（dough development agent）

面团改良剂主要用于面包的生产。在面包面团中使用，能增加面团的搅拌耐力，加快面团成熟，改善制品的组织结构。

（十）乳化剂（emulsifier）

又称抗老化剂、发泡剂等。它是一种多功能的表面活性剂，在食品加工中，它一般具有不同程度的发泡和乳化的双重功能，作为发泡剂使用能维持泡沫体系的稳定。使制品获得一个致密而疏松的结构；作为乳化剂使用则能维持油、水分散体系的稳定，使制品的内部组织均匀细腻。例如：目前在蛋糕制作中广泛使用的蛋糕油即是一种蛋糕乳化剂。

（十一）食用色素（diet pogments）

又称着色剂，它是以为食品着色为目的的食品添加剂，食用色素按其来源和性质也可分为天然色素和人工合成色素两大类。

（十二）增稠剂（thickeners）

增稠剂是改善或稳定食品的物理性质或组织状态的添加剂，它可以增加食品粘度，使食品黏滑适度，增加食品表面光泽，提高制品的保鲜期。面点中常用的增稠剂有明胶片、鱼胶粉、琼脂、果胶、淀粉等。它们在西点中常用于冷冻甜点以及某些馅料，装饰料的制作，起增稠胶凝、稳定和装饰作用。

（十三）可可粉和巧克力（cocoa and chocolate）

可可粉是可可豆的粉状制品，它的含脂率较低，一般为20%，有无味可可粉和甜味可可粉两种：无味可可粉可与面粉混合制作蛋糕、面包、饼干，还能与黄油一起调制巧克力黄油酱。甜可可粉一般多用于夹心巧克力的辅料或筛在点心表面作为装饰等。

巧克力是面点装饰的主要原料之一，它在面点工艺中的性能，主要决定于巧克力中可可脂的含量。可可脂含量的多少不仅决定了巧克力本身的营养价值，而且还决定着巧克力的使用方法和用途。西点中常见的巧克力制品有无味巧克力、牛奶巧克力、白巧克力和黑巧克力等。无论哪种巧克力它们在面点中的使用一般都需在50℃左右的水浴中融化后使用。巧克力在西点中的应用随巧克力的不同而异。但一般常见是用于制品的挂面、挤字、做馅、装饰以及巧克力装饰品、模型等。

三、西点制作常用工具

（1）天平（scale）

精确地测量各种原料的用具。

(2)面点烤盘(muffin Tin)
烘烤点心、面包的盘子。
(3)筛子(sifter)
用于筛面粉、糖粉等干性原料的工具。
(4)面团切刀(dough Cutter)
用于切割面团。
(5)油刷(pastry Brush)
用于涂抹液体和油脂。
(6)裱花袋(pastry Bag)
用于面点的裱花、装饰。
(7)松糕模具(muffin Tin)
烤松糕的盘子，盘内有数个松糕模子。

第二节　西式面点制作工艺

一、面包的制作工艺

在制作面包中，最基本的工作是准确地搭配各种原料，如果稍有大意，将会影响面包质量。因此，应选用适合的原料，不要随便选择代用品，同时在制作面包的过程中，如何使面团产生气体也是关键。面包师们常常使用酵母、苏打粉和发粉，或利用和面技术使空气卷至面团中使面团松软。面包只有富有弹性时才会受到人们的青睐。通常，面包的弹性来自面包中的面筋质，面筋质由面粉中的蛋白质形成。面包中的面筋质越高，其弹性越大，反之，弹性小。面包粉的蛋白质含量约在11%～13%。面包质量除了与面粉质量或面粉品种有联系外，它还受到合面方法及面团的含水量的影响。一般情况下，面团的含水量与面包的品种有关，不同品种的面包，其面团需要的湿度不同。

(一)制作程序

酵母面包的制作程序很多，主要经过和面、发酵、揉面、分份、成型、饧发和烘烤等。不同的地区和国家的面包师制作面包的程序会有区别，但是基本的程序相同。

(1)和面

将制作面包所有的干性原料过秤和过筛，将液体原料通过量杯测量。准确地称出它们的数量;和面包面团时，使用和面机及专用搅拌器和面，注意和面时间，时间过短或过长都会影响面团质量，面团的质量标准是不干、不粘、表面光滑、有弹力。

(2)发酵

将和好的面团放人发酵箱中使面团充分发酵，注意控制面团的发酵温度，使面团膨松、涨大。有时面团发酵后，用手将面团压下，使它第二次膨松和涨大时再使用。

(3)揉面

从面团的中心向边缘挤压，然后再挤压面团等操作方法，使面团释放部分气体，这样可使面团充分发酵，并且使面团发酵均匀。同时可以使面筋有更多的弹性和耐久性。

(4)分份

根据面包的种类，将面团称重，分成份，每份是统一的重量。再通过机切或人工揉团的方法，将面团制成圆球形状，以保存面团中的气体，并且使每个小面团外皮形成一层光滑的薄膜。

(5)饧面

将搓揉过的面团，经过饧发10~15分钟后，可使它的面筋质松弛。使面团充分地发酵。

(6)成型

将面团通过模具或人工成型，成型时，注意面包的形状，应当整齐，大小均匀。将成型的面包团放在温箱中使其继续发酵，待体积增加1倍时就可以进行烘烤，温度一般约为27℃，湿度为80%~88%。

(7)烘烤

面包的烘烤温度通常为190℃~220℃。烘烤的温度和烘烤时间将根据面包的大小和品种。越是较大的面包，它烘烤温度越低，这是因为它需要较长的时间烘烤，这样避免表面着色过重，而内部没有熟透。

(8)储存

烤熟的面包需要冷却，使它的蒸汽和副产品(酒精)得到充分的发挥。不要将面包放在通风的地方，否则面包皮会干裂。硬质面包应放在常温下保存。不要长时间保存面包，也不应当使用包裹法，应尽快的食用面包。软质面包应储存在容器内，储存时间限于8小时内，不能及时使用的面包应采用冷冻储藏方法。

(二)面包制作实例

例1　硬质面包(hard roll)

原料:面包粉1250克，水700克，酵母45克，盐30克，白糖30克，油脂30克。

制作过程:

①使用直接和面法，先将酵母用温水溶化，使用中等速度搅拌，将各种原料放在一起，搅拌成面团，搅拌10~12分钟。

②在27℃温箱内约发酵1个小时后，揉面，分份(450克为一个面团)，用手团面，饧发。

③根据面包的种类和重量，将面团再分成10~12个相等的面坯(小面包)，或450克为一个面坯，放人模具中成型或用手工成型，再饧发。

④面包的表面刷上一层水，烘烤。烤炉温度200℃，前10分钟带有水蒸汽，然后关闭水蒸汽，继续烘烤，直至烤熟，表面成浅棕色。

例2　法国面包(french bread)

原料:面粉1500克，水870克，酵母45克，盐30克。

制作过程:

①使用直接法和面，先将酵母用温水浸泡，加面粉和水，搅拌3分钟，休息2分钟

后，再搅拌3分钟，使用中等速度。

②在27℃的发酵箱内发酵1.5小时。用手压下发酵的面团后再发酵1个小时。

③将面团经过揉搓后，分成面坯（法国面包重量为340克，圆面包为500克），小面包为450克，经过揉搓团面后再分成10～12个小面坯。

④炉温200℃，前10分钟使用水蒸汽，然后关掉水蒸汽，继续烘烤，直至成熟。

例3　丹麦面包（danish pastry）

原料：牛奶400克，酵母75克，黄油625克，白糖150克，盐12克，鸡蛋200克，小豆蔻2克，面包粉900克，蛋糕面粉100克。

制作过程：

①用直接发酵法和面，先使牛奶微温，然后用牛奶将酵母溶化。

②用木铲将125克黄油、糖、盐、香料进行搅拌，直搅至光滑为止。

③用抽子将鸡蛋打散。

④将面粉、牛奶、黄油混合物和鸡蛋混合在一起，使用和面机和面，搅拌时间约4分钟，用中快速度。

⑤将面团放入冷藏箱，20～30分钟，使其松弛。

⑥擀成1厘米或2厘米的片，面片2/3面积涂抹黄油，折叠成三层，先将没有黄油的面片折叠。

⑦将叠好的面片放冷藏箱20分钟，使其面筋松弛，在常温下饧发片刻后，重新进行擀成片状，叠成三层，或再一次冷藏和折叠。

⑧将面片擀成长方形片，宽度为40厘米，长度根据生产数量，厚度约0.5厘米，涂上黄油，根据具体需要，可制成不同形状，如玩具风车、佛手等。

⑨在32℃的温箱内饧发，表面刷上鸡蛋液，在190℃的烤箱内烘烤成熟。

例4　油酥面包（biscuit）

原料：面包粉500克，蛋糕粉500克，发粉60克，白糖15克，盐15克，黄油或其他油脂（或各占一半）310克，牛奶或酸奶750克，鸡蛋液（作为涂抹液）适量。

制作过程：

①使用油酥面包法和面。

②将和好的面团经过揉面后分为4个面团，擀成1厘米厚的面片，切成理想的形状。

③将造型的面包坯放在垫有烤盘纸的烤盘上，上面刷上鸡蛋液，放入烤炉内烘烤。

④烤炉内温度220摄氏度，烤至表面金黄色，高度是原来面坯的2倍时为止。

二、蛋糕的制作工艺

（一）蛋糕制作基本程序

制作蛋糕需要五个基本程序，它们是和面、装盘、烘烤、冷却和装饰。

1. 和面

蛋糕的和面在蛋糕中起着关键作用。它的操作方法是将蛋糕中的各种原料放在和面机中进行搅拌，通过搅拌将各种原料制成分布均匀的面团。同时利用搅拌把大量空气带人面团中，从而使蛋糕膨松。因此搅拌方法和搅拌速度影响着蛋糕的质量。

2. 装盘技术

蛋糕原料经过搅拌成为面团后，应立刻装入烤盘进行烤制，否则面糊中的空气跑掉而影响蛋糕的质量。不同的种类的蛋糕，装盘的方法不同。

(1)黄油蛋糕装盘方法是先将烤盘涂上油脂，然后均匀撒上些干面粉，最后还要将盘中多余的干面粉去掉，再装盘。

(2)凡是使用蛋糕纸的各种蛋糕应先将纸铺好，然后再装盘。

(3)天使蛋糕装盘时，不可涂油，防止蛋糕遇油收缩，只有面糊紧贴在干净的烤盘边时，天使蛋糕的发泡质量才会理想。

(4)清蛋糕只在烤盘底部涂上少量的油脂，烤盘的四周不涂油。

3. 烘烤技术

蛋糕面团的特性极容易变化，因此蛋糕的质量与烘烤技术有着一定的联系。

(1)将炉温调至175℃～190℃，预热5分钟。

(2)检查烤炉内的架子摆放的位置是否倾斜，如倾斜应调至水平。

(3)将装好面糊的烤盘放到烤炉内，盘子之间留有缝隙，使空气流通。

(4)蛋糕在烘烤中不要翻动。因为半液体的面团遇到震动时会收缩。

(5)当蛋糕烤至与盘边接触时，会出现收缩现象，用手压一下有弹力，或用牙签扎入蛋糕内，取出后其不粘面糊时表示蛋糕已经成熟。

4. 冷却技术

冷却是将烤熟的蛋糕散热和凉凉的过程。黄油蛋糕的冷却过程比较简单，将带有蛋糕的烤盘放在架子上，约晾15分钟就可以了。然后可松动一下蛋糕的四周，使它凉透。清蛋糕烤熟后必须立即翻面，使正面朝下，进行通风冷却，否则它会很快地收缩。

5. 装饰技术

许多蛋糕在它凉爽以后还要进行装饰；经过了装饰的蛋糕，表面上有了涂层，这样，不仅可以保持其本身原有的柔软，还改进了它的外观和味道。蛋糕的涂层和装饰是蛋糕制作中不可忽视的内容。蛋糕装饰的基本原理如下。

(1)通过涂、抹、裱、挤等方法进行装饰，这类装饰方法所采用的原料是未经过加热或熬煮的。

(2)将装饰原料加热或熬煮，通过挂(淋)或捏塑等方法进行装饰。

(3)通常，浓味蛋糕采用浓味的涂层作装饰，清淡的采用清淡味的涂层作装饰。

(4)使用高质量的调味品，调味品味道的强度不要超过蛋糕的强度。

(二)蛋糕制作实例

例1　磅得蛋糕(pound cake)

原料：黄油500克，白糖500克，鸡蛋500克，蛋糕面粉500克，香草精5毫升。

制作过程：

①使用常规法和面。

②将面团分份，以500克重为一个面团，放入6厘米×9厘米×20厘米的烤盘内。

③烤炉的温度调至180℃，约烤40分钟，直至烤熟。

例2　巧克力黄油蛋糕(chocolate butter cake)

原料：黄油500克，白糖1000克，细盐10克，融化的淡味巧克力250克，鸡蛋250克，蛋糕面粉750克，发粉30克，牛奶500克，香草精10毫升。

制作过程：

①使用常规法和面，将白糖和油脂和均匀后，再放巧克力。

②将和好的面分为500克重的面团，放入6厘米×9厘米×20厘米的烤盘内。

③烤炉的温度调至180℃，约烤30分钟，直至烤熟。

例3　白色蛋糕(white cake)

原料：蛋糕面粉700克，发粉45克，细盐15克，乳化的植物油350克，白糖875克，低脂牛奶700克，香草精10毫升，杏仁精5毫升，鸡蛋白470克。

制作过程：

①使用两步法和面。

②将和好的面分为375克重的面团，放入20厘米直径的圆烤盘内。

③烤炉的温度调至190℃，约烤25分钟，直至烤熟。

例4　黄油松软蛋糕(butter sponge cake)

原料：鸡蛋1000克，白糖750克，香草精和其他调味品15克，蛋糕面粉750克，融化的黄油250克。

制法：

①使用泡沫法和面。

②制成375克的面团，放在烤盘内，温度190摄氏度，约烤25分钟。

例5　清蛋糕坯(white sponge)

原料：鸡蛋1000g，白糖500g，面粉500g，黄油50g。

制作过程：

(1)将鸡蛋、砂糖放入搅拌桶内快速搅拌，待蛋液打至能在手指立住时停止搅拌。

(2)面粉过筛加入到(1)中，迅速调拌均匀，随后加熔化的黄油或沙拉油调匀。

(3)将蛋糊倒入模具中，放入180摄氏度的烤箱内，烘烤大约30分钟。烤熟后，把蛋糕坯从模具中取出凉凉。

例6　黄油蛋糕(butter cake)

原料：黄油1000g，糖1000g，鸡蛋1200g，面粉1400g，牛奶240g，葡萄干150g，发酵粉10g，香草粉适量。

制作过程：

(1)黄油、砂糖放入搅拌机里，搅拌膨松。

(2)将鸡蛋分次加入搅拌，直至膨松细腻为止。

(3)发酵粉、面粉、香草粉过筛后放入(2)中轻轻搅拌，然后加入洗净的葡萄干，最后加入牛奶搅拌均匀即可。

(4)将圆柱形小模子(直径4cm，高5cm)擦净放在烤盘上，模具内壁垫一层油纸，将油糕糊装入布袋挤入模具中，以1/2满为宜。挤完后送入170℃的烤箱烘烤30分钟，熟后出箱冷却从模具中取出，在表面撒一层糖粉即可。

例7　多层生日蛋糕(layers birthday cake)

原料：清蛋糕坯3个(直径分别是60cm、50cm、30cm)，打好的鲜奶油4000g，糖水1000g，樱桃酒50g，杂果罐头800g，杏仁糕500g，鲜水果及食用色素各适量。

制作过程：

(1)分别将3个蛋糕坯分为三层，然后刷糖水夹杂果丁，抹奶油，使其形成3个大小不同的奶油蛋糕坯。

(2)用英文在直径60cm的奶油蛋糕表面挤上“生日快乐”字样，而且用白色奶油裱上图案。

(3)直径50cm的蛋糕坯经裱制后备用。

(4)直径30cm的蛋糕坯，挤花边后，中间放用杏仁糕制作的小动物和月季花。

(5)将分别装饰完毕的3个蛋糕坯，用三层拆装式支架组合为整体。最后在底层蛋糕围插上彩色的蜡烛。

◆ 复习思考题

一、问答题

1. 西式面点的特点与分类？
2. 说明派的工艺特点？
3. 在西点中常用的面团的发酵剂是什么？
4. 说明西点中常用的面包的种类？
5. 西点中常用的原料有哪些？
6. 写出黄油蛋糕的制作工艺？
7. 硬质面包的制作工艺？

二、填空题

1. 西点是西餐烹饪的重要组成部分，具有______、成形精巧、______、工艺精湛、品种丰富等特点，在西餐中起着举足轻重的作用，是西方饮食文化的代表作品。

2. 蛋糕是由鸡蛋、白糖、______和______等原料经过烘烤制成的甜点。蛋糕营养丰富，味道很甜，质地松软。

3. 冷冻甜点是通过______的甜点总称。它的种类和分类方法都非常多。

4. 咖啡面包也称为______，有各种形状，面包内部可以有香料、______或干果。经常在早餐或下午茶时食用。

5. 软质面包是松软、______，______的面包。如吐司面包(toast)、各种甜面包(sweet roll)等属于这一类。软质面包由含有较高的油脂和鸡蛋的面团为原料制成。

6. 西点中常用的糖浆类原料，主要是______浆，它通常是用______经酶水解制成，呈黏稠而澄明状，主要含有葡萄糖、麦芽糖和糊精，在制作糖制品时，加入葡萄糖浆能防止蔗糖的结晶返砂，从而有利于制品的成形。

7. 水在制作面包中扮演着重要角色，它与面粉中的______混合后会形成______。水有溶化和黏合干性原料的作用，当干性原料与水搅拌在一起时，就成为面团。

案例：根据西餐常见糕点的种类，列举出在国内开一个中等规模的西点房日常所需的原料。

第十五章　西式厨房管理

● **学习重点:**

本章着重介绍西餐厨房生产人员管理基础知识，提高员工素质和创新能力。

● **教学目的:**

通过学习了解基层管理人员应具备的管理知识，理解员工培训的意义自觉参加培训，掌握菜品创新的思路和方法。

第一节　员工管理

厨师经过多年的努力工作，拥有了高超的烹饪技术和丰富的工作经验，他们中的一部分人就会升职，成为餐饮企业的基层管理人员，参与企业的经营管理，做一些具体的厨房管理工作。因此，厨师不但要具有良好的烹饪技术，而且还要学习一定的管理知识，提高适应工作的能力。

人员管理是厨房管理的首要任务。因为有了人，企业的各项工作才可以顺利的开展。餐饮企业的经营目标是通过员工的努力工作来实现完成的，而员工的精神状态和工作态度对企业目标能否实现具有决定性的作用。因此，如何对员工进行管理，如何调动员工的工作积极性，如何激发员工的工作热情，对于餐饮企业的经营和发展是非常重要的。

一、餐饮企业员工管理的目标

1. 以最少的劳动、最短的时间，达到最大的工作效率和最高的工作质量。

2. 使员工有一个愉快的工作环境，能全身心地投入到自己的工作中去。让每个员工都能自觉、自愿地发挥最大的能力。

3. 领导和员工，员工和员工之间关系和谐、融洽。

4. 使每个员工都具有紧迫感、自豪感和创新意识。

二、目前餐饮企业员工存在的问题

1. 市场、岗位竞争激烈，工作、心理压力大

我们餐饮企业是服务于人的行业，面对日益激烈的市场竞争，各酒店、餐厅为满足客人的需求，大多都制定了严格、规范的工作纪律和行为规范。如一切为了顾客、一切让顾客满意、对客人要永远微笑、在任何情况下不得与客人争吵等。谁违反了就会受

到一定的处罚。再者由于就业情况的压力，这就使员工必须时时克制自己的情绪，即使遇到烦恼、困难甚至委屈，也不能随心所欲地发泄，更不能把任何不满情绪带到工作中。在这样的工作环境下，时间稍微一长，员工难免会产生一种压抑感和厌烦情绪，有一定的心理负担。

2. 工作简单、重复，生活单调

餐饮员工刚刚参加工作时，由于年轻好奇心比较强，被企业新的工作、人事环境所吸引，有新鲜感，工作有热情。但是时间一长，就会感到生活和工作的枯燥、单调，再加上企业特有的、严格的规章制度和劳动纪律，对工作和生活感到没有较大的发展前途，在工作时就会纯粹是为了完成任务、应付，缺少应有的工作热情。

3. 工作性质特殊，社会地位要有所提高

在现实生活中，每个人都要充当一定的角色进行社会交往。餐饮工作和其他的工作相比具有一些特殊性，即为餐饮工作是一种直接伺候人的工作，客人“有权”支配员工的劳动，挑剔员工的毛病。社会上还有一些偏见，使餐饮企业的员工有自卑感、不服气感、不公平感。

4. 经营管理者重利轻人，惩罚多、奖励少

在许多的餐饮企业里，个别经营管理者嘴上说的是要对员工“人性化”管理，但在实际中只关心经营活动、经济利益，对待自己的员工简单粗暴，没有真正关心、了解员工，不尊重员工。使管理者和被管理者人心相背。另外，餐饮企业的各项规章制度大多是惩罚性的，奖励性的较少，这样就无形中产生了一定的压力，员工的积极性和主动性受到影响。

5. 沟通渠道不畅，缺少和谐的工作环境

餐饮企业的员工觉得自己处于企业的最底层，有被奴役的感觉。企业里没有形成员工参与经营管理的环境和气氛，内部没有形成有效的沟通渠道，有时用其他方式传递信息，也收不到较好的效果，甚至还受到顶头上司的责难和报复。一些企业没有给员工以“家”的感觉和温暖，对员工的工作、生活不关心，上下级之间不能充分信任，员工感到职责不分、福利差、缺少晋升的机会，个人才能不能完全发挥，因此，企业缺乏凝聚力，员工时常有“跳槽”的想法，职工队伍不稳定。

三、员工管理的方法

（一）制定厨房管理制度

1. 制定厨房管理制度的基本要求

（1）制定制度要适合厨房的实际

基层管理者必须依照本企业的性质、等级、生产特点及员工的基本素质等具体的实际情况，制定自己厨房的各项制度。制定制度的目的是在执行制度。因此，如果制度本身不切合实际，盲目引进或照抄其他企业或其他厨房的制度，那么，这样的制度再多、再好、再具体，而自己的员工也无法很好地执行。

（2）注意制定制度的方法，发挥“民主集中制”

制定制度就是要员工规范行为，执行制度。因此，制度的制定和执行一定要有广泛的群众基础，要充分听取员工的意见和建议，使他们有参与感。规范化的管理是在

于鼓励员工全员参与管理，而不仅仅是管理者，要让全体员工认识到制度的重要性和意义，从而提高执行制度的自觉性。

(3)要注意制度的科学性、合理性和可操作性

制度的制定要科学、合理、严格、具体、可操作。制度一旦制定颁布，全体员工就要严格地执行，不得丝毫的马虎。因此，在制定制度时，要考虑制度是否符合企业利益、厨房特点、员工的实际，制度如果定得过严，以至于大部分员工都无法达到要求，那么，这样的制度可以说是不合理的、失败的;如果定得过松，员工在工作时随心所欲，比较松散，那也不利于制度严肃性和管理工作的顺利进行。所以，在制定制度时，要注意制定制度的方法和尺度，要结合实际和其他酒店厨房的先进管理经验，使自己厨房的制度真正体现科学化、合理化和可操作，做到公平、公正。

(4)要与时俱进，随时完善和提高

时代在发展，社会在进步。厨房的制度要能适应企业发展的需要，符合厨房生产变化的需要，还要有利于监督和有利于执行。这就要求管理者要随时对旧的管理制度进行修改、补充、完善，增补新的内容，删去不合理的部分，与时俱进，适应社会、企业的高速发展。

2. 制定厨房管理制度的内容

(1)厨房工作制度

厨房工作制度是每一位厨房员工在生产劳动中必须自觉遵守的基本规则。它的主要内容是:厨房工作人员的上班时间、上下班签到、工作态度、工作纪律、仪容仪表以及用餐等方面的规定。

(2)厨房值班制度

厨房的工作人员必须有当班行为规范和处理问题的方法。一般有:认真填写当班记录，要妥善处理各种问题，有自己不能解决的问题要及时向主管汇报，值班日志应如何向下一班交接，要明确值班的职责、值班的责任、值班的时间、值班的地点等。

(3)厨房卫生制度

厨房的卫生是厨房管理工作的头等大事。厨房的卫生制度应根据国家和地方的有关法律、条例及对餐饮行业的具体要求来制定。一般有以下几个方面:①卫生要求。②卫生标准。包括日常卫生标准和周期卫生标准。③卫生内容。包括个人卫生、食品卫生、环境卫生、设备卫生等。

(4)更衣室管理制度

更衣室是提供给员工更换工作服的场所。更衣柜是存放因工作而换置的个人衣物。因此，更衣室管理制度规定了员工在更衣室行为准则，以及更衣柜里存放物品的相关规定。

(5)安全制度

厨房安全制度包括:食品在生产制作过程中的安全，设备在使用过程中的安全，员工在工作中的安全，厨房的环境安全，厨房内食品仓库的安全等方面。

(6)奖励制度

奖励制度是调动员工工作积极性的重要制度之一。奖励制度规定了奖励目的、奖励条件、奖励程序、奖励方法等内容。奖励有正奖励和负奖励之分，负奖励就是处罚。

适当的处罚对于鼓励先进、鞭策后进有着积极的作用，当然，处罚的制度规定要客观、符合实际。

（二）人员管理的具体方法

1. 通过各种方法和手段，加强员工的政治思想教育、行业法规教育和职业道德教育，努力提高厨房工作人员的思想素质和道德修养，树立企业良好形象。

2. 通过知识培训、劳动竞赛、技术比武等渠道，提高厨房工作人员的知识水平和技能水平，为客人提供优质服务。

3. 要任人唯贤，充分发挥每位员工的特长，为下属创造一个相对宽松、愉快的工作环境，为更多的优秀人才提供施展才华的机会，给企业创造出更好的经济效益。

4. 提倡人性化管理，根据不同员工的心理特征，恰当运用不同的激励方式，充分调动每个员工的积极性，完成劳动生产任务。

5. 严格、公平、公正的执行各项规章制度。以规范员工的行为，并把员工的经济利益与其职责范围挂钩，使员工尽应尽的义务，得该得的利益，保证企业和员工双方的合法权益。

第二节　创新及员工培训

一、菜肴创新

餐饮企业要在激烈的市场竞争中立于不败之地，不断开发新的品种是在市场上求得生存和发展的重要条件之一。餐饮企业所提供的产品，就其功能来说，就是能永远满足人们在饮食上的追求，因而它的产品是一种长线产品。但是，人们在不同的时期、不同的季节和不同的经济条件下，对饮食的内容、方式及环境有着不同的追求。如现代人要求食物低脂肪、低热量、高蛋白，讲究少吃多餐、每餐少而精，要求就餐形式自由、轻松，要求就餐环境舒适。所以餐饮行业要不断地开发新品种，以满足消费者的需求。

（一）菜品创新的原则

随着社会的不断进步和发展，人们的生活水平不断提高，饮食需求发生了很大的变化，餐饮业菜品的开发和创新一定要符合人们的饮食发展趋势。要创新出具有较高食用价值、营养价值、审美价值，能满足消费者消费心理的特色菜肴，不但要具有一定的专业知识、技术和丰富的想象力外，还要遵循以下的原则：

1. 菜肴口味要“新”要“异”

人们经常到酒店吃饭，常常拿着菜单不知道要点什么菜，都是“老面孔”不能激起客人消费的欲望。而这一现象的产生说明了一个问题，就是客人已经不满足现有的饭菜，或者说是吃腻了现有的饭菜，缺少新的口味、新的刺激。也说明我们的餐厅缺乏创新，不能适应、满足顾客不断变化的口味上的需求。

2. 要满足客人个性化需求

越来越多的客人不喜欢所谓的标准化、规范化的菜品了，人们在饮食消费时有不同的需求和欲望。因此，我们在设计、创新菜品时，要在烹饪技法的选用、原料的组合搭配、调味品的配合等方面，给客人留有自主选择的余地，充分满足客人个性化需求。如一技多料、多味，或一料多技、多味，供客人自由选择，体现客人个性化。

3. 选择绿色食品

人们现在非常重视自己的身体健康，十分注意食物原料的安全性。我们在研制创新菜品选择原料时，要注意选择天然的、没有被污染的绿色食品，保证客人的身体健康。选择绿色食品是人们追求的主旋律，也是21世纪餐饮业打出的一张王牌。正确把握这个趋势，你的创新菜品将会受到消费者的欢迎。

4. 追求菜品的营养保健作用

从吃饱到吃好，从吃好到吃出健康、吃出健美、吃出长寿是现代人所需要的，讲究营养保健已经不是少数人的追求，而将演变为普通大众的追求。研发和创新具有美容、抗衰老等功用的菜品，必将受到顾客的青睐。

5. 讲究文化内涵

菜品的创新不是简单的菜品制作，要注入一定的文化气息。餐饮业本身就具有深厚的文化内涵，菜品的设计与创新要和本企业的文化风格、餐厅的设计装潢、侍者的服饰礼仪相协调，菜品的设计和制作要体现出传统文化与现代文明的有机结合。客人在就餐时，可以感到浓浓的文化氛围和深厚的文化内涵，使客人在精神和物质上都得到满足，这才是饮食的最高境界。

（二）菜品创新的思路和方法

菜品的创新要从时代的适应性、社会的接受性等角度去研究和开发才具有生命力。

1. 对现有产品进行改造。对现有的菜品进行改造，用传统的烹调方法变换烹饪原料，在传统菜的基础上，改良烹调方法，优化烹饪工艺，推出新的菜品。

2. 引进、改革外来菜品。对通过引进、添加其他风味特色菜品进行模仿借鉴，结合本国及本地风俗和风味习惯，加以融合，推出新的菜品。

3. 使用新、奇、特原料。使用新的原料、特色原料、特产原料、野生原料、季节性的原料、特殊的调料，科学合理的搭配，移花接木、举一反三，推出新的菜品。

4. 主导菜品外延。在菜品的外延（如营养功用、餐饮文化等）和服务方式上加以改进，提高吸引力，使人耳目一新。

5. 借题发挥，充分发挥各种原料的潜质，开创出更多的味型和独特的技法，推出新的菜品。

6. 从自然界中获得灵感。盘饰技术、食品雕刻、色彩的搭配、菜肴的造型，无不透露着大自然的气息，自然界的植物、动物、建筑、景物等色彩、造型都是我们厨师创新的源泉，效法自然是获得菜品创新灵感的重要途径。

二、员工培训

在西餐厅的日常工作中,对厨师和服务员进行培训是一项极其重要的任务。现在的餐饮业发展变化非常快，新的经营理念、营销手段、菜肴品种、服务方式日新月异，这一切都要靠员工去具体实施。因此，餐厅培养一批具有较高素质的人才，是搞好西餐厅经营管理活动的基础。通过培训可以提高西餐厅员工的素质，增强餐厅在市场中的竞争力。

(一)培训目的

现代餐饮企业发展变化快，人们的就业竞争激烈。餐饮从业人员要想在一定的岗位上有立足之地，就必须提高自己的职业素养，才能胜任自己的本职工作。怎么样使员工完全胜任本职工作呢？这就离不开培训。要对刚刚招聘的员工进行培训，对员工上岗以后进行培训。帮助他们适应工作环境，胜任本职工作。有效的培训可以提高员工的技术，提高工作效率。有效的培训可以改进工作中存在的问题，提高工作质量。有效的培训可以灌输企业的经营理念、企业文化，树立企业形象。对于一些业务骨干的培训，以提高他们的管理意识、管理能力，帮助他们提高解决实际工作中问题的能力。

(二)培训方法

培训形式可以采用短期培训或长期培训；脱产培训或不脱产培训；岗前培训、岗位培训、换岗培训或对不称职员工单独培训等。

在具体的培训方法上可以采用：

1. 实践培训一般用操作示范法、模拟训练法、参观考察法等。
2. 理论培训常常用讲授法、讨论法、视听法等。

总之，在培训形式和培训方法上，各餐厅应根据自身的条件和员工的特点，以达到最佳的培训效果为目的，可以不拘形式、灵活选用。

(三)培训内容

1. 思想政治素质的培训。
2. 职业道德和礼仪素质的培训。
3. 自觉遵守劳动纪律、敬业精神的培训。
4. 职业服务技能培训。
5. 专业文化知识、专业技能培训。
6. 团队精神、正确处理人际关系能力的培训。
7. 独立工作能力和应急能力的培训。
8. 培养良好心理素质的培训。
9. 基础管理知识的培训。

(四)培训要求

1. 培训工作要有系统性

根据西餐厅的管理目标，按照系统整体性、计划性、相关性和适应性的要求，建立本餐厅的培训计划。具体地说，就是制订出与本餐厅经营发展相结合的，从实际出发的不同层次、不同内容、不同要求的培训计划，组织全体员工根据不同岗位的内容和要求分层次参加培训。

2. 培训工作要注意针对性和灵活性

根据不同的培训对象和层次安排不同的培训内容，根据不同的培训对象和不同的培训内容，选择不同的培训方法。有的放矢，提高培训质量。

3. 培训工作要“外有压力，内有动力”

要让员工重视培训工作，重视学习。应注意调动大家学习的积极性，让员工认识到学习不但关系到餐厅的生存和发展，还关系到个人生存和发展。变要我学习为我要学习。培训要与个人职务晋升结合起来，要有结果、要考核，考核成绩要作为晋升工资、技术职务的依据，要定期考核，及时发现问题，确定培训重点，调整培训计划，以达到培训的预期目标。对于不能积极参加培训和成绩不合格的员工，要批评教育，必要时可以有一些经济处罚，甚至换岗降薪，直至辞退。形成一个积极学习，努力自觉提高自身素质，胜任岗位工作，和谐竞争的工作氛围。

4. 培训工作要有严格的标准

餐厅的每个岗位都有各自的上岗标准，在培训中要严格按照这些标准对员工进行专业培训，才能达到良好的培训效果。培训是员工形成良好思想、意志、作风、习惯的过程。培训一定要高标准、严要求，严格培训，严格考核，切忌走过场。

◆ 复习思考题

1. 员工管理的目标是什么？
2. 管理员工为什么要了解员工存在的问题？
3. 制订管理制度时应注意什么？
4. 假如你是一位管理人员，你将采用什么样的方法来管理员工？
5. 你怎么理解菜肴创新的原则？
6. 你要创新一款菜肴将如何构思？
7. 你将以何种态度参加餐厅的员工培训？
8. 你是一位西餐厅的员工，你将想得到什么样的培训？

第十六章 专业外语知识

● **学习重点：**

熟记西餐厨房生产常用的英语短语和单词，以适应日常工作和日益广泛的对外交流。

● **教学目的：**

通过对西餐原料及厨房用具中英文对照及日常用语的介绍，了解常用西餐原料及厨房用具的英文表示方法，理解常用西餐专业用语，掌握其在实际工作中的运用。

第一节 原料及用具（ingredients and kitchen ware）

在学习西餐烹调的过程中，会碰到各式各样、种类繁多的食品原料，这些原料又是英文表示的，所以很容易给初学者造成困扰。本节的重点就是通过中、英文对照表，分门别类的将常用原料及用具给读者加以介绍，使初学者掌握最基本的西餐实用英语知识。

一、蔬菜类（vegetable）原料中、英文对照表（表 16－1）

表 16－1 蔬菜类常用原料中、英文对照表

中文	英文	中文	英文
洋百合	Artichoke	芦笋	Asparagus
西兰花	Broccoli		
白菊苣	Blanching chicory	比利时菊苣	Belgium chicory
白菌	Button mushroom	甜菜/红菜头	Beet root
波士敦生菜	Boston lettuce	牛蒡	Burdock
青椒	Bell pepper	球芽甘蓝	Brussels sprout
豆	Bean	黑豆	Black gram
蚕豆	Broad bean	大麦	Barley
荞麦	Buckwheat	菊苣	Chicory
卷曲菊苣	Curly Chicory	芹菜	Celery
胡萝卜	Carrot	细香葱	Chive
黄瓜	Cucumber	水田芥	Cresson

续表

中文	英文	中文	英文
辣椒	Chili	细叶芹/雪维菜	Chervil
圆白菜/甘蓝	Cabbage	玉米	Corn
节瓜	Courgette	苦苣	Endive
茄子	Egg－plant	法国菜豆	French
法国菊苣	French endive	面粉	Flour
茴香	Fennel	木耳	Fungus
蒜	Garlic	冰山生菜	Iceberg lettuce
嫩黄瓜/酸黄瓜	Gherkin	四季豆	Green bean
莴苣/生菜	Lettuce	羽衣甘蓝	Kale
扁豆	Lentil	莲，荷	Lotus
羊生菜/野苣	Lamb's lettuce	青蒜/韭葱	Leek
意大利空心粉	Macaroni	羊肚菌	Morels
嫩葫芦	Marrow	蘑菇	Mushroom
燕麦	Oat	洋葱	Onion
番芫荽/欧芹	Parsley	欧防风	Parsnip
马铃薯/土豆	Potato	红甜椒	Pimiento
豌豆	Pea	西葫芦	Pumpkin
大米	Rice	小萝卜	Radish
香菇	Black Mushroom	意大利味饭	Risotto
南瓜	Squash	婆罗门参	Salsify
红薯	Sweet potato	红洋葱/冬葱	Shallot
意式实心粉	Spaghetti	黄豆	Soybean
菠菜	Spinach	番茄/西红柿	Tomato
黑菌/松露	Truffle	萝卜/芜菁	Turnip
豆瓣菜/西洋菜	Watercress	冬瓜	White gourd

二、肉类(meat)原料中、英文对照表(表16－2)

表16－2　肉类常用原料中、英文对照表

中文	英文	中文	英文
牛肉	Beef	苏格兰整只火腿	Braden Ham
牛后腱子	Beef Shank	牛前腿	Beef Leg
米龙	Beef Rump	牛里脊	Beef Fillet

续表

中文	英文	中文	英文
和尚头	Beef Topside	黑森林火腿	Black Forest Ham
仔盖	Beef Silver Side	培根	Bacon
牛腰窝	Beef Thick Flank	牛尾	Beef Tail
牛外脊	Beef Loin	牛脑	Beef Brain
牛硬肋	Beef Plate	牛胃	Beef Tripe
牛腩	Beef Thin Flank	牛骨髓	Beef Marrow
牛胸口	Beef Brisket	猪软肋	Belly – ribbed
牛上脑	Beef Chuck Rib	牛排	Beef Steak
牛前腱子	Beef Shank	牛舌	Beef Tongue
法国烟熏火腿	Bayonne Ham	牛腰	Beef Kidney
牛颈肉	Beef Sticking	牛肝	Beef Liver
猪上脑	Chuck Rib	德式小泥肠	Bratwurst
火腿	Ham	猪网油	Caul
整条腓	Long Fillet	猪油	Lard
格利羊排	Lamb Cutlet	羔羊	Lamb
乳羊	Milk Fed Lamb	羊	Mutton
米兰色拉米香肠	Milan Salami	薄片牛排	Minute Steak
香榧羊排	Noisette	纽约式西冷牛排	New York Cut
猪肉	Pork	带骨猪排	Pork Cutlets
无骨猪排	Pork Loin Chop	猪外脊	Pork Loin
猪后臀部	Pork Round	猪里脊	Pork Tender Loin
意大利火腿	Prama	美式 T 骨牛排	Porterhouse
肉眼牛排	Rib – eye Lip on	肋骨牛排	Rib Steak
西冷牛排	Sirloin Steak	羊马鞍	Saddle
小牛核	Sweet Bread	猪硬肋	Spare Rib
猪蹄	Trotter	香肠	Sausage
维也纳牛肉香肠	Viennese Sausage	听特浪牛排	Tenderloin Steak
Y 骨牛排	Y – Bone Steak	小牛肉	Veal
七肋羊排	7 – Rib Bone	德国陈制火腿	Westphalia Ham

三、家禽(poultry)、野味(game)类原料中、英文对照表(表16-3)

表16-3 家禽、野味类常用原料中、英文对照表

中文	英文	中文	英文
鸡	Chicken	雏鸡	Chick
阉鸡	Capon	鸭	Duck
鹿	Deer	黄鹿	Fallow Deer
老鸡	Fowl	松鸡	Grouse
珍珠鸡	Guinea Fowl	鹅	Goose
山鸡	Pheasant	野兔	Hare
红鹿	Red Deer	鸽子	Pigeon
童子鸡	Spring Chick	兔	Rabbit
野猪	Wild Boar	火鸡	Turkey

四、水产品(aquatic food)原料中、英文对照表(表16-4)

表16-4 水产品类常用原料中、英文对照表

中文	英文	中文	英文
鳗鱼	Anchovy	鲍鱼	Abalone
鲆	Briu	梭子鱼	Brochet
鳕鱼	Cod	蟹	Crab
鱼子酱	Caviar	墨鱼	Cuttle Fish
都花舌鳎	Dover Sole	英国舌鳎	English Sole
鱼	Fish	石斑鱼	Grouper
真鲷	Genuine Porgy	鲱鱼	Herring
大比目鱼	Halibut	柠檬舌鳎	Lemon Sole
龙虾	Lobster	鳜鱼	Mandarin Fish
贻贝	Mussel	牡蛎	Oyster
章鱼	Octopus	鲽鱼	Plaice
对虾	Prawn	宽体舌鳎	Rex Sole
鳎	Sole	沙滩比目鱼	Sand Dab
海鲈鱼	Sea Perch	三文鱼	Salmon
草虾	Shrimp	沙丁鱼	Sardine
扇贝	Scallops	蜗牛	Snail
鳟鱼	Trout	乌贼	Squid
金枪鱼	Tuna	比目鱼	Turbot

五、乳制品(milk product)原料中、英文对照表(表16-5)

表16-5 乳制品常用原料中、英文对照表

中文	英文	中文	英文
脱脂牛奶	Butter Milk	黄油	Butter
巴伐利亚兰奶酪	Bavarian Cheese	法国布厘奶酪	Brie
奶酪	Cheese	甜炼乳	Condensed Milk
奶油	Cream	英国车达奶酪	Cheddar
德贝奶酪	Derby Cheese	炼乳	Evaporated Milk
荷兰埃达姆奶酪	Edam	瑞士干酪	Gruyere
意大利歌根梳拉奶酪	Gorgonzola	鲜奶	Homogenized Milk
清黄油	Melted	牛奶	Milk
意大利水牛乳奶酪	Mozzarella	无脂干牛奶	Nonfat Milk
意大利巴马仙奶酪	Parmesan	羊乳奶酪	Roquefort
酸奶	Sour Milk	酸奶油	Sour Cream
掼奶油	Whipped Cream	酸奶酪/优格	Yogurt

六、水果类(fruit)原料中、英文对照表(表16-6)

表16-6 水果类常用原料中、英文对照表

中文	英文	中文	英文
苹果	Apple	鳄梨	Avocados
杏仁	Almond	香蕉	Banana
腰果	Cashew	椰子	Coconut
樱桃	Cherry	猕猴桃	Chinese gooseberry
无花果	Fig	葡萄	Grape
锥栗/榛子	Hazelnut	哈密瓜	Hami Melon
荔枝	Litchi	柠檬	Lemon
香瓜、甜瓜	Melon	芒果	Mango
橙子	Orange	橄榄	Olive
桃	Peach	梨	Pear
菠萝	Pineapple	番木瓜	Papaya
李子	Plum	柚子	Pomele
开心果	Pistachio	欧李干	Plum
洋桃	Star fruit	草莓	Strawberry
西瓜	Watermelon	胡桃	Walnut

七、调味料(seasoning)中、英文对照表(表 16-7)

表 16-7 常用调味料中、英文对照表

中文	英文	中文	英文
多香果	Allspice	苹果醋	Apple Cider Vinegar
香叶	Bay Leaf	意大利香脂醋	Balsamic Vinegar
罗勒	Basil	刺山柑/酸豆	Caper
香槟酒醋	Champagne	咖喱粉	Curry Powder
丁香	Clove	桂皮	Cinnamon
水瓜柳	Caper	茴香/枯茗	Cumin
香葱	Chive	莳萝	Dill
生姜	Ginger	辣根	Horseradish
香草醋	Herb Vinegar	杜松子	Juniper
牛膝草	Marjoram	麦芽醋	Malt Vinegar
芥末	Mustard	肉豆蔻	Nutmeg
阿里根奴	Oregano	油	Oil
花生油	Peanut Oil	红椒粉	Paprika
胡椒	Pepper	迷迭香	Rosemary
八角	Star Anise	盐	Salt
雪利酒醋	Sherry Vinegar	色拉油	Salad Oil
鼠尾草	Sage	藏红花	Saffron
它里根香草	Tarragon	他拉根香草	Tarragon
百里香	Thyme	香草粉/香兰素	Vanillin
香草	Vanilla	葡萄酒醋	Wine Vinegar
辣酱油	Worcestershire Sauce	白醋	White Vinegar
番茄酱(沙司)	Tomato Paste / Tomato Sauce / Ketchup		

八、饮料(drink)中、英文对照表(表 16-8)

表 16-8 常用饮料中、英文对照表

中文	英文	中文	英文
茴香酒	Anisette	啤酒	Beer
白兰地	Brandy	香槟酒	Champagne
鸡尾酒	Cocktail	波尔多红葡萄酒	Clare
法国干邑白兰地	Cognac	葡萄酒	Grape Wine

续表

中文	英文	中文	英文
金酒/杜松子酒	Gin	樱桃酒	Kirsh
柠檬汁	Lemon Juice	柠檬水	Lemonade
矿泉水	Mineral Water	利口酒	Liqueur
马提尼酒	Martini	玛德拉酒	Madeira
橘子汁	Orange Juice	橘子水	Orangeade
波尔图酒	Port Wine	纯净水	Pure Water
朗姆酒	Rum	红葡萄酒	Red Wine
雪利酒	Sherry	白葡萄酒	White Wine
威士忌	Whisky	味美思	Vermouth
伏特加	Vodka		

九、厨房用具(kitchen ware)中、英文对照表(表16－9)

表16－9　厨房用具中、英文对照表

中文	英文	中文	英文
天使蛋糕模	Angel Cake Mould	苹果去心刀	Apple Corer
煽盘/烘盘	Baking Pan	烧烤炉	Barbecue Grill
沸水炉	Boiler	剁骨刀	Bone Knife
面包篮	Bread Basket	面包刀	Bread Knife
烤炉	Baking Oven	剔骨刀	Boning Knife
刷子	Brushes	水桶	Bucket
切肉刀	Butcher's Knife	磨刀钢条	Butcher's Steel
黄油刀	Butter Knife	串钎	Brochette
砍刀	Chopping Knife	蛋糕叉	Cake Fork
蛋糕刀	Cake Knife	搅拌器	Cake Mixer
开罐头刀	Can Opener	切肉刀	Carving Knife
帽形滤器	Cap Strainer	蔬菜滤器	Colander
蛤蜊刀	Clam Knife	焗盅/沙锅	Casserole
芝士刀	Cheese Knife	砧板	Chopping Board
鸡尾杯	Cocktail Glass	酒钻/开瓶塞器	Cork Screw
五味架	Cruet Set	刀箱	Cutlery Box
厨刀	Chef's Knife	硬棕刷	Deck Scrubber
餐车	Dinner Wagon	多纳器	Dougnut Cutter

续表

中文	英文	中文	英文
夹蛋器	Egg – chice	打蛋机	Egg Beater
煮蛋杯	Egg Cup	切蛋器	Egg Cutter
煎蛋煎盘	Egg Frying	切蛋片器	Egg Slicker
蛋铲	Egg Shove	打蛋器	Egg – whisk
煎盘/平底锅	Frying Pan	鱼叉	Fish Fork
鱼刀	Fish Knife	面粉筛	Flour Scoop
炸炉	Fryer	火锅	Fondu Set
西菜灶	Gas Cooker	平面煎板	Griddle, Griller
滤汁器	Gravy Strainer	铁扒炉	Grill Cooker
烧肉用之叉	Grill Fork	擦床	Grater
结力模	Jelly Mould	冰淇淋机	Ice Cream Mach
穿肉针	Larding Needle	长匙/汤勺	Ladle
绞肉机	Meat Chopper	榨汁器	Lemon Squeezer
拍刀	Meat Pounder	绞碎器	Mincer
量杯	Measuring Cup	微波炉	Microwave
立式万能机	Mixer	肉锤	Meat Hammer
平扒灶	Meuniene Cooker	量匙	Measuring Spoon
炉、焗炉	Oven	煎奄列蛋盘	Omelet Pan
胡椒研磨器	Pepper Mill	牡蛎刀	Oyster knife
比萨炉	Pizza Oven	批模、排模	Pie Mould
带柄平底锅	Pot	夹薯茸器	Potato Masher
肉叉	Spit	烤炉	Roast Oven
炒锅	Sauté Pan	滤汁器	Sauce Strainer
串肉钎	Skewer	洗涤盆	Sink
烩锅	Stew Pan	蒸锅/蒸炉	Steal
汤桶	Stock Pot	漏勺	Skimmer
明火焗炉	Salamander	炉灶	Stove
天平	Scales	锥形滤器	Stabber
蒸汽汤炉	Tilting Boiler	筛子	Sieve
多士炉/烘面包炉	Toaster	食品夹子	Tongs
蛋铲	Shice	穿肉条针	Trussing Needle
挖球器	Vegetable Scoop	温度计	Thermometer
木匙	Wooden Spoon	打蛋器/蛋抽	Wire Whisk

●【补充阅读资料】

Traditional Medical Recipe

Certain foods, cooked in certain ways, can help prevent or cure diseases. Generally speaking, the food materials may be classified into four natures and five tastes.

The four natures are cold, cool, warm and hot.

Foods of warm and hot natures include mutton, beef, dog's meat, carrots, onion, ginger, garlic, pepper, Chinese prickly ash, brown sugar, orange, perch, wine, vinegar and maltose.

Foods of natures between cool and warm are rabbit meat, herring, turtle, goose, chicken, eggs, brown fungus, the fruit of Chinese wolfberry, longan, peanuts, mushrooms, apples, turnips, potatoes, tomatoes, red beans, lotus roots and honey.

Food materials of cool and cold natures are pork, duck, crab, duck eggs, sea cucumber, seaweed, celery, spinach, eggplant, Chinese cabbage, water melon, white gourd, balsam pears, pears, persimmon, bean curd, fermented soya bean, table salt and sauce.

The five tastes of materials are hot, sour, sweet, bitter and salty.

The natures of food and their medicinal qualities may be changed by different cooking methods and also by the combination of different materials.

Medicinal qualities must be paid attention to when selecting materials for treatment through diet, and correct cooking methods should be used.

The following points are stressed when cooking:

1. Cooking methods including steaming, stewing, simmering and boiling, which do litter to change to food's nature, may be applied.

2. Nutritious food should be sweet; medical food should be lightly salted or without salt; materials with irritant natures which are over - hot, over - sour and over - bitter should be avoided.

(资料来源《烹饪英语》主编:宿辉昌, 中国商业出版社, 1995.1)

翻译:

传统医疗食谱

用某些烹调方法烹制的某些食物能帮助预防或治愈疾病。一般说来, 食物原料的物性可分为四气五味。

四气是指寒、凉、温、热。

温热性质的食物包括羊肉、牛肉、狗肉、胡萝卜、洋葱、生姜、大葱、胡椒、花椒、红糖、橘子、桃子、酒、醋和麦芽糖。

介于凉和温性之间的食物有兔肉、鲱鱼、甲鱼、鹅、鸡蛋、黑木耳、枸杞子、桂圆、花生、蘑菇、苹果、萝卜、西红柿、红豆、莲藕和蜂蜜。

介于寒和凉性之间的食物有猪肉、鸭子、螃蟹、鸭蛋、海参、海藻、芹菜、菠菜、茄子、大白菜、西瓜、冬瓜、苦瓜、梨、柿子、豆腐、豆豉、食盐和酱油。

五味是指辛、酸、甘、苦和咸。

食物的性质和药用特性会随着不同的烹调方法和不同的食物搭配而改变。

通过饮食选择食物治疗时，必须注意其药用特点，并且应选择正确的烹调方法。

接下来要强调的是在烹调过程中的一些注意事项：

1. 很少改变食物特性的烹调方法，包括蒸、炖、慢烧和煮都可以使用。

2. 有营养的食物应该是性平的，有医疗作用的食物应该是微咸的或清淡的。应该避免食用具有刺激性的过辣、过酸和过苦的食物原料。

第二节　专业用语

在烹调西餐时，常会碰到一些用英文来表达的专业用语，有的甚至在英语字典上也查不到，导致初学者对英文食谱或菜单一头雾水。下面通过中、英文对照表及日常用语，分类介绍一些使用频率较高的西餐基本术语，以便日后使用。

一、烹调方法中、英文对照表（表 16－10）

表 16－10　烹调方法中、英文对照表

中文	英文	中文	英文
焙烘/焗	Baking	初步热加工	Blanching
红烩	Brown Stew	焖	Braising
沸煮	Boiling	串烧	Brochette
串烤	Brochetting	炸	Deep Frying
浅焗	Gratin	铁扒	Grilling
温煮	Poaching	煎	Pan Frying
干烧	Parch	烤	Roasting
烟熏	Smoking	炒	Saute
烩	Stewing	蒸	Steaming
白烩	White Stew		

二、加工技法中、英文对照表（表 16－11）

表 16－11　加工技法中、英文对照表

中文	英文	中文	英文
腌渍	Brine	搅匀	Blend
提炼	Clarify	冷却	Cool
去核	Core	砸碎	Crush
切块	Chop	切丁	Dice

续表

中文	英文	中文	英文
弃掉	Discard	敲打平展	Flatten
捣	Mash	切末	Mince
熔化	Melt	削皮	Peel
倒、灌	Pour	浓缩	Reduce
拿走(取出)	Remove	撇去	Skim
凝固	Set	搅拌	Stir
调味	Season	捆扎	Trusse
增稠	Thicken	拌	Toss
滤出	To Strain	抽打	Whip

三、口感、质感中、英文对照表(表16-12)

表16-12 口感、质感中、英文对照表

中文	英文	中文	英文
苦的	Bitter	凉的	Cool
脆的	Crisp	新鲜的	Fresh
热的	Hot	清淡的	Light
合适的	Medium	过火的	Overdone
生的	Raw	半生半熟的	Rare
甜的	Sweet	腻的	Rich
酸的	Sour	咸的	Salty
老的	Tough	酥的	Short
嫩的	Tender	浓的	Thick
熟透的	Well - done	不熟的	Underdone
有营养的	Nutritious		

四、菜单相关用语中、英文对照表(表16-13)

表16-13 菜单相关用语中、英文对照表

中文	英文	中文	英文
零点菜单	A La Carte	开胃品	Appetizer
自助餐	Buffet	早餐	Breakfast
面包	Bread	啤酒	Beer
清汤	Broth	巧达汤	Chowder

续表

中文	英文	中文	英文
奶牛浓汤	Cream Soup	鸡尾酒	Cocktail
香槟	Champagne	奶酪	Cheese
蛋糕	Cake	调味料	Condiment
晚餐	Dinner	甜品	Dessert
新鲜水果	Fresh Fruit	冰淇淋	Ice Cream
午餐	Lunch	肉	Meat
菜单	Menu	半生(三分熟)	Medium Rare
半熟(五分熟)	Medium	半熟(七分熟)	Medium Well
煎蛋卷	Omelet	全生的	Paw
面食	Pasta	家禽	Poultry
红葡萄酒	Red Wine	生的	Rare
套餐	Set Menu	烟熏的	Smoked
色拉	Salad	汤	Soup
海鲜	Sea Food	三明治	Sandwich
下午茶	Tea Time	蔬菜	Vegetable
白葡萄酒	White Wine	全熟	Well Done

五、厨房日常用语

师傅，早上好。请问我今天干什么？

Good morning, master. What's my job for today?

请问今天的菜单都有什么菜？

What's on the menu today?

现在开始准备什么？

What are we going to prepare?

今天早餐做什么？

What are we going to cook for breakfast?

午餐准备什么菜肴？

What dishes do we prepare for lunch?

晚餐准备什么原料？

What ingredients do we prepare for dinner?

烹制这道菜需要多长时间？

How long does it take to cook this course?

烹制大约 10 分钟。

Cook for about 10 minutes.

将黄油放入煎盘熔化。
Melt butter in frying pan.
这道菜口味如何?
How about the flavor of this course?
这道菜太咸了。
It tastes too salty.
这道菜加酒吗?
Any cooking wine for this course?
不加酒，加汤。
No cooking wine, but add some stock.
这道菜是用什么烹调方法制作的?
What method do you use to cook this course?
您能教我这个汤的制法吗?
Could you tell me the way to cook the soup?
请把那条鱼取来。
Get that fish, please.
请把这盘菜送过去。
Serve the dish, please.
请您尝尝这道菜好吗?
Would you like to try it?
这道菜的汤汁够吗?
Is the sauce enough for the dish?
谢谢您的帮助。
Thanks for you help.
汤太稠了，应该再稀一些。
This soup is thick. It should be a bit thinner.
汁太多了，应少一些。
The sauce is too much. Less sauce, please.
这是宴会菜单，那是零点菜单。
This is the menu for the banquet and that's the à là carte.
请把这盘菜加热一下。
Heat it up, please.
请把这盘菜装饰一下。
Garnish it please.
请制作一份三明治。
Please fix a sandwich.
请把水煮开。
Boil the water, please.
请做一份蔬菜沙拉。

Please mix a vegetable salad.
对不起，牛肉用完了。
Sorry, the beef is used up.
现在可以搞卫生了吗?
It's time to do some cleaning.
早安，师傅。菜单在哪里?
Good morning, master. Where is the menu?
这是今天的菜单吗?
Is it today's menu?
请把宴会菜单给我。
Please give me the menu for the banquet.
宴会每人的标准是多少?
How much do the guest pay for each person?
那个客人的沙拉做好了吗?
Has that guest's salad got cooked?
现在可以上菜了吗?
Can I bring you order now?
今天的特菜是什么?
What's today's special?
请问客人有什么特殊要求吗?
Can you tell me if the guest have some special requests?
对不起。您能帮助一下吗?
Excuse me. Would you please give me a hand?
请把调料取过来。
Fetch the seasoning please.
请问这道菜需要什么火候?
Excuse me, what fire does this dish need?
让我看看菜单，好吗?
Could I see the menu?
请问今天有多少客人就餐?
How many people are there in this party?
请问这道菜的成本是什么?
Can you tell me the cost of this course?
这道菜应加一些香草和白兰地。
This dish needs some vanilla and brandy.
这道菜放糖了吗?
Is there any sugar in this dish?
将鱼放入煎盘，加足够的水浸没。
Place fish in saucepan, add enough water to cover.

将胡萝卜切成5毫米厚的片。

Cut the carrots lengthwise into 5 mm thick slices.

放入230℃烤箱内烘烤10分钟，直至金黄色。

Bake in 230℃ oven for about 10 minutes until golden.

将面粉筛入碗内，再加入鸡蛋。

Sift flour into bowl and add some egg.

在小碗内混合所有的材料。

Combine all ingredients in a small bowl.

撤火，逐渐调入水或基础汤。

Remove from heat, and gradually stir in water or stock.

用肉锤敲碎蟹钳，取出蟹肉。

Use meat mallet to break claws, and remove meat from claws.

这道菜口味太甜了，应再酸点。

It tastes too sweet, it should be a bit sour.

烤箱的温度应设置到180℃左右。

The temperature of oven should be about 180℃.

对不起，没有菠菜了，可以配生菜吗?

Sorry, the spinach is used up, Can we use lettuce instead?

没有鱼柳了，可以用大虾吗?

We are out of fish fillet, Can we use prawn instead?

面条没有了，可以配米饭吗?

We are out of noodle. Is rice OK?

炸虾排的颜色是金黄色的。

The color of the fried prawn is golden.

奶油汤太稀了，应再多加些奶油。

The cream soup is too clear, add more, please.

不断用打蛋器搅动直至浓稠。

Keep stirring with an egg - beater until thick.

牛排煎得过火了，应该再嫩一些。

The beef steak is overdone, it should be more tender.

请把鸡腿拆下来，再切成块。

Please pull down the chicken legs and then cut into blocks.

这个少司应用牛骨煮制。

This sauce should be boiled with calf bone.

烤火鸡时，烤箱温度不宜过高。

When we roast a turkey, the temperature of the oven can't be too high.

这道冷菜装饰得真漂亮。

How nice this cold dish looks!

煮鱼的火候要小。

The fish should be boiled by low heat.

请把肉丝切细一点。

Please cut thin the shredded meat.

咖喱少司煮制的时间越长，味道越香。

The longer the curly sauce is boiled, the nicer it tastes.

这道菜色、香、味、形俱佳。

This dish is all fine in color、odour、flavor and figure.

●【补充阅读资料】

Braised Beef Shank

Ingredient:

6 tbsp dark sauce

3green onions, cut into 3 – inch sections

1/2 inch ginger root, crushed

6 cloves of star anise

1 tbsp sherry

3 lbs beef shark

1 tbsp brown sugar

1 tbsp oil

Method:

1. Cut the beef across the grain into 3/4 ×2 ins pieces.

2. Mix the first 5 ingredients in a bowl. Marinate beef in the sauce mixture for a few hours. Turn from time to time for an even flavour.

3. Heat oil in a medium saucepan, add beef with its marinade, stir and cook until liquid evaporates.

4. Fill the pan with enough hot water to cover the beef by one inch, cover pan and bring to the boil.

5. Reduce to low heat and simmer until beef is tender and the liquid is reduced to 1/2 cup.

6. Add brown sugar and cook over high heat for one minute. Serve hot.

Sliced cold beef shank can be served as an appetizer or in sandwiches.

The tendons in the beef shank keep the muscle fibres short, but the meat is not so stringy after it is cooked. The Chinese believe that beef shank is the best cut for braising.

Calories:2068g

Carbohydrates:28g

Protein:297g

Fat:77g

Cholesterol:921mg

Calcium:272mg

Iron:49mg

Vit. B_1:1.2mg

Vit. B_2:2.8mg

Vit. C:5mg

Fibre:0

Vit. A:145IU

(资料来源《烹饪英语》主编:宿辉昌，中国商业出版社，1995.1)

翻译:

原料:

6 汤勺酱油

3 个新鲜洋葱，切成 3 英寸长的段

1/2 英寸长的生姜，碾碎

6 瓣八角茴香

1 汤勺雪利酒

3 磅牛腱子肉

1 勺红糖

1 勺色拉油

步骤:

1. 把牛肉顶刀切成 3/4 ×2 英寸的块。
2. 把肉放在碗里，加酱油、生姜、八角茴香和雪利酒，为了美味不停搅拌，腌制几小时。
3. 平底锅中加色拉油，烧热，把腌制的肉倒入锅中，搅拌至水分蒸发。
4. 平锅加热水至淹没原料一英寸，盖上锅盖煮开。
5. 改用文火煮至牛肉变嫩，汤汁变成半杯(一杯约 225 毫升)。
6. 改大火，加红糖烧 1 分钟，趁热端上食用。

炖肉晾凉切片可以当开胃品或夹着三明治吃。

腱子肉中的筋使得肌纤维变短，但烹调后就变得不是多筋的了。中国人认为腱子肉用来炖是最好的。

热量:2068 卡

碳水化合物:28 克

蛋白质:297 克

脂肪:77 克

胆固醇:921 毫克

钙:272 毫克

铁:49 毫克

维生素 B1:1.2 毫克

维生素 B2:2.8 毫克

维生素 C:5 毫克

纤维素:0

维生素 A:145 国际单位

◆ 复习思考题

一、填空

1. I have ______(早餐) at 6 p. m. every day.
2. She likes _______(咖啡).
3. When the _______________(糖醋汁) is made sprinkle the sauce over the fish.
4. You should use _____________(甘蔗糖).
5. I would like to have a glass of ________(啤酒)
6. _______________(巧克力冰淇淋) was served that day.
7. Do you like your steak _____________(全熟)or under - done?
8. Here are the _______(鱼)you ordered.

参考答案:breakfast、coffer、sweet and sour sauce、pure cane sugar、beer、Chocolate ice cream、well - done、dishes

二、请将下列英文菜名翻译成中文,中文菜名翻译成英文

1. brown sauce _________________
2. braised crucian carp _______________
3. orange and strawberry salad _______________
4. grilled whole sole _______________
5. 咖喱鸡_________________
6. 苹果煨猪排_________________
7. 炸鱼饼_________________
8. 橙汁烤鸭_________________

参考答案:布朗少司、焖鲫鱼、橘子草莓色拉、铁扒比目鱼、chicken curry、braised pork chop with apple、fried fish cakes、whole roast duck with orange sauce

三、将下面这篇文章翻译成中文

English Meals

In many English homes the usual meals are breakfast, lunch, tea and dinner. Breakfast is porridge with milk or cream, sugar, bacon and eggs, marmalade with buttered toast and tea or coffer. For a change, you perhaps have a boiled eggs, cold ham or fish.

Lunch comes at about one o' clock. It generally consists of cold meat, potatoes, salad and pickles, with a pudding or fruit to follow. Some people have a glass of light beer.

Afternoon tea is between 4 and 5 o' clock. It is the most informal meal of the day, but it is a sociable occasion. Friends often come in then for a chat, with their cup of tea, cake or biscuit.

Dinner is the bigger meal of the day, and is a very formal meal. all the members of the family sit down together. It begins with soup. Then come fish, roast chicken with potatoes and vegetables, a sweet, fruit and nuts. Then they go into the sitting room for coffee.

Not all English people eat like this. Not 10 percent of them do so. As in all countries the great majority of people are working people. They have neither the time nor the money to live like this.

参考译法：

英国餐食

在英国，一般来说，一天饮食由早餐、午餐、茶点和晚餐组成。早餐是粥和牛奶或是奶油、糖、熏猪肉、蛋、果酱奶油面包和茶或是咖啡组成。为了改变一下，你也可以吃煎鸡蛋，冷狗或是鱼。

午餐大概在一点，一般由冻肉、土豆、色拉和泡菜组成，再吃些布丁或水果，也有些人喜欢喝点清啤。

下午茶安排在四五点，虽不是很正式，但是个交际的机会，朋友们喝着茶，吃着蛋糕或是饼干，聊着天。

晚餐是一天中的正餐，很大。家庭所有成员坐在一起，先是开胃汤，随后是鱼、土豆烧鸡、甜食、果品。接下来去客厅喝咖啡。

并不是所有的英国人都这样吃，只有10%左右，因为整个国家大部分是劳动人民，他们既没时间也没金钱来这样生活。

参考文献

1. 国家职业资格培训教程,《西式烹调师》, 北京, 中国劳动社会保障出版社。
2. 职业技能鉴定指导,《西式烹调师》, 北京, 中国劳动社会保障出版社。
3. 高等职业教育教材,《西餐工艺》, 北京, 中国轻工业出版社。
4. 烹饪专业系列教材,《西餐烹调技术》, 东北财经大学出版社。
5. 韦恩·吉斯伦 著:《专业烹饪》第四版, 大连理工大学出版社 。
6. 郭亚东主编:《西餐工艺》, 北京, 高等教育出版社, 2003。
7. 王天佑主编:《现代西餐烹调教程》, 沈阳, 辽宁科学出版社, 2002。
8. 周晓燕主编:《烹调工艺学》, 北京, 中国轻工业出版社, 2001。
9. 闫文胜主编:《西餐烹调技术》, 北京, 高等教育出版社, 2004.7。
10. 宿辉昌主编:《烹饪英语》, 北京, 中国商业出版社, 1995.1。

读者反馈意见

亲爱的读者：

感谢您对《西餐烹调技术与工艺》的学习和热爱！为了今后能给您提供更优质的服务，请您抽出宝贵时间填写下面意见反馈表，以便我们更好地对本教材做进一步的改进。同时如果您在使用本教材的过程中遇到了什么问题，或者有什么好的建议，也请您来信、来电告诉我们。

地址：北京市丰台区科学城南极星大厦 108 室

电话：010－61229894/ 83794403

电子邮箱：caikai6223@263. net

网址：WWW. KFHWH. CN

教材名称：《西餐烹调技术与工艺》

个人资料：

姓名：____________ 年龄：__________ 所在院校/专业__________________

文化程度：______________ 通讯地址：________________________________

联系电话：______________ 电子信箱：________________________________

您使用本书是作为：□指定教材、□选用教材、□辅导教材

您对封面设计的满意度：

□很满意、□满意、□一般、□不满意　改进建议__________________________

您对本书印刷质量的满意度：

□很满意、□满意、□一般、□不满意　改进建议__________________________

您对本书的总体满意度：

从语言质量角度看：□很满意、□满意、□一般、□不满意

从科技含量角度看：□很满意、□满意、□一般、□不满意

本书最令您满意的是：

□指导明确、□内容充实、□讲解详尽、□实例丰富

您认为本书在哪些地方应进行修改？（可附页）

____

____

您希望本书在哪些方面需进行改进？（可附页）

____

____